U0145918

覆冰输电导线舞动激发机理与防舞措施

楼文娟　徐海巍　温作鹏　著

科学出版社

北　京

内 容 简 介

覆冰输电导线舞动是覆冰导线在风力作用下产生的大振幅、低频率的自激振动现象。导线舞动直接对线路金具、输电塔横担等造成损伤，严重时可导致电力供给中断，威胁电网的安全稳定运行。本书的主要内容是在作者团队多年的覆冰导线舞动研究基础上形成的，同时也吸取了国内外同行学者的相关成果。书中给出了大量的覆冰导线气动力风洞试验数据，介绍了舞动稳定解析解统一框架研究成果，对多因素作用下复杂舞动现象的机理作出解释，为防舞设计提供新的思路。全书共 7 章，分别为覆冰导线舞动危害与研究现状、覆冰导线的气动力特性、覆冰导线舞动稳定判断基础理论、覆冰导线舞动的激发机理、舞动稳定的影响因素分析、覆冰导线舞动响应特征、输电线路防舞措施。

本书可供结构抗风、电力行业的科研人员和工程技术人员学习参考，也可作为高等院校土木工程、电气专业研究生的辅导用书。

图书在版编目(CIP)数据

覆冰输电导线舞动激发机理与防舞措施 / 楼文娟, 徐海巍, 温作鹏著. — 北京 : 科学出版社, 2024. 6

ISBN 978-7-03-076848-3

Ⅰ. ①覆… Ⅱ. ①楼… ②徐… ③温… Ⅲ. ①输电导线-导线跃动-研究 Ⅳ. ①TM752

中国国家版本馆CIP数据核字(2023)第209908号

责任编辑：朱英彪 罗 娟 / 责任校对：胡小洁

责任印制：肖 兴 / 封面设计：陈 敬

科学出版社出版

北京东黄城根北街 16 号

邮政编码: 100717

http://www.sciencep.com

北京天宇星印刷厂印刷

科学出版社发行 各地新华书店经销

*

2024 年 6 月第 一 版 开本：720 × 1000 1/16

2024 年 6 月第一次印刷 印张：13 3/4

字数：277 000

定价：118.00 元

(如有印装质量问题，我社负责调换)

前　言

现代化建设的加速推进势必导致电力需求的快速增长，为保障我国东南地区经济发展和民生用电的需求，国家实施了“西电东输”“北电南输”等电力调配战略，特、超高压电网建设规模也在不断刷新，我国已成为全球特、超高压输电网络最发达的国家。同时，我国也是电网受灾较严重的国家之一，其中一种较为典型且严重的灾害事故为输电线路的冬季覆冰舞动。覆冰输电导线舞动，是一种风激励下覆冰导线由于气动失稳而产生的低频、大幅自激振动现象，其具有持续时间长、出现范围广、发生机理复杂、防治难度大等特征。舞动事故容易造成短路、断线、金具损伤、横担疲劳破坏乃至输电结构倒塌，从而严重影响电网的稳定运行，对社会和经济造成不良的影响。2008 年全国大范围冰灾以来，输电线路的抗冰风设计得到了显著加强，对舞动的认识和防治也有了很大的进步。舞动的发生受到线路结构参数、风速风向、冰形等因素的综合影响，随着电网规模的扩大和气候变化的加剧，近年来舞动事故仍呈现多发态势，甚至向非传统重覆冰区和 0 级舞动区蔓延，成为诱发电网停运的主要因素之一。因此，开展输电线路冬季覆冰舞动的防治已成为保障我国电力生命线安全稳定的关键所在。

浙江大学结构风工程团队自 20 世纪 90 年代以来一直围绕输电塔、导线的风荷载、风振响应和冰风耦合作用及抗冰风设计开展研究。在孙炳楠教授的主持和指导下，于 1994 年完成了国际上首个高耸钢管输电铁塔的单塔和塔线体系气动弹性模型风洞试验。21 世纪初，在李宏男教授负责的国家自然科学基金重点项目中，作者团队承担了覆冰导线舞动问题研究子课题，开启了舞动计算方法和防舞措施的研究。为进一步清晰地揭示舞动机理、构建更为高效安全的防舞策略与措施，作者团队从导线覆冰形式及其气动力特性研究出发，对输电线路舞动的激发机理、舞动计算方法、舞动特征及防舞措施等方面展开了近 20 年的持续探索。通过风洞试验获得了大量特征覆冰形态的单导线、分裂导线气动力数据，通过理论推导提出了舞动稳定的近似解析解理论框架，并揭示了多因素作用下复杂舞动现象的内在机理，为舞动预警和防舞设计提供了新思路。这些研究工作得到国家自然科学基金重点项目(51838012)、面上项目(51678525、51178424)的持续资助，感谢国家自然科学基金委员会的大力支持。

近 20 年来在舞动领域的研究历程，是一个由浅入深、反复摸索前行的过程。作者先后有 9 个博士研究生和 6 个硕士研究生分别以导线气动力、舞动响应、舞动机理、舞动防治等作为研究方向。每次完成一个课题，每次庆贺一位学生毕业，心里的喜悦感也会伴生一定的沉重度。因为随着研究的深入和认知的提高，似乎尚未解决的问题更多了，难度也越来越大，每一个问题都是一块“硬骨头”。但这也是舞动研究的魅力所在，新的问题激发我们在求真的道路上不断前行，不惜倾注时间去思考，不惜付出经费和精力去试验、去探索。

舞动问题已经在学界及工程界引发了近百年的持续研究与探讨，是一项涉及多学科深度交叉的风工程科学问题。由于舞动的影响因素众多、耦合机制复杂，舞动激发机理至今依然不够清晰，即使是安装了防舞装置的线路仍然有发生舞动的风险，舞动防治工作依然面临较多的困难和问题。本书重点介绍舞动激发机理与防舞措施，以期对致力于从事防舞工作的同行有所启发和参考。同时，书中比较全面地介绍了我们多年来通过风洞试验获得的覆冰导线全攻角下的气动力系数曲线结果，可供同行在舞动问题研究中方便地利用这些数据。

关于覆冰导线气动力的计算流体动力学，我们曾经试图采用流体动力学模拟各种冰形的气动力系数全攻角曲线，但事与愿违，尝试了很多流体动力学湍流模型、参数设置和网格划分，也尝试了大涡模拟，往往得到的结果是在有些风攻角下尚可，但在有些风攻角下偏大或偏小，其误差规律没有一致性，可以说这样的流体动力学结果是无法用于舞动分析的，因为舞动分析需要用到气动力系数对攻角的导数(斜率)，这样或大或小的数据，其导数的误差超出了可接受的范围。本书全面给出气动力系数风洞试验结果，一个很重要的目的就是让舞动研究者可直接采用这些数据，免去花费大量的精力用流体动力学去模拟一条似乎尚可但其实导数误差很大的气动力系数曲线。我并不是否定流体动力学的作用和利用流体动力学开展研究，流体动力学已经在风环境模拟等方面表现出显著优势，随着计算风工程的发展，必将成为结构风工程领域的重要技术手段。

本书由楼文娟提出写作大纲并确定主要内容。书中第 1、2、7 章由楼文娟、徐海巍撰写，第 3～6 章由温作鹏撰写。本书的撰写首先是对作者及其团队多年来工作以及舞动领域重要研究内容的总结，可供研究生和相关研究人员学习参考；其次也充分考虑了电力工程行业设计人员的需求，使其了解防舞设计所涉及的相关理论和关键机理，为发展和完善防舞技术提供参考和思路。按照舞动研究的逻辑线，本书从舞动危害和基本理论框架出发，深入浅出地介绍舞动激发的气动条件、舞动稳定理论、激发机理、舞动特征以及防舞措施等方面内容。

感谢浙江大学结构风工程研究团队的孙珍茂博士、王昕博士、杨伦博士、姜雄博士、余江博士、梁洪超博士、温作鹏博士、黄赐荣博士、吴蕙蕙博士研究生、吕翼硕士、林巍硕士、吕江硕士、李天昊硕士、王礼琪硕士、陈卓夫硕士等对舞动研究的贡献，以及研究生潘晟羲、顾逸、张跃龙、胡鹏瑞等在排版插图工作中的辛勤付出。感谢国网河南省电力公司电力科学研究院在覆冰导线气动力和新型防舞器研究方面的贡献及对本研究相关工作给予的大力支持与指导。书中引用了大量国内外公开发表的文献资料，谨在此一并致谢。本书的出版得到国家自然科学基金重点项目(51838012)的资助，再次感谢国家自然科学基金委员会的大力支持。

由于作者水平有限，书中难免有疏漏和不足，恳请广大读者不吝指正。

楼文娟

2023 年 7 月于求是园

目　录

符 号 表

符号	含义
a_{C2K}	$=k_{\mathrm{a}}^{23}\left(c_{12}c_{31}-c_{11}c_{32}\right)+k_{\mathrm{a}}^{13}\left(c_{21}c_{32}-c_{22}c_{31}\right)$
a_{CK}	$=k_{\mathrm{a}}^{13}c_{31}+k_{\mathrm{a}}^{23}c_{32}$
a_{CMK}	$=m_{\mathrm{e}}^{31}c_{12}k_{\mathrm{a}}^{23}-m_{\mathrm{e}}^{31}c_{22}k_{\mathrm{a}}^{13}-m_{\mathrm{e}}^{32}c_{11}k_{\mathrm{a}}^{23}+m_{\mathrm{e}}^{32}c_{21}k_{\mathrm{a}}^{13}$
a_{MK}	$=m_{\mathrm{e}}^{31}k_{\mathrm{a}}^{13}+m_{\mathrm{e}}^{31}k_{\mathrm{a}}^{23}$
$a_{\sigma CK}$	$=c_{31}k_{\mathrm{a}}^{13}\sigma_2+c_{32}k_{\mathrm{a}}^{23}\sigma_1$
$a_{\sigma MK}$	$=m_{\mathrm{e}}^{31}k_{\mathrm{a}}^{13}\sigma_2+m_{\mathrm{e}}^{32}k_{\mathrm{a}}^{23}\sigma_1$
$\boldsymbol{C}$	阻尼矩阵
c_{ij}	$\boldsymbol{C}$ 中第 i 行、j 列元素
$\det\boldsymbol{C}$	$=\lvert\boldsymbol{C}\rvert$
$\det\boldsymbol{C}_2$	$=c_{11}c_{22}+c_{11}c_{33}+c_{22}c_{33}-c_{13}c_{31}-c_{12}c_{21}-c_{23}c_{32}$
$\boldsymbol{K}$	无量纲总体刚度矩阵
$\boldsymbol{K}_{\mathrm{a}}$	无量纲气动刚度矩阵
k_{a}^{ij}	$\boldsymbol{K}_{\mathrm{a}}$ 中第 i 行、j 列元素
$\boldsymbol{M}$	无量纲总体质量矩阵
$\boldsymbol{M}_{\mathrm{e}}$	无量纲交叉项质量矩阵
m_{e}^{ij}	$\boldsymbol{M}_{\mathrm{e}}$ 中第 i 行、j 列元素
R_{g}	关于弹性中心的回转半径
$\mathrm{Re}(\lambda)$	特征值λ的实部
$\mathrm{tr}\boldsymbol{C}$	$=c_{11}+c_{22}+c_{33}$

λ	系统特征值
$\lambda_{i,j}$	第 i 个特征值的 j 阶项
$\bar{\omega}_{\mathrm{r}}$	圆频率参考值
$\bar{\omega}_1$、$\bar{\omega}_2$、$\bar{\omega}_3$	竖向、水平、扭转无量纲自振圆频率
$\bar{\omega}_3'$	$=\sqrt{\bar{\omega}_3^2+k_{\mathrm{a}}^{33}}$
ξ_y、ξ_z、ξ_θ	竖向、水平向、扭转向结构固有阻尼比

第1章　覆冰输电导线舞动危害与研究现状

1.1　覆冰输电导线舞动的研究背景

覆冰输电导线舞动是一种低频率(0.1～3Hz)、大振幅(导线直径的5～300倍)的自激振动[1]，也称为导线驰振(galloping)。舞动对输电导线危害极大，容易造成相间跳闸和闪络烧伤、相地短路、导线烧蚀、悬垂绝缘子线夹滑移、线路金具断裂、间隔棒断裂等一系列问题，尤其是在稳定持续的冬季季风下，舞动持续时间可长达数日或数十日，轻则导致横担断裂、导线断股及引流线断裂、输电杆塔构件失稳，重则引发构件疲劳失效和倒塔等恶性事故。导线舞动导致的灾害现场照片如图1.1所示。

(a) 闪络烧伤　(b) 金属金具断裂　(c) 螺栓松动

(d) 导线断股　(e) 横担断裂　(f) 绝缘子损坏

(g) 杆塔基础松动　(h) 倒塔

图1.1　导线舞动导致的灾害现场照片

随着社会现代化建设的加速推进，人类对电力的需求日益增长，掀起了电网建设的新浪潮。在“西电东输”“北电南输”等国家战略的持续推进下，我国输电线路建设规模已处于全球领先地位。据统计，截至 2022 年，我国已建成“17 交 20 直”37 个特高压工程，线路长度 5 万 km、输电能力达 3 亿 kW[2]。随着我国特高压输电线路建设的快速发展，新的电网建设所面临的环境将更为复杂，线路走廊将难以避免地遭遇容易引发舞动的气象条件。2000 年以来，我国几乎每年都会发生较严重的舞动事故，并且导线舞动发生的地区范围也在不断扩大，一些从未发生过舞动事故的地区在近年来发生了大规模的导线舞动事故[3]。2008 年初，我国出现大范围低温、雨雪、冰冻等恶劣天气，导致河南、湖南、湖北、江西等地区的输电线路相继出现大面积的覆冰、舞动现象，其中舞动使得多条线路发生闪络跳闸、塔材螺栓松动、绝缘子碰撞破损、跳线断裂、金具损坏断裂、掉串掉线、杆塔结构受损、倒塔等事故[4]。2009～2010 年冬季，受 7 次大范围大风、降温、雨雪、冰冻等恶劣天气影响，河南、山西、湖南、江西、浙江、黑龙江、吉林、辽宁、河北、山东、陕西、湖北、安徽、江苏等地区 634 条 66kV 及以上电压等级输电线路发生舞动现象，造成 337 条 66kV 及以上电压等级输电线路发生闪络跳闸 619 次[5]。2015 年 11 月，河南境内发生两次大范围舞动现象，造成 50 条次输电线路发生舞动，跳闸 23 次以上，舞动幅值达到 3～7m，持续时间长达 46h[6]。2020 年和 2021 年，吉林省的雨雪、冰冻天气造成 86 条输电线路发生舞动跳闸事故，且部分线路在两年间重复发生舞动跳闸事故[7]。

可以看到，随着我国电网建设规模持续扩大，输电线路舞动事故的发生频率明显增加，且影响范围广泛，造成了巨大的经济损失和社会影响。然而，舞动问题的影响因素众多、耦合机制复杂，舞动激发机理至今依然不够清晰，即使是安装了防舞装置的线路仍然有发生舞动的风险，舞动防治工作依然面临一定困难。因此，深入研究导线舞动激发机理、发展更加有效的舞动防治措施，对我国的输电线路安全具有十分重要的意义。

1.2 覆冰输电导线的覆冰类型

导线覆冰后截面从圆形变为非圆形，可能因此产生气动失稳进而引发舞动。现实中大多数的导线舞动现象都伴随着导线表面覆冰。目前，国内外已有众多关于输电导线覆冰机理的研究。Lenhard Jr[8]认为覆冰量只与降水量有关。McKay 和 Thompson[9]、McComber 和 Govoni[10]基于实测资料总结出覆冰量和冰厚随着雨凇、雾凇持续时间的延长而增加的覆冰增长模式。Poots 和 Skelton[11]利用热动力学技术模拟了导线轴向湿雪增长过程，认为导线轴向湿雪增长符合余弦规律。Porcú 等[12]通过分析粒子撞击率建立了二维和三维导线随机覆冰模型。Makkonen[13]根据导线半径、气温、风速、降水量、风攻角及覆冰时间等条件建立覆冰模型，研究表明最大覆冰荷载发生在气温 0℃左右。Farzaneh 和 Savadjiev[14]通过现场资料分析，发现湿条件下的导线结冰率远远大于干条件下，风平行于轴向时的结冰率大于垂直情况。

国际大电网会议将导线覆冰类型归为以下五类[15]：

(1) 雨凇，密度为 0.7～0.9g/cm^3，发生于冻雨期，冰质透明且坚实，附着力极强，有时会形成冰柱，积累稳定时温度为–5～–1℃。

(2) 湿雪，密度为 0.1～0.85g/cm^3，根据风速和导线抗扭刚度的不同，其形状改变较大，温度适合时(0.5～2℃)具有较强的附着性，否则容易脱落。

(3) 干雪，密度为 0.05～0.1g/cm^3，轻质，容易通过抖动导线而脱落。

(4) 霜凇(柔性雾凇)，密度为 0.3～0.7g/cm^3，各向同性，容易在来流方向形成楔形。

(5) 雾凇，密度为 0.15～0.3g/cm^3，呈“菜花”晶状结构，附着力较弱。

以上五类覆冰中，霜凇和雨凇两类覆冰附着力大，并且具有足够的强度和弹性模量；湿雪在风力驱动下容易在导线表面形成坚硬的高附着力的较陡前沿，因而易于引发舞动。图 1.2 为某实际舞动输电导线表面覆冰的情形。

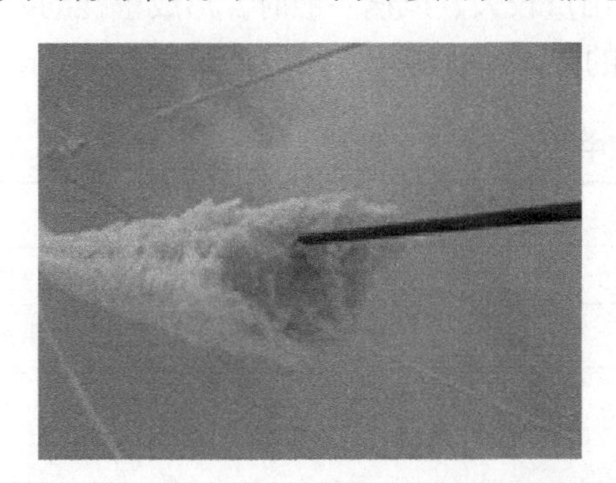
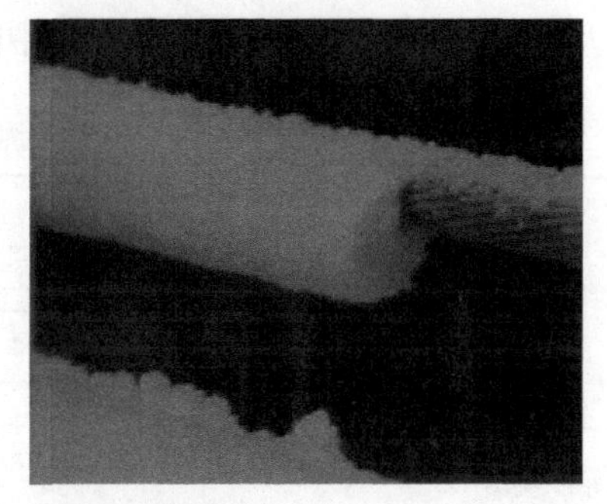

图 1.2　某实际舞动输电导线表面覆冰

导线覆冰情况极其复杂，它与海拔、电线走向、风向、风速、气温、湿度、水汽直径等多种因素有关，导线覆冰厚度的取值直接影响输电线路工程的经济性。目前，气象台积累的观冰资料甚少，而且数据不齐全，因此在设计输电线路时一般参考有限的观测资料采取保守计算，并依照当地线路运行经验确定覆冰厚度。气象观测规范常用长径(直径)、短径(厚度)和等效直径等来度量导线的覆冰情况，如图 1.3 所示。其中，长径 a 为导线覆冰截面的最大长度，测量时包括导线在内；短径 c 为导线覆冰截面上与长径正交的轴线长度；等效直径 D 为长径(直径)和短径(厚度)的几何平均值，$D=\sqrt{ac}$，可以大致反映沿导线表面均匀覆冰的大小。文献[16]中的统计资料表明，雾凇和雨凇覆冰的长径 a 与短径

c 平均比值约为 1.5。

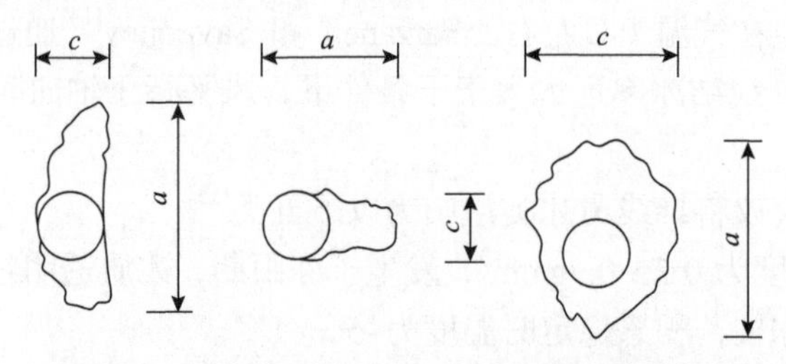

图 1.3　覆冰截面的长径 a、短径 c 测量示意图

尽管国内外学者根据不同地区的观冰和气象资料建立了各种覆冰冰厚的估算模型[17,18]，为不同条件下覆冰导线的静力分析和覆冰脱落等动力分析提供了很好的参考。但对覆冰导线的气动力特性研究来说，由于覆冰形状的随机性和多样性，目前国内外对覆冰导线只能选择具有代表性的典型覆冰形状(如新月形、扇形和 D 形等)和厚度进行气动力研究。根据湖北中山口输电线路的覆冰模拟试验，导线覆冰形状有如下规律[1]：气温较低(–11～–8℃)、雨量较小时，易形成新月形覆冰；气温较高、雨量较大、风速较低时，一般形成扇形覆冰；气温较低、雨量较大、风速较大时，一般形成 D 形覆冰；气温较高、雨量较大、风速一般时，形成垂挂的冰凌。国际大电网会议[15]对 124 次舞动观测中的覆冰形状进行了归类，如表 1.1 所示。

表 1.1　舞动观测中各覆冰形状的数量

<table>
<tr><th rowspan="3">覆冰形状</th><th colspan="8">覆冰厚度/导线直径</th></tr>
<tr><th colspan="2">0～0.5</th><th colspan="2">0.5～1.0</th><th colspan="2">1.0～2.0</th><th colspan="2">>2.0</th></tr>
<tr><th>迎风面</th><th>背风面</th><th>迎风面</th><th>背风面</th><th>迎风面</th><th>背风面</th><th>迎风面</th><th>背风面</th></tr>
<tr><td>三角形</td><td>9</td><td>10</td><td>8</td><td>3</td><td>1</td><td>0</td><td>0</td><td>0</td></tr>
<tr><td>三角形(尖圆)</td><td>3</td><td>1</td><td>34</td><td>2</td><td>4</td><td>0</td><td>0</td><td>12</td></tr>
<tr><td>新月形</td><td>23</td><td>0</td><td>1</td><td>0</td><td>1</td><td>0</td><td>0</td><td>0</td></tr>
<tr><td>其他</td><td colspan="2">7</td><td colspan="2">0</td><td colspan="2">1</td><td colspan="2">4</td></tr>
</table>

1.3　覆冰输电导线舞动机理

为了有效预防舞动现象，国内外许多学者针对舞动问题进行了广泛而深入的研究。这些研究工作逐渐扩展和深化了对舞动现象激发机理的认识。目前，有四种具有代表性的舞动机理理论被较为广泛地接受，分别为 Den Hartog 竖向舞动机理、Nigol 扭转舞动机理、惯性耦合舞动机理、动力稳定性舞动机理。这些理论为理解和解决输电导线舞动问题提供了重要的理论基础。下面分别对这些舞动机理进行简单介绍。

1. Den Hartog 竖向舞动机理

1932 年，Den Hartog[19]提出了著名的 Den Hartog 竖向舞动机理。Den Hartog 竖向舞动机理认为，覆冰导线截面所受到的气动力具有不稳定性，当气动力产生的竖向气动负阻尼超过导线的竖向结构阻尼时，导线的竖向运动将发生失稳，即舞动是由空气动力产生的负阻尼引起的。导线发生 Den Hartog 竖向舞动的必要条件为

$$\frac{\partial C_{\mathrm{L}}}{\partial \alpha}+C_{\mathrm{D}}<0 \tag{1.1}$$

式中，C_{L}、C_{D} 分别为导线气动升力系数、阻力系数；α 为风攻角。由式(1.1)可知，由于导线截面的阻力系数始终大于零，导线发生舞动时风攻角对应的升力系数曲线斜率必然为负数。

Den Hartog 竖向舞动机理考虑了覆冰导线在风激励下的气动力特性，没有考虑导线的扭转运动，且不能解释升力曲线斜率为正时的舞动现象。

2. Nigol 扭转舞动机理

1981 年，Nigol 和 Buchan[20,21]介绍了开展的导线节段静力与动力试验。动力试验结果表明，在不满足 Den Hartog 竖向舞动机理的气动力条件下，仍会发生大幅度的横风向振动，因此提出了 Nigol 扭转舞动机理。Nigol 扭转舞动机理认为，当覆冰导线的扭转向气动负阻尼超过导线的扭转向结构阻尼时，将引起导线的扭转向自激振动。若导线的扭转自振频率和竖向自振频率接近，则导线竖向运动为受迫振动，将发生共振，从而激发导线的竖向大幅度振动。导线发生 Nigol 扭转舞动的必要条件为

$$M_2<0 \tag{1.2}$$

式中，M_2 为 Nigol 和 Buchan 所定义的扭转向气动阻尼[21]。

3. 惯性耦合舞动机理

在惯性耦合舞动模式中，导线横向(竖向)振动与扭转向振动可能都是稳定的。然而，偏心的惯性耦合作用会引起风攻角变化，从而使相应的升力对横向振动形成正反馈，加剧横向振动，并逐渐积累能量，最后形成大幅度舞动[1]。

惯性耦合作用是舞动激发问题的一个重要因素。1975 年，Chadha 和 Jaster[22]在三自由度节段模型试验中发现惯性耦合可能对舞动的稳定性和舞动幅值产生显著影响。随后，失谐摆在输电导线防舞的有效应用[23]引起学界对惯性耦合作用的

进一步关注。20 世纪 90 年代，Yu 等[24-26]通过近似解析法对竖向-扭转二自由度系统中惯性耦合作用的规律进行研究，发现舞动风险的高低与质量比(偏心率)、竖扭频率比相关。至此，惯性耦合激发机理被我国学者认为是舞动激发机理的一种[1]。

4. *动力稳定性舞动机理*

Den Hartog 竖向舞动机理、Nigol 扭转舞动机理、惯性耦合舞动机理对不同舞动现象给出了不同的机理解释。但实际上可将舞动看作一种动力不稳定现象，从而各种类型的舞动现象都可用动力稳定性理论进行分析[1]。根据动力稳定性理论，可建立竖向、水平、扭转 3 个运动方向的动力学模型，并得到系统特征方程：

$$\left|\lambda^2 \bar{\boldsymbol{M}} + \lambda \bar{\boldsymbol{C}} + \bar{\boldsymbol{K}}\right| = 0 \tag{1.3}$$

式中，$\bar{\boldsymbol{M}}$、$\bar{\boldsymbol{C}}$、$\bar{\boldsymbol{K}}$ 分别为系统质量矩阵、阻尼矩阵、刚度矩阵；λ为系统特征值。对于舞动动力系统，可以通过特征值实部判断系统是否稳定，即若特征值实部大于零，则判断系统不稳定，会发生舞动。

1.4 舞动的研究方法

1.4.1 舞动激发与响应研究方法

舞动的理论研究主要涵盖初始激发、运动响应两个阶段，不同阶段对应不同的研究方法，具体如图 1.4 所示。

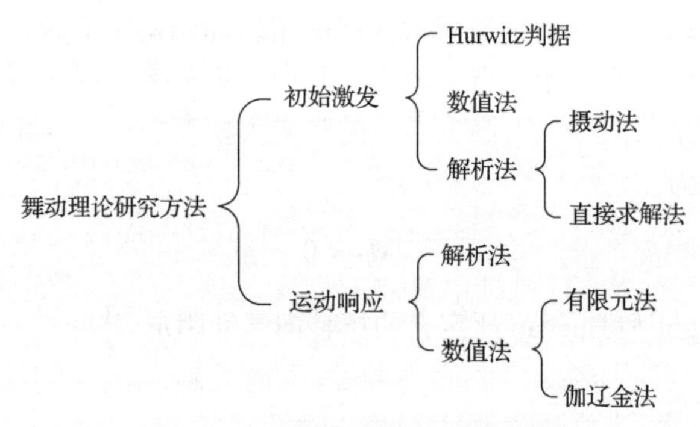

图 1.4 舞动的理论研究方法分类

下面介绍初始激发问题的研究方法。根据李雅普诺夫一次近似理论，判断初始平衡位置激发舞动的一个必要条件为系统特征方程至少具有一个正实部的根[27]。要判断特征值实部的正负，主要有以下三种方法：

(1)采用 Hurwitz 判据判断是否存在实部为正的特征值[1]。这种方法的缺点是无法获取各特征值具体数值、舞动激发振型和频率。

(2)采用数值方法求解特征值数值和振型[28]，但由于影响因素众多、耦合关系复杂，数值方法难以明确揭示舞动激发机理。

(3)求解出特征值的解析表达式[29]。如此不仅能给出特征值数值，还能给出各影响因素在舞动稳定判据中的关系，为探明各因素在舞动现象中的影响机理提供可能，是开展舞动预警和防治的关键。解析法分为摄动法和直接求解法。

针对舞动运动响应的研究方法可分为数值法与解析法。数值法一般是将动力方程在时间域上离散，通过直接积分的方法对结构求解从而得到一系列时刻的舞动响应。数值法包括有限元法和伽辽金法。其中，有限元法是基于单元形函数对结构划分多个单元进行离散，而伽辽金法是基于假设的整体振型对结构进行离散。有限元法的优点是适用范围广，适用于弱非线性振动和强非线性振动的情况，还可模拟覆冰导线系统的复杂动力学现象，但缺点是只能模拟输入条件下的舞动响应，难以反映系统参数对舞动响应的影响机理。伽辽金法的优点是计算效率较高，一定程度上能反映结构的复杂动力学现象，缺点是只适用于弱非线性振动，且同样难以反映系统参数对舞动的影响机制。

解析法一般通过非线性振动力学的方法求解舞动的非线性微分方程，得到舞动响应的近似解析解，从中可得出舞动振幅关于系统参数变化的规律。解析法所依托的模型一般是节段二自由度模型或者经伽辽金法离散的三维导线连续模型。解析法的优点是能够分析舞动特性与系统参数之间的关系，研究舞动稳定性以及分岔、混沌等复杂现象；缺点是主要适用于弱非线性系统，且在数学上求解较为复杂。

1.4.2　气动力特性研究方法

覆冰导线气动力特性是输电导线舞动的核心参数，获得各种覆冰导线的气动力系数是研究输电导线舞动和防舞的基础性工作。目前，覆冰导线的气动力数据主要通过风洞试验和计算流体动力学(computational fluid dynamics, CFD)数值模拟方法获得。

常见的风洞测气动力的试验装置有悬臂型[30]和简支型[31]两种，如图 1.5 所示，通过在两侧加设端板，消除风洞的边界层效应，以保证导线模型始终处于二维流。两种装置均通过安装在端部的高频天平测量作用在导线模型的气动力，两种测试方法的结果基本保持一致。一些研究者采用模型测压的方式，通过表面压力积分获得气动三分力系数[32]。相较于测力试验方法，测压方法的优点在于可在多个截面上设置测点，分析沿导线方向各截面、各风攻角下的气动力差异和表面压力分布特性，但其气动力测试结果较测力方法精度略低，且测压模型的几何尺度较实际的覆冰导线更大。因此，现阶段导线气动力试验研究以节段刚性模型天平试验方法为主。

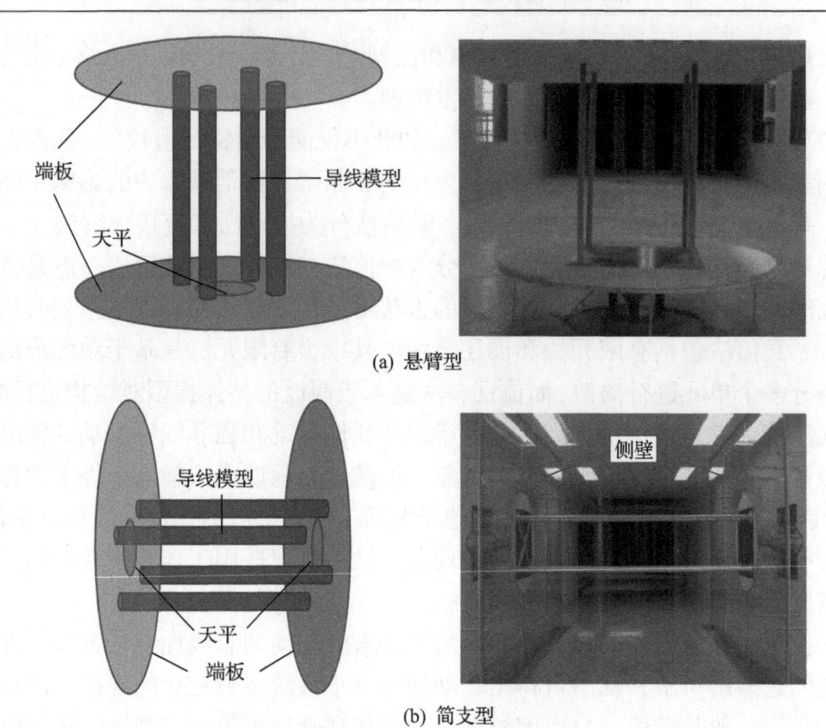

图 1.5 气动力测试的风洞试验装置

Nigol 和 Buchan[20,21]、Keutgen 和 Lilien[33]、李万平等[34]、肖正直等[35]都尝试重现实际覆冰形状并在风洞中测量导线的气动力系数。然而，由于覆冰形式千差万别，不同形状的覆冰有极大的差异，为了方便进行科学系统的研究，现今国内学者一般都将覆冰归纳成几种典型的几何形状，较为常见的有 D 形、新月形和扇形。李万平等[34,36,37]基于风洞试验系统测得单导线、三分裂导线和四分裂导线的气动力系数，探讨了覆冰导线的静态、动态气动力特性，并且围绕特大冰厚覆冰导线舞动稳定性开展了进一步研究。顾明等[38,39]研究了六种类型的准椭圆形覆冰导线气动力特性，讨论了湍流度、风攻角、覆冰饱满度、覆冰厚度等因素对导线气动力特性的影响以及准椭圆覆冰导线驰振稳定性的一般规律。随着对导线气动力特性的认识进一步完善，相关研究向着分裂数目增多并更关注各子导线气动力的方向发展，所涉及的冰形包括新月形、D 形、扇形，导线分裂数类型包括二分裂、四分裂、六分裂、八分裂[31,40-44]。这些研究所得结论包括：①D 形覆冰相较于新月形和扇形覆冰导线更易激发导线舞动；②相较于单导线、二分裂导线、三分裂导线，四分裂导线、六分裂导线、八分裂导线会有更多的舞动不稳定风攻角；③关于风速和湍流度对导线气动力的影响并没有统一的明确结论。

除了风洞试验，研究覆冰导线气动力系数的另一主要方法是采用基于流体动力学的 CFD 数值模拟技术。由于覆冰导线的形状特殊，钝体绕流充满着分离、再附着和旋涡等非常复杂的流动状态。由于这种流动的复杂性，数值模拟方法在准确模拟钝体绕流时存在一定困难。

林巍[30]采用 k-ω SST(shear stress transfer, 剪切应力传输)湍流模型对不同覆冰厚度的新月形覆冰单导线和分裂导线进行数值模拟，当展向长度取 3 倍导线直径时模拟结果与试验结果符合较好。肖良成等[45]选取 SA(Spalart-Allmaras)湍流模型对 23mm 厚新月形覆冰导线进行数值模拟,并通过流场压力分布云图分析了 15°风攻角附近出现升力系数尖峰的原因。Ishihara 和 Oka[46]利用大涡模拟(large eddy simulation, LES)湍流模型对圆角三角形覆冰导线进行模拟。结果表明，当导线展向长度增大时，能够更好地模拟湍流的三维特性；当展向长度达到 10 倍直径时，模拟结果与风洞试验数据比较吻合。Sokolov 和 Virk[47]通过 ANSYS FENSAP-ICE 软件对重力作用下的导线覆冰进行模拟，并在 Fluent 软件中测定了瞬态流下裸导线和覆冰导线的气动力系数，数值模拟结果与试验结果符合较好。

随着计算机性能的不断提升，数值模拟方法可在一定程度上弥补试验数据的不足。然而，计算流体动力学方法在复杂流场仿真前置处理时的边界条件、物理参数、湍流模型等方面难以与实际情况达成一致，其计算结果的准确性仍需通过风洞试验或现场实测等方式进行验证。舞动稳定性分析及舞动响应计算需要准确的气动力系数及其对风攻角的导数，因此对各个风攻角下的气动力计算精度有很高的要求，计算风攻角也需要加密。若采用精细化仿真模型，则要获得全攻角下的气动力系数曲线，这会耗费大量的运算时间。

参 考 文 献

[1] 郭应龙, 李国兴, 尤传永. 输电线路舞动[M]. 北京: 中国电力出版社, 2003.

[2] 刘泊静. 全球能源互联网进入加快实施新阶段——全球能源互联网发展合作组织成立 7 周年[N]. 中国电力报, 2023-04-04.

[3] 张立春, 朱宽军. 输电线路覆冰舞动灾害规律研究[J]. 电网与清洁能源, 2012, 28(9): 13-19, 24.

[4] 万启发. 输电线路舞动防治技术[M]. 北京: 中国电力出版社, 2016.

[5] 李新民, 朱宽军, 李军辉. 输电线路舞动分析及防治方法研究进展[J]. 高电压技术, 2011, 37(2): 484-490.

[6] 向玲, 任永辉, 卢明, 等. 特高压输电线路防舞装置的应用仿真[J]. 高电压技术, 2016, 42(12): 3830-3836.

[7] 刘俊博, 金鹏, 李守学, 等. 高寒地区雨雪冰冻灾害分析及友好型电网防灾措施[J]. 吉林电力, 2022, 50(5): 9-12.

[8] Lenhard Jr R W. An indirect method for estimating the weight of glaze on wires[J]. Bulletin American Meteorological Society, 1955, 36(3): 1-5.

[9] McKay G A, Thompson H A. Estimating the hazard of ice accretion in Canada from climatological

data[J]. Journal of Applied Meteorology and Climatology, 1969, 8(6): 927-935.

[10] McComber P, Govoni J W. An analysis of selected ice accretion measurements on a wire at Mount Washington[C]. Proceedings of the Forty-Second Annual Eastern Snow Conference, Montreal, 1985: 34-43.

[11] Poots G, Skelton P L I. Thermodynamic models of wet-snow accretion: Axial growth and liquid water content on a fixed conductor[J]. International Journal of Heat and Fluid Flow, 1995, 16(1): 43-49.

[12] Porcú F, Smargiassi E, Prodi F. 2-D and 3-D modelling of low density ice accretion on rotating wires with variable surface irregularities[J]. Atmospheric Research, 1995, 36(3-4): 233-242.

[13] Makkonen L. Modeling power line icing in freezing precipitation[C]. 7th International Workshop on Atmospheric Icing of Structures, Montreal, 1996: 195-200.

[14] Farzaneh M, Savadjiev K. Statistical analysis of field data for precipitation icing accretion on overhead power lines[J]. IEEE Transactions on Power Delivery, 2005, 20(2): 1080-1087.

[15] Lilien J. State of the art of conductor galloping[R]. Paris: CIGRE, 2007.

[16] 胡红春. 三峡至万县 I 回 500kV 输电线路鄂西段设计冰厚取值[J]. 电力建设, 2000, 1(10): 22-24.

[17] 廖玉芳, 段丽洁. 湖南电线覆冰厚度估算模型研究[J]. 大气科学学报, 2010, 33(4): 395-400.

[18] 黄浩辉, 宋丽莉, 秦鹏, 等. 粤北地区导线覆冰气象特征与标准厚度推算[J]. 热带气象学报, 2010, 26(1): 7-12.

[19] Den Hartog J P. Transmission line vibration due to sleet[J]. Transactions of the American Institute of Electrical Engineers, 1932, 51(4): 1074-1076.

[20] Nigol O, Buchan P G. Conductor galloping, part Ⅰ: Den Hartog mechanism[J]. IEEE Transactions on Power Apparatus and System, 1981, 100(2): 699-707.

[21] Nigol O, Buchan P G. Conductor galloping, part Ⅱ: Torsional mechanism[J]. IEEE Transactions on Power Apparatus and Systems, 1981, 100(2): 699-720.

[22] Chadha J, Jaster W. Influence of turbulence on the galloping instability of iced conductors[J]. IEEE Transactions on Power Apparatus and Systems, 1975, 94(5): 1489-1499.

[23] Nigol O, Clarke G J. Conductor galloping and control based on torsional mechanism[J]. IEEE Transactions on Power Apparatus and Systems, 1974, PA93(6): 1729.

[24] Yu P, Shah A H, Popplewell N. Inertially coupled galloping of iced conductors[J]. Journal of Applied Mechanics, 1992, 59(1): 140-145.

[25] Yu P, Popplewell N, Shah A H. Instability trends of inertially coupled galloping, part Ⅰ: Initiation[J]. Journal of Sound and Vibration, 1995, 183(4): 663-678.

[26] Yu P, Popplewell N, Shah A H. Instability trends of inertially coupled galloping, part Ⅱ: Periodic vibrations[J]. Journal of Sound and Vibration, 1995, 183(4): 679-691.

[27] 梅凤翔, 史荣昌, 张永发, 等. 约束力学系统的运动稳定性[M]. 北京: 北京理工大学出版社,

1997.

[28] Nikitas N, Macdonald J H G. Misconceptions and generalizations of the Den Hartog galloping criterion[J]. Journal of Engineering Mechanics, 2014, 140(4): 4013005.

[29] 姜雄. 覆冰输电导线舞动特性矩阵摄动法研究[D]. 杭州: 浙江大学, 2016.

[30] 林巍. 覆冰输电导线气动力特性风洞试验及数值模拟研究[D]. 杭州: 浙江大学, 2012.

[31] Matsumiya H, Shimizu M, Nishihara T. Steady aerodynamic characteristics of single and four-bundled conductors of overhead transmission lines under ice and snow accretion[J]. Journal of Structural Engineering, A, 2010, 56A: 588-601.

[32] Ma W Y, Liu Q K, Du X Q, et al. Effect of the Reynolds number on the aerodynamic forces and galloping instability of a cylinder with semi-elliptical cross sections[J]. Journal of Wind Engineering and Industrial Aerodynamics, 2015, 146: 71-80.

[33] Keutgen R, Lilien J L. Benchmark cases for galloping with results obtained from wind tunnel facilities validation of a finite element model[J]. IEEE Transactions on Power Delivery, 2000, 15(1): 367-374.

[34] 李万平, 黄河, 何锃. 特大覆冰导线气动力特性测试[J]. 华中科技大学学报(自然科学版), 2001, 29(8): 84-86.

[35] 肖正直, 晏致涛, 李正良, 等. 八分裂输电导线结冰风洞及气动力特性试验[J]. 电网技术, 2009, (5): 90-94.

[36] 李万平, 杨新祥. 覆冰导线群的静气动力特性[J]. 空气动力学学报, 1995, 13(4): 427-434.

[37] 李万平. 覆冰导线群的动态气动力特性[J]. 空气动力学学报, 2000, 18(4): 413-420.

[38] 顾明, 马文勇, 全涌, 等. 两种典型覆冰导线气动力特性及稳定性分析[J]. 同济大学学报(自然科学版), 2009, 37(10): 1328-1332.

[39] 马文勇, 顾明, 全涌, 等. 准椭圆形覆冰导线气动力特性试验研究[J]. 同济大学学报(自然科学版), 2010, 38(10): 1409-1413, 1427.

[40] 王昕. 覆冰导线舞动风洞试验研究及输电塔线体系舞动模拟[D]. 杭州: 浙江大学, 2011.

[41] 吕江. 覆冰导线气动力特性风洞试验及舞动有限元分析研究[D]. 杭州: 浙江大学, 2014.

[42] 李天昊. 输电导线气动力特性及风偏计算研究[D]. 杭州: 浙江大学, 2016.

[43] 胡景. 覆冰四分裂导线舞动与新型防舞器的数值模拟研究[D]. 重庆: 重庆大学, 2011.

[44] 周林抒. 覆冰分裂导线舞动数值模拟及参数分析[D]. 重庆: 重庆大学, 2015.

[45] 肖良成, 李新民, 江俊, 等. 典型覆冰导线气动绕流计算及动态特性分析[J]. 中国科学: 物理学、力学、天文学, 2013, (4): 500-510.

[46] Ishihara T, Oka S. A numerical study of the aerodynamic characteristics of ice-accreted transmission lines[J]. Journal of Wind Engineering and Industrial Aerodynamics, 2018, 177: 60-68.

[47] Sokolov P, Virk M S. Aerodynamic forces on iced cylinder for dry ice accretion—A numerical study[J]. Journal of Wind Engineering and Industrial Aerodynamics, 2020, 206: 104365.

第 2 章　覆冰导线的气动力特性

输电导线覆冰后形成非圆形截面，其气动力特性与圆截面的裸导线有较大不同，可能引发导线的气动失稳。覆冰导线气动力特性作为输电线路舞动研究的基础，对研究舞动机理、开展输电导线舞动预警和防舞设计起着至关重要的作用。其影响因素主要有覆冰形状、初凝角、湍流度、风速、分裂数、子导线间距等。覆冰导线的气动力数据主要通过风洞试验和 CFD 数值模拟方法获得。其中，风洞试验是研究覆冰导线气动力特性最直接可靠的手段；CFD 数值模拟方法可在一定程度上弥补试验数据的不足，但面临复杂流场下模拟精度不足的问题。

浙江大学结构风工程研究团队和国网河南省电力公司电力科学研究院共同合作，针对覆冰输电导线气动力特性进行了长期研究。本章总结十多年来浙江大学结构风工程研究团队在覆冰导线气动力特性方面的风洞试验研究成果，探讨了风场、覆冰形状、覆冰厚度、风攻角、湍流度和初凝角等多种参数变化下覆冰导线的气动力变化情况，可为线路舞动数值仿真、防舞预警工作提供参考。

2.1　覆冰导线气动力定义及影响因素

2.1.1　试验模型气动三分力系数定义

在不同研究团队的试验设计中，分裂导线排布形式和冰形的定义方式均会有所不同，因此给出一种标准化定义，以便后续理解。在单导线中，气动力和风攻角的定义如图 2.1 所示。

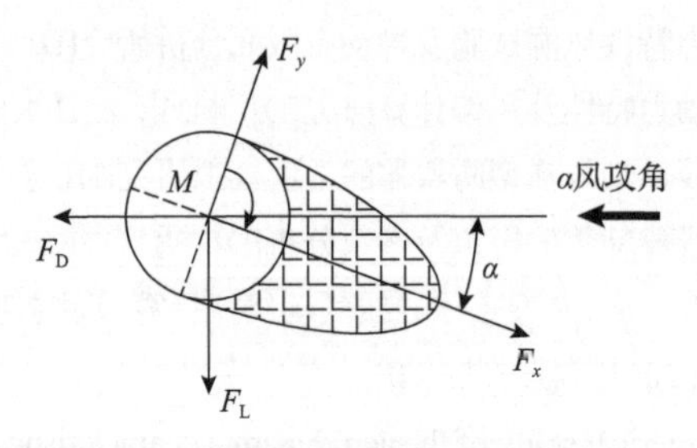

图 2.1　单导线气动力和风攻角定义

通过天平测力得到时间平均的无量纲平均升力系数 C_L、平均阻力系数 C_D、平均扭矩系数 C_M 为

$$C_{\mathrm{L}}(\alpha)=\frac{F_{\mathrm{L}}(\alpha)}{0.5\rho U^{2}DH_{1}},\quad C_{\mathrm{D}}(\alpha)=\frac{F_{\mathrm{D}}(\alpha)}{0.5\rho U^{2}DH_{1}},\quad C_{\mathrm{M}}(\alpha)=\frac{M(\alpha)}{0.5\rho U^{2}D^{2}H_{1}} \tag{2.1}$$

式中，F_{L}、F_{D} 和 M 分别为导线试验模型在风荷载作用下所受的升力、阻力和扭矩；ρ 为空气密度；U 为试验平均风速；D 为导线直径；H_1 为导线节段模型长度。

分裂导线在覆冰条件下的气动特性相比单导线更加复杂。子导线之间的相互遮挡会产生尾流干扰，从而降低下游导线的阻力系数[1]。覆冰试验也显示，遮挡效应会使下游子导线的覆冰量少于上游子导线[2,3]。同时，由于覆冰导线受扭转刚度、风速、风向等因素的影响，初始覆冰角度(初凝角)呈现出差异性[4]。在单导线中，覆冰导线在舞动过程中绕自身扭转，初凝角可通过初始风攻角进行等效考虑；而对于分裂导线，由于导线整体形心位于间隔棒中心，初凝角的差异会导致分裂导线整体截面的气动外形发生实质性改变，无法通过风攻角进行等效考虑。覆冰分裂导线气动力特性风洞试验中有关初凝角的取值一直没有统一的标准[1,5,6]，常见取值有 0°、15°、30°、45°等。

下面针对分裂导线的不同分裂数，给出标准的导线排布构型，如图 2.2 所示。各种冰形初凝角的定义为，0°风攻角与图中水平方向的夹角，0°风攻角与导线覆冰的形心主轴重叠，便于对不同初凝角时的气动力系数进行比较分析。风攻角以模型顺时针旋转为正。二分裂导线默认横向排列，竖向排列的状态可通过设置初凝角为 90°来实现，其他分裂数的不同排列方式可以此类推。子导线的排布顺序也在图中以编号进行规定。在分裂导线中，各子导线的测定方法与单导线相同，通过上标中的导线编号进行区分。分裂导线的整体升力系数、整体阻力系数、整体扭矩系数定义为

$$C_{\mathrm{L}}^{N}(\alpha)=\frac{1}{N}\frac{F_{\mathrm{L}}(\alpha)}{0.5\rho U^{2}DH_{1}},\quad C_{\mathrm{D}}^{N}(\alpha)=\frac{1}{N}\frac{F_{\mathrm{D}}(\alpha)}{0.5\rho U^{2}DH_{1}},\quad C_{\mathrm{M}}^{N}(\alpha)=\frac{1}{N}\frac{M(\alpha)}{0.5\rho U^{2}D^{2}H_{1}} \tag{2.2}$$

式中，N 为导线分裂数。其他参数与单导线定义式相同。

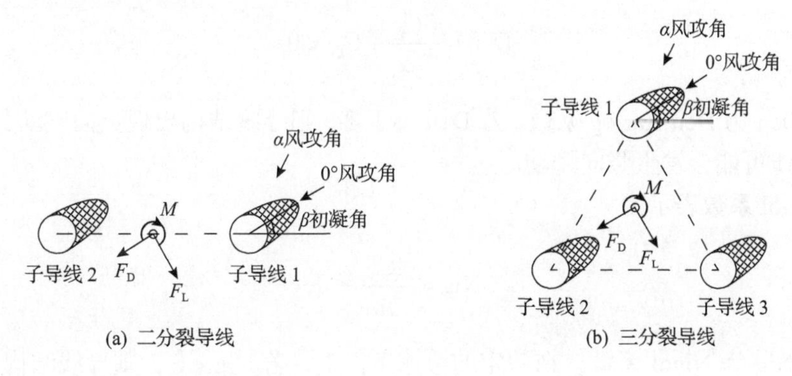

(a) 二分裂导线　　(b) 三分裂导线

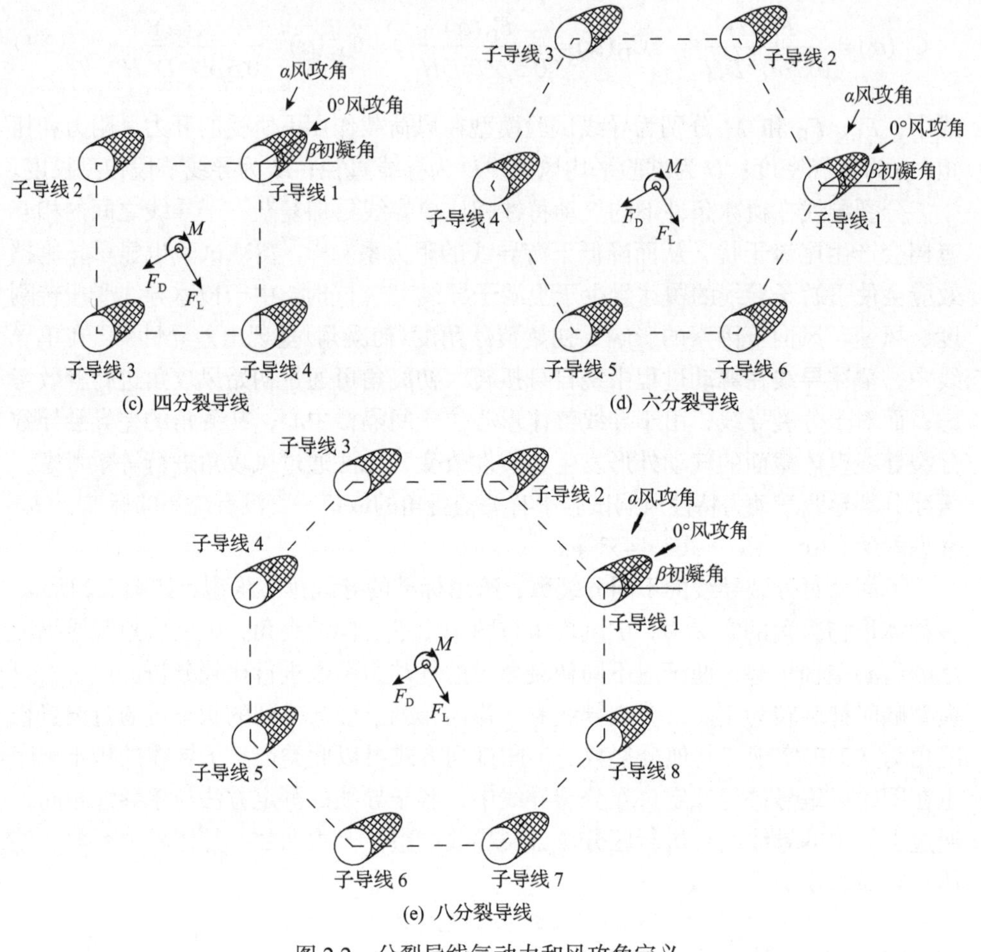

图 2.2　分裂导线气动力和风攻角定义

对于试验获得的气动力系数，常用 Den Hartog 竖向舞动机理和 Nigol 扭转舞动机理进行舞动稳定性分析。其中，Den Hartog 系数表示为

$$\mathrm{Den}=\frac{\partial C_{\mathrm{L}}}{\partial \alpha}+C_{\mathrm{D}}<0 \tag{2.3}$$

式中，Den 为 Den Hartog 系数。若 Den 小于零，则导线结构出现竖向气动负阻尼，此时导线可能会发生竖向舞动。

Nigol 系数表示为

$$\mathrm{Nig}=\frac{\partial C_{\mathrm{M}}}{\partial \alpha}<0 \tag{2.4}$$

式中，Nig 为 Nigol 系数。在一定的覆冰条件下，若 $\mathrm{Nig}<0$，则导线结构出现扭

转向气动负阻尼，从而引起扭转向自激振动，并且在导线扭转频率和竖向频率接近的情况下激发导线的竖向大幅度振动。

2.1.2　试验主要影响因素

影响覆冰导线测试结果的主要有两大类因素，即导线模型和流场参数，具体如图 2.3 所示。下面分别对各个因素的影响进行介绍。

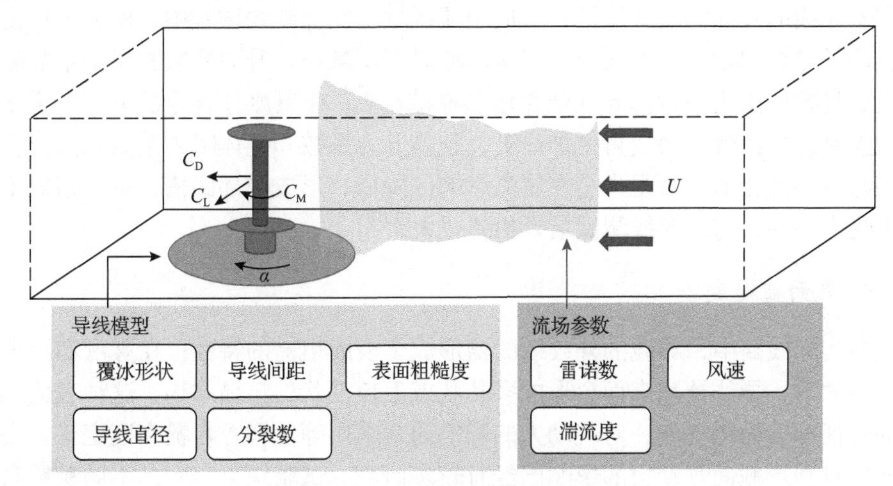

图 2.3　气动力试验主要影响因素

1. 覆冰形状

输电导线的覆冰形状受到覆冰时气象条件的影响。例如，在低温微风且雨量较少的天气，水滴与导线表面一触即凝，将形成典型的新月形覆冰；若气温相对较高且雨量较大，水滴在导线表面无法立即凝固，且风经过导线壁面流动产生分离点使得冰形外周产生角点，则形成近似 D 形的覆冰截面形状。

覆冰形状是影响气动力特性最主要的因素之一。在理想圆柱的气动力试验研究中，导线所受的升力和扭矩几乎为零，只受来流风作用在导线上的阻力；覆冰导线的气动力与裸导线大不相同，承受显著的升力、扭矩气动荷载。在一定气象条件下，随着覆冰增长，覆冰形状和覆冰厚度也在不断发生变化；在同一档距中，由于导线扭转的作用，不同位置处的风攻角也有所不同。因此，为了深入理解覆冰导线舞动的机理，并实现舞动的精细计算，需要测定各种覆冰形状的气动力特性，这将作为后续研究的重要基础数据。

2. 导线直径

输电线路中常用的导线直径为 11.4～51.5mm。随着导线直径的增大，阻力系数和升力系数的峰值都有所增大，更容易发生舞动。与此同时，导线直径增大，扭转刚度也随之增大，更容易形成不对称覆冰，降低线路的整体安全性。实际工程中应考虑使用较小截面导线以减轻舞动的危害[7]。

3. 导线间距和分裂数

在分裂导线中，由于背风侧子导线受到迎风侧子导线的遮挡，气流速度在迎风侧子导线的背向涡流区降低，形成尾流区域。在裸导线试验中，尾流干扰使得背风侧子导线的阻力系数在处于尾流区域时有所减小，升力系数和扭矩系数影响不大，且整体阻力系数随导线数目增多而减小[8]。在覆冰分裂导线中，当覆冰厚度增大时，遮挡效应会变得更加显著，整体升力系数和整体阻力系数的曲线变化规律与单导线相似，且阻力会在尾流影响区降低，形成局部凹槽；整体扭矩系数由于受力特性，与单导线测试结果相差很大[9,10]。

4. 表面粗糙度

在实际线路中，导线的外绞线凹槽形成了表面粗糙的特性；在雾凇和混合凇覆冰条件下，导线覆冰表面会形成多孔状或毛玻璃状的粗糙结构。这种表面不规则的特征即表面粗糙度，对气动力的影响通常采用等效颗粒粗糙高度定义。表面粗糙度对圆形截面气动力的影响已经有较多研究。试验结果表明，不同粗糙高度改变了导线表面的速度和湍流分布，产生了不同的分离特性；当粗糙高度增大时，临界雷诺数将提前，并减小阻力危机的幅值[11,12]。楼文娟等[13]设计了四种表面粗糙高度的新月形覆冰导线模型并进行风洞试验。结果表明，增大的表面粗糙度提高了阻力系数峰值，抑制升力系数的尖峰形成，具有更好的气动稳定性。然而，对于其他冰形和试验条件下表面粗糙度对气动力的影响仍有待进一步研究。

5. 雷诺数和风速

雷诺数代表流体惯性力与黏性力之比，表达式可写为

$$Re = \frac{UD}{\nu} \tag{2.5}$$

式中，U 为流体速度，一般取试验平均风速；D 为特征长度，一般取导线直径；ν 为运动黏性系数，常温常压下空气运动黏性系数的数值约为 $1.5\times10^{-5}\text{m}^2/\text{s}$。

通常条件下，导线的雷诺数为 1×10^4～1.5×10^5，处于亚临界区，此时导线阻力系数趋于定值，随雷诺数变化不大[14]。然而，在表面粗糙度和湍流度的作用下，阻力系数会在雷诺数未达到分界区就开始减小，提前进入临界流动状态[11]。因此，有必要在现有试验的基础上不断深化，进一步量化湍流度、导线表面粗糙度和截

面不规则等因素，更加全面地分析其对覆冰导线气动力的影响。

6. 湍流度

覆冰导线风洞试验通常在均匀流场和均匀湍流场中进行，湍流场一般通过在风洞中加设格栅、尖劈、粗糙单元等扰流装置实现。湍流度定义为

$$I = \frac{\sigma_{\mathrm{u}}}{\bar{U}} \tag{2.6}$$

$$\bar{U} = \frac{1}{n}\sum_{i=1}^{n} U_i, \quad \sigma_{\mathrm{u}}^2 = \frac{1}{n}\sum_{i=1}^{n}(U_i - \bar{U})^2 \tag{2.7}$$

式中，I 为顺风向湍流度；σ_{u} 为顺风向脉动风速标准差；$\bar{U}$ 为顺风向风速平均值；U_i 为各时间点的顺风向风速；n 为时间点数。

已有的气动力试验研究[15]表明，湍流增加了导线尾流气压，使其阻力系数幅值降低，同时升力系数曲线变得更加陡峭，根据 Den Hartog 竖向舞动机理，导线将更易发生舞动。由于试验条件的变量较多、影响机理复杂，目前的研究尚未对湍流度的影响形成统一结论[16-18]。因此，为满足实际工程应用需要，应尽可能考虑线路所处的实际风环境，设置对舞动最不利的湍流场，基于此对气动力特性进行分析。

2.2　覆冰导线气动力的风洞试验介绍

2.2.1　覆冰单导线高频天平测力试验

1. 节段试验模型设计

确定导线截面尺寸后，按 1∶1 几何相似比采用 ABS 材料制作刚性模型。表 2.1 给出了单导线试验模型的具体规格，相应试验模型照片及截面如图 2.4 所示。

表 2.1　单导线试验模型规格

序号	模型编号	导线长度/mm	导线直径/mm	覆冰厚度/mm
1	X-1-0.25D	800	26.82	6.7
2	X-1-0.50D	800	26.82	13.4
3	X-1-0.75D	800	26.82	20.1
4	X-1-1.00D	800	26.82	26.8
5	X-1-1.50D	800	26.82	40.2
6	X_A-1	1000	35	21

续表

序号	模型编号	导线长度/mm	导线直径/mm	覆冰厚度/mm
7	X_B-1	800	30	15
8	D_A-1	800	26.82	70
9	D_B-1	800	23.9	70
10	D_C-1	800	30	85.24

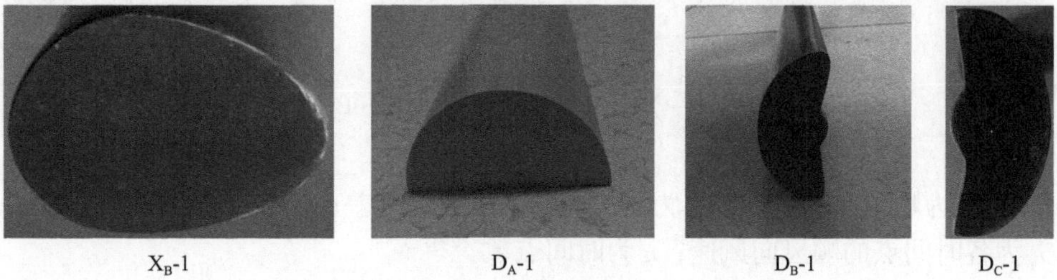

X_B-1　D_A-1　D_B-1　D_C-1

(a) 部分节段模型照片

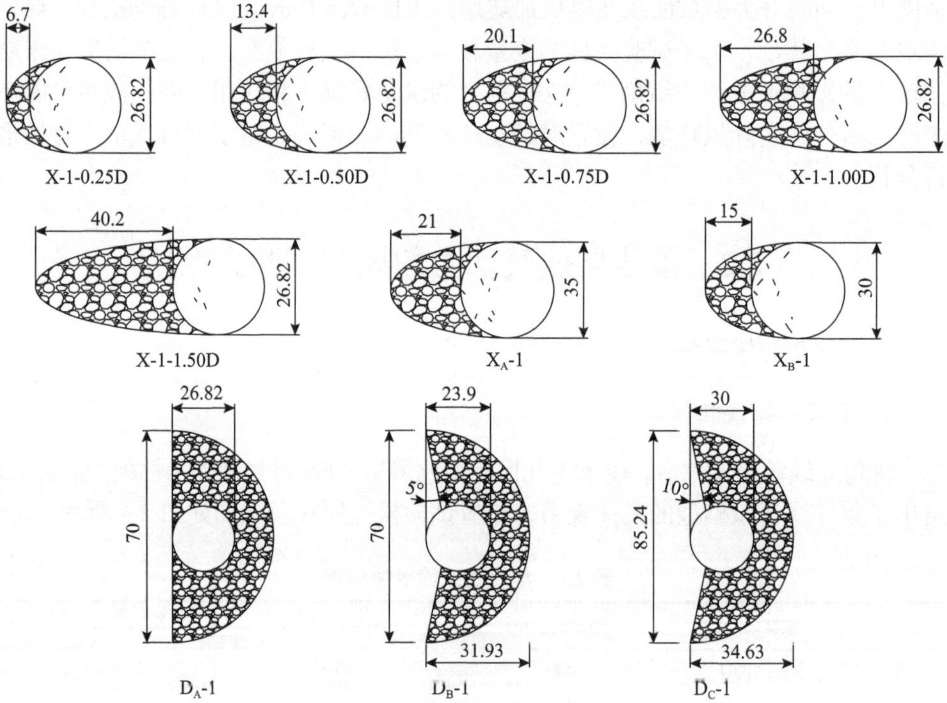

X-1-0.25D　X-1-0.50D　X-1-0.75D　X-1-1.00D

X-1-1.50D　X_A-1　X_B-1

D_A-1　D_B-1　D_C-1

(b) 节段模型截面示意图

图 2.4　单导线模型照片及截面示意图(单位：mm)

试验共设计了 7 种新月形覆冰模型(X-1-0.25D、X-1-0.50D、X-1-0.75D、X-1-1.00D、X-1-1.50D、X_A-1、X_B-1)和 3 种 D 形覆冰模型(D_A-1、D_B-1、D_C-1)。

以 X-1-0.25D 为例介绍模型编号规则：X 表示截面覆冰形状为新月形，“1”表示单导线，0.25D 表示以导线截面直径为基准的无量纲冰厚。对于新月形覆冰，覆冰厚度取为覆冰表面至导线截面圆心最大距离与截面半径之差；对于 D 形覆冰，覆冰厚度取为覆冰表面上两点最大距离。

2. 试验工况

覆冰导线发生舞动的风速范围通常小于 20m/s，多数集中在 7～15m/s[19]。在该范围内的风速下，导线雷诺数都处于亚临界状态，风速差异对导线的气动力影响并不显著[20]。因此，本书试验不考虑风速对气动力的影响，但考虑不同湍流度的影响。

试验的风向角(同图 2.1 的风攻角)示意图参见图 2.1,以模型顺时针转动为正。对于单导线覆冰，考虑到截面的对称性，试验风向角取 0°～180°，风向角间隔为 5°，对局部需要加密的角度进行加密。试验具体工况如表 2.2 所示。需注意，试验中的风向角对导线截面而言为风攻角。

表 2.2 单导线气动力试验工况表

序号	试验模型	覆冰形状	风攻角范围/(°)	平均风速/(m/s)	湍流度/%
1	X-1-0.25D[21]	新月形	0～180	10	0
2	X-1-0.50D[21]	新月形	0～180	10	0
3	X-1-0.75D[21]	新月形	0～180	10	0
4	X-1-1.00D[21]	新月形	0～180	10	0
5	X-1-0.25D[21]	新月形	0～180	6.52	13
6	X-1-0.50D[21]	新月形	0～180	6.52	13
7	X-1-0.75D[21]	新月形	0～180	6.52	13
8	X-1-1.00D[21]	新月形	0～180	6.52	13
9	X-1-1.50D[22]	新月形	0～180	10	5
10	X_A-1[23]	新月形	0～180	15	0
11	X_A-1[23]	新月形	0～180	10	6
12	X_B-1[14]	新月形	0～180	10	5
13	D_A-1[21]	D 形	0～180	10	0
14	D_A-1[21]	D 形	0～180	10	5
15	D_A-1[21]	D 形	0～180	6.52	13
16	D_B-1[21]	D 形	0～180	10	0

续表

序号	试验模型	覆冰形状	风攻角范围/(°)	平均风速/(m/s)	湍流度/%
17	D_B-1[21]	D形	0～180	10	5
18	D_B-1[21]	D形	0～180	6.52	13
19	D_C-1[14]	D形	0～180	10	5

3. 试验设备简介

高频测力天平(high-frequency force balance)试验自20世纪80年代提出后，由于其具有模型制作简单、试验方便、费用低廉、便于工程应用等优点，在结构的抗风研究中得到广泛的应用。本书试验采用高频测力天平测量覆冰导线模型的气动力。

本章大部分试验在浙江大学土木水利工程实验中心的边界层风洞 ZD-1 中进行，如图 2.5 所示。该风洞为闭口单回流式矩形截面风洞。整个回流系统垂直布置，动力段位于地面以下。风洞由一台功率为 1000kW 的直流电机驱动。风洞试验段尺寸为 4m(宽)×3m(高)×18m(长)。试验段风速范围为 3～55m/s，控制精度优于 1.0%。试验段前转盘直径 1.5m，后转盘直径 2.5m，交流伺服电机自动控制，为保证流场具有较好的均匀性，试验模型放在后转盘上进行。

图 2.5　浙江大学土木水利工程实验中心边界层风洞 ZD-1

数据测量采用德国 ME-SYSTEM 公司生产的高频测力天平，如图 2.6 所示。其量程分大、小量程两档。小量程下水平力量程为 20N，扭矩量程为 4N·m；大量程下水平力量程为 130N，扭矩量程为 26N·m。天平最高测力频率为 1000Hz，测力精度为 3‰。

风荷载作用下覆冰导线模型基底的三分力经天平转换成电压信号，然后输入由模数转换器(analog to digital converter, ADC)与计算机组成的数据采集系统。测力系统的组成示意图如图 2.7 所示。

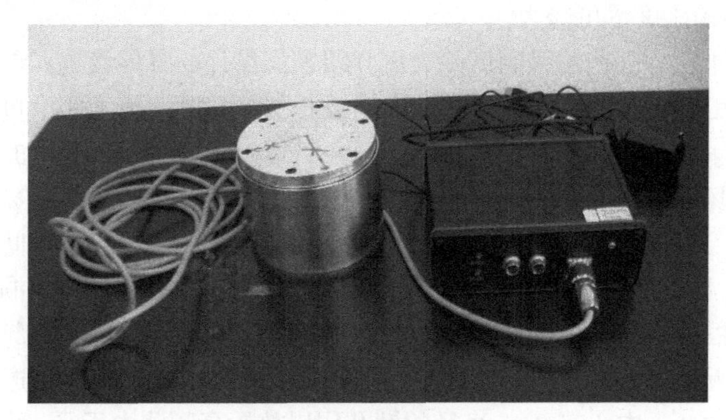

图 2.6　高频测力天平

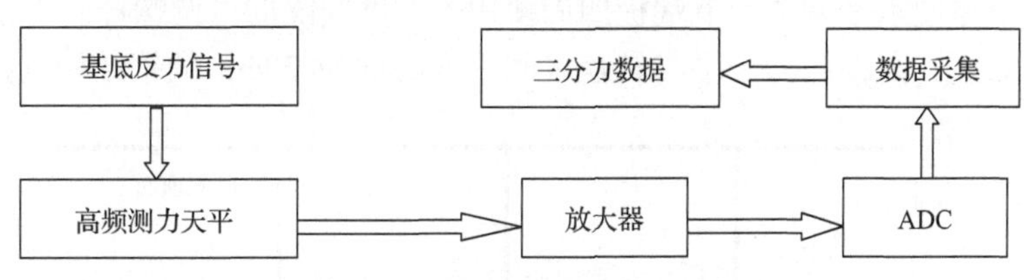

图 2.7　测力系统组成示意图

4. 模型安装

通常情况下风洞试验并不能完全模拟真实的流动情况。风洞洞壁的存在就是一个重要的原因。风洞洞壁使绕流模型的流动受到限制，改变了模型周围的流场结构，从而影响模型的气动力特性，称为洞壁干扰。风洞边界层效应是洞壁干扰的主要表现之一[24]。这主要是由洞壁摩擦黏性引起的，在实壁形成洞壁的无滑移条件，从而在风洞的壁面形成附面层，对风洞内流动产生挤压，形成上下壁干扰的边界层效应。风洞的边界层效应有上下壁干扰与侧壁干扰之分。风洞的上下壁干扰主要是洞壁及其附面层形成的管道效应干扰，三元风洞的四壁干扰和二元风洞的上下壁干扰都属于这种类型。而风洞的侧壁干扰是与风洞侧壁和模型的结合区及侧壁黏性有关的洞壁干扰[25]，通常可以通过将模型远离壁面居中放置而降低这一影响。本节主要考虑消除上下壁干扰所带来的风洞边界层效应。

用高频测力天平进行覆冰导线节段模型的气动力特性试验时，通常要求[26]：

(1) 节段模型几何相似比宜为 1∶1。

(2) 保持雷诺数相似。

(3) 尽量消除模型端部的三元流效应。对此，通常有两种措施：一种措施是在模型端部加端板，但为保证端板上的力不被天平感知，模型与端板之间应留有极小的间隙；另一种措施是在节段模型两端加长模型但不测加长段的力，这种方法一般要求风洞有从动盘。

(4)模型的刚度尽可能大。

下面以林巍[21]进行的风洞试验为例介绍模型设计的具体设置。试验模型采用1∶1的几何相似比，不存在缩尺比和雷诺数相似的问题。模型刚度可通过模型制作来加强。为保证绕模型流动的二维流特性，试验采用在模型端部加端板的措施。

考虑流场的二维特性及风洞的边界层效应后单导线试验模型安装示意图如图2.8所示。上端板为边长120cm、厚度1cm的木板，端板与模型间距尽量小，一般在2mm以下，模型高度80cm。上端板通过三根刚性螺杆与风洞顶面相连，通过调节三根螺杆将端板调至水平。下部通过天平模型转接板与高频测力天平相连，下部端板顶面与模型底部的天平模型转接板齐平，下端板为一边长120cm、厚度1cm的木板，中心有9cm直径的圆孔用以放置高频测力天平，为了保证下端板刚度以及方便水平调节，下端板四周使用等角度间隔的可调螺杆。为消除风洞的边界层效应，高频测力天平与转盘之间放入高度为28cm的钢结构支撑，其上

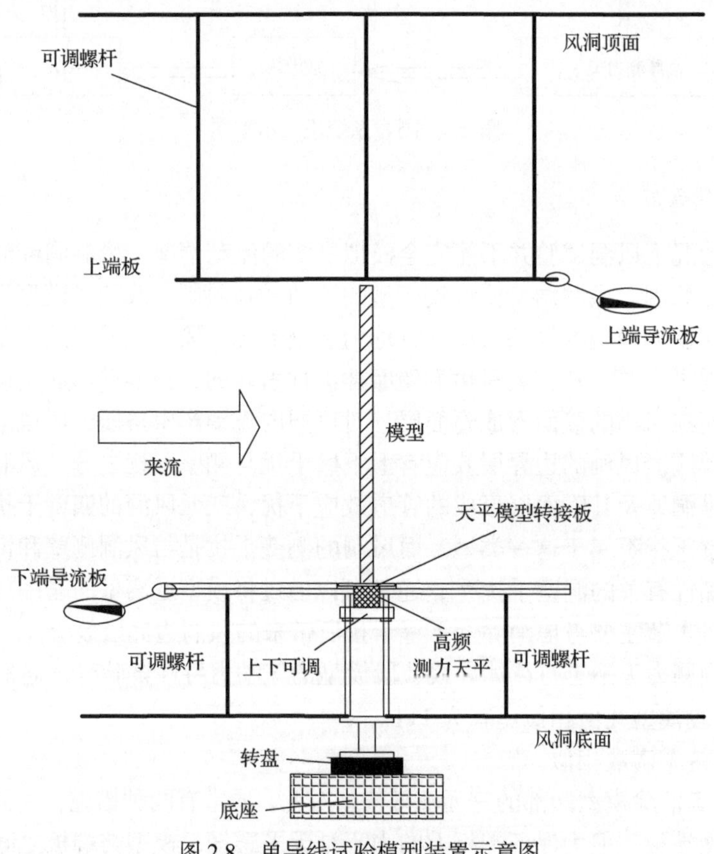

图2.8 单导线试验模型装置示意图

端与高频测力天平刚性连接，下部与转盘刚性连接，高频测力天平位置可上下调节。图 2.9 为单导线模型的风洞试验照片。

(a) 新月形

(b) D形

图 2.9　单导线模型的风洞试验照片

5. 流场模拟

试验采用均匀流场和均匀湍流场。均匀湍流场通过安装在风洞试验段入口处的多功能尖塔实现，如图 2.10 所示。风速测量采用 4 通道膜热线风速仪。流场调试时对试验实测风场数据进行分析，令每个顺风向采样风速为 U_i，根据式(2.6)和式(2.7)估算湍流度。

(a) 均匀流

(b) 5%均匀湍流

(c) 13%均匀湍流

图 2.10　流场模拟照片

6. 数据处理方法

试验过程中，高频测力天平得到的是天平坐标轴下的气动力。风攻角变化是通过转动模型来实现的，天平随模型一起转动。因此，天平坐标轴与来流气流坐标轴是不重合的。数据处理时，需要将天平坐标轴下的气动力系数转换成气流坐标轴下的气动力系数，转换方式为

$$\boldsymbol{M}_{\mathrm{T}}=\begin{bmatrix}-\sin\phi & \cos\phi \\ \cos\phi & \sin\phi\end{bmatrix} \tag{2.8}$$

式中，$\boldsymbol{M}_{\mathrm{T}}$ 为天平体轴下气动力到气流轴下的气动力转换矩阵；ϕ 为天平体轴与

气流轴的夹角。

将高频测力天平测到的气动力时程进行时均化处理，最终通过式(2.8)的转换矩阵转换为气动三分力系数。

2.2.2 覆冰分裂导线气动力特性风洞试验

1. 试验模型

分裂导线的模型按 1∶1 几何相似比制作，材料和做法同单导线。分裂导线试验模型具体规格如表 2.3 所示。分裂导线模型排布示意图如图 2.2 所示。

表 2.3 分裂导线试验模型规格表

	模型编号	导线间距/mm	导线长度/mm	导线直径/mm	覆冰厚度/mm
二分裂	X-2-0.25D	448	800	26.82	6.7
	X-2-0.50D	448	800	26.82	13.4
	X-2-0.75D	448	800	26.82	20.1
	X-2-1.00D	448	800	26.82	26.8
	X_A-2	400	1000	35	21
	D_A-2	448	800	26.82	70
	D_B-2	448	800	23.9	70
四分裂	X-4-0.25D	450	800	26.82	6.7
	X-4-0.50D	450	800	26.82	13.4
	X-4-0.75D	450	800	26.82	20.1
	X-4-1.00D	450	800	26.82	26.8
	X_A-4	400	1000	35	21
	D_A-4	450	800	26.82	70
六分裂	D_B-6	375	800	23.9	70
八分裂	X_B-8	400	800	30	15
	D_C-8	400	800	30	85.24

试验模型包含二分裂导线、四分裂导线、六分裂导线及八分裂导线，其子导线覆冰形状与单导线试验部分相同，即 6 种新月形覆冰和 3 种 D 形覆冰。以 X-2-0.25D 为例介绍模型编号规则：X 表示截面形状，2 表示二分裂导线，0.25D 表示以导线截面直径为基准的无量纲冰厚。对于新月形覆冰，覆冰厚度取为覆冰表面至导线截面圆心最大距离与截面半径之差；对于 D 形覆冰，覆冰厚度取为覆冰表面上两点最大距离。

数据测量采用德国 ME-SYSTEM 公司生产的高频测力天平。试验对二分裂导线选用小量程档，四分裂导线、六分裂导线及八分裂导线选用大量程档。

2. 试验工况

风向角以模型顺时针转动为正，如图 2.2 所示。风向角间隔为 5°，对局部需要加密的角度进行加密。由单导线试验结果[21]可知，0.25D 和 0.50D 的薄覆冰导线发生舞动的可能性很小，因此分裂导线试验时对 0.25D 和 0.50D 厚度模型进行得较少，试验具体工况如表 2.4 所示，流场的模拟同单导线试验。

表 2.4　分裂导线气动力试验工况表

	序号	试验模型	覆冰形状	风攻角范围/(°)	平均风速/(m/s)	湍流度/%	初凝角/(°)
二分裂	1	X_A-2[23]	新月形	0～360	15	0	15
	2	X_A-2[23]	新月形	0～360	10	6	15
	3	X-2-0.75D[21]	新月形	0～180	10	0	0
	4	X-2-1.00D[21]	新月形	0～180	10	0	0
	5	X-2-0.25D[21]	新月形	0～180	10	5	0
	6	X-2-0.50D[21]	新月形	0～180	10	5	0
	7	X-2-0.75D[21]	新月形	0～180	10	5	0
	8	X-2-1.00D[21]	新月形	0～180	10	5	0
	9	X-2-0.75D[21]	新月形	0～180	6.52	13	0
	10	X-2-1.00D[21]	新月形	0～180	6.52	13	0
	11	D_A-2[21]	D 形	0～180	10	0	0
	12	D_A-2[21]	D 形	0～180	10	5	0
	13	D_A-2[21]	D 形	0～180	6.52	13	0
	14	D_A-2[27]	D 形	0～360	10	5	30
	15	D_A-2[27]	D 形	0～360	10	5	45
	16	D_A-2[27]	D 形	0～360	10	5	60
	17	D_A-2[27]	D 形	0～360	10	5	75
	18	D_B-2[27]	D 形	0～360	10	5	30
	19	D_B-2[27]	D 形	0～360	10	5	45
	20	D_B-2[27]	D 形	0～360	10	5	60
	21	D_B-2[27]	D 形	0～360	10	5	75

续表

	22	X_A-4[23]	新月形	0～360	15	0	15
	23	X_A-4[23]	新月形	0～360	10	6	15
	24	X-4-0.75D[21]	新月形	0～180	10	0	0
	25	X-4-1.00D[21]	新月形	0～180	10	0	0
	26	X-4-0.25D[21]	新月形	0～180	10	5	0
	27	X-4-0.50D[21]	新月形	0～180	10	5	0
四分裂	28	X-4-0.75D[21]	新月形	0～180	10	5	0
	29	X-4-1.00D[21]	新月形	0～180	10	5	0
	30	X-4-0.75D[21]	新月形	0～180	6.52	13	0
	31	X-4-1.00D[21]	新月形	0～180	6.52	13	0
	32	D_A-4[21]	D 形	0～180	10	0	0
	33	D_A-4[21]	D 形	0～180	10	5	0
	34	D_A-4[21]	D 形	0～180	6.52	13	0
	35	D_B-6[21]	D 形	0～180	10	0	0
	36	D_B-6[21]	D 形	0～180	10	5	0
	37	D_B-6[21]	D 形	0～180	7.01	13	0
六分裂	38	D_B-6[27]	D 形	0～360	10	5	30
	39	D_B-6[27]	D 形	0～360	10	5	45
	40	D_B-6[27]	D 形	0～360	10	5	60
	41	D_B-6[27]	D 形	0～360	10	5	75
八分裂	42	X_B-8[14]	新月形	0～360	10	5	0
	43	D_C-8[14]	D 形	0～360	10	5	0

3. 试验安装

与单导线试验装置不同的是，为测得分裂导线的整体气动力，需要一底部端板来连接分裂导线并在试验时消除连接板自身的气动力带来的影响。

下面以林巍[21]进行的风洞试验为例介绍模型设计的具体设置。模型装置示意图如图 2.11 所示。二分裂导线、四分裂导线通过下部正方形铝合金连接板相连，六分裂、八分裂导线通过正六边形铝合金板相连，连接板通过转接装置与高频测力天平相接。连接板外围有一厚度为 1cm 的导流板，其上部与之齐平。连接板与导流板之间有极小的空隙，模型转变风向角时，连接板与导流板连同高频测力天平随转盘一起转动。图2.12为风洞试验中分裂导线模型装置的照片。

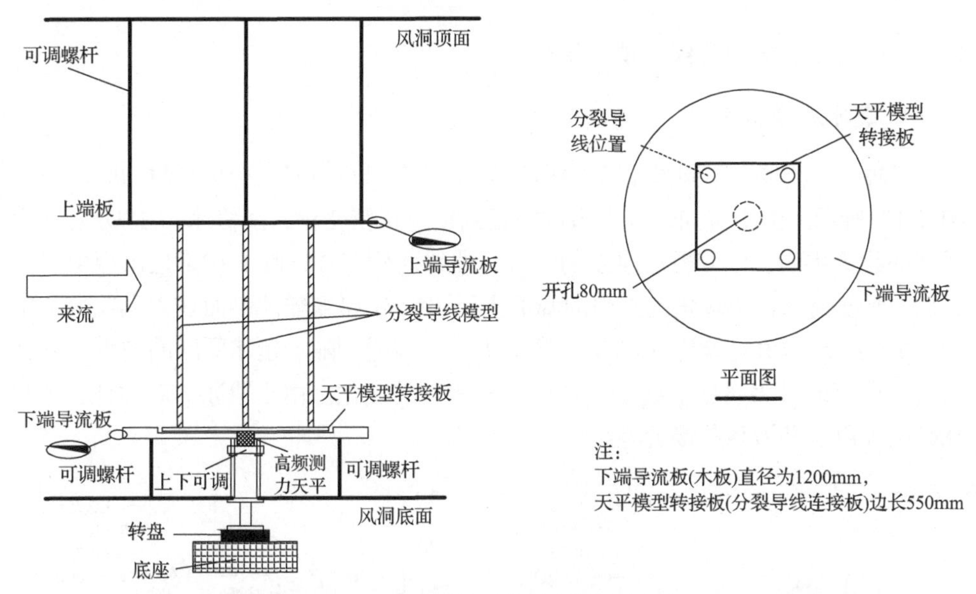

图2.11　分裂导线模型装置示意图

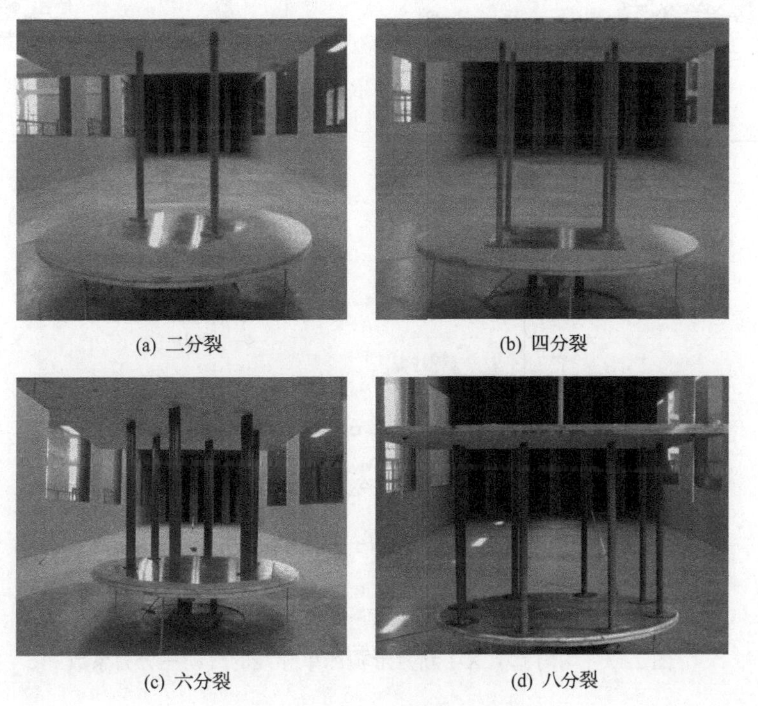

图2.12　分裂导线模型装置照片

2.3 覆冰单导线的气动力特性

2.3.1 新月形覆冰单导线气动力特性

1. *覆冰厚度影响*

三种不同流场下不同覆冰厚度新月形覆冰单导线的气动三分力系数如图 2.13～图 2.15 所示。由图可知，升力系数由正到负呈正弦变化，薄覆冰(0.25*D*)时升力系数曲线无尖峰，随着覆冰厚度的增大，曲线两侧在 15°和 170°附近出现尖峰。1.00*D* 厚度覆冰在小攻角范围内的峰值大于 0.75*D* 厚度覆冰，而在大风攻角范围内，0.75*D* 的峰值可能比 1.00*D* 厚度的大。这表明，随着覆冰厚度的增大，到特大覆冰厚度时升力系数曲线变化规律会有局部的变化。由于覆冰的对称性，0°和 180°风攻角下升力系数接近零。

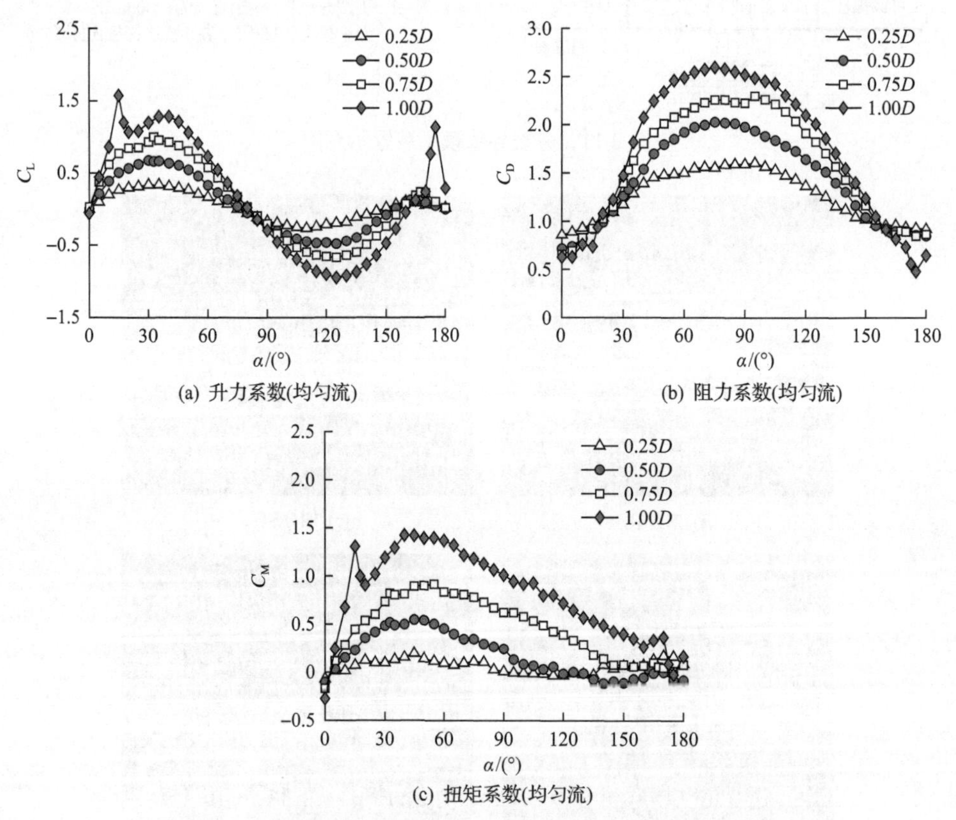

图 2.13 均匀流下 X-1 新月形覆冰单导线的气动三分力系数

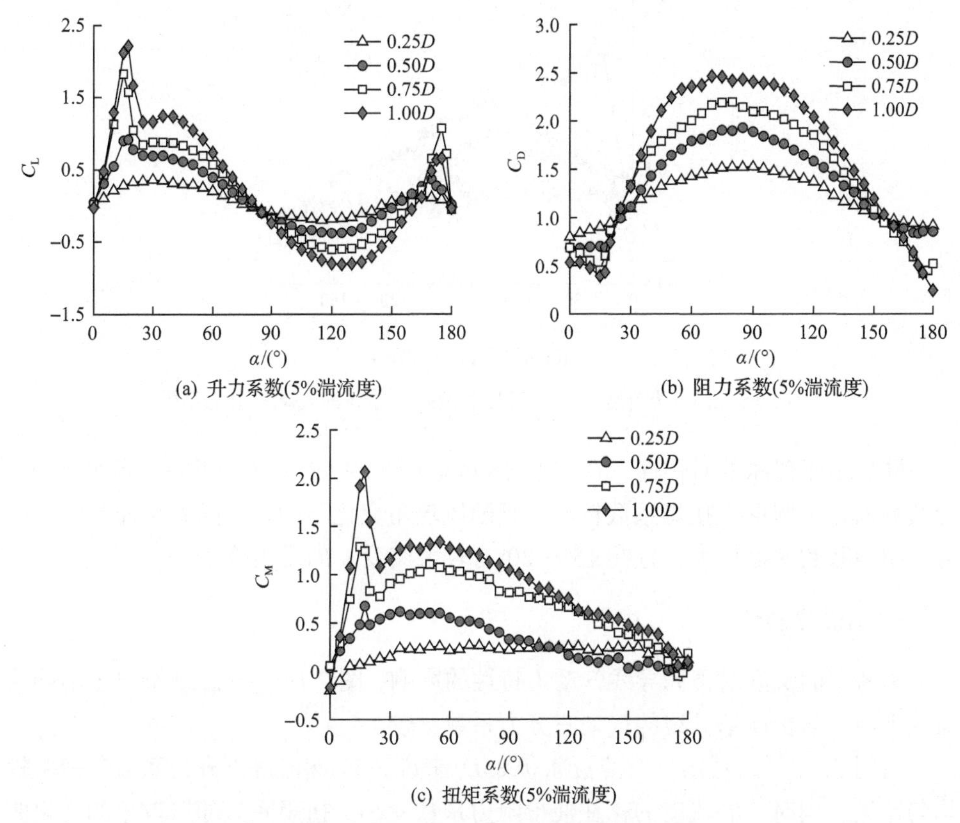

(a) 升力系数(5%湍流度)　　(b) 阻力系数(5%湍流度)

(c) 扭矩系数(5%湍流度)

图 2.14　5%湍流度下 X-1 新月形覆冰单导线的气动三分力系数

阻力系数在 0°～180°呈半波状分布，两端小，中间大，这与导线实际投影面积的变化有关。随着覆冰厚度的增大，相应风攻角下阻力系数变大。厚覆冰时，在升力系数出现尖峰的风攻角处(15°～20°)，阻力系数也出现拐点。

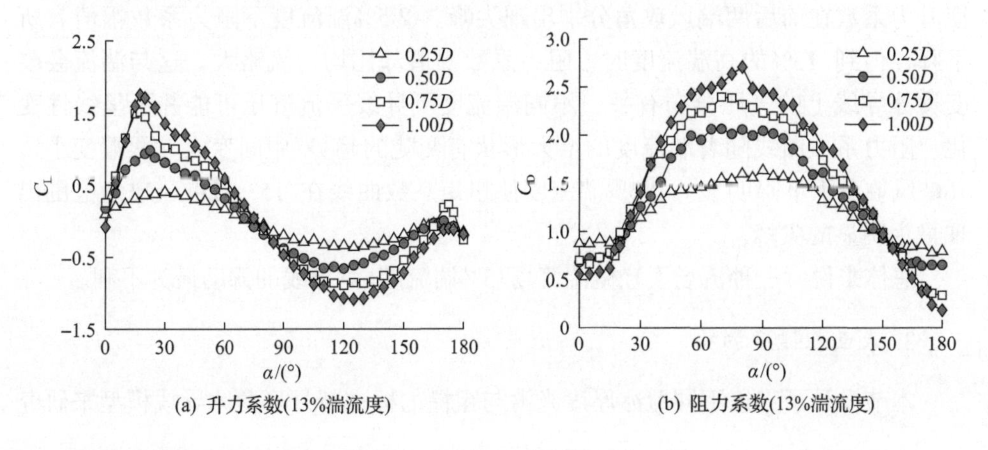

(a) 升力系数(13%湍流度)　　(b) 阻力系数(13%湍流度)

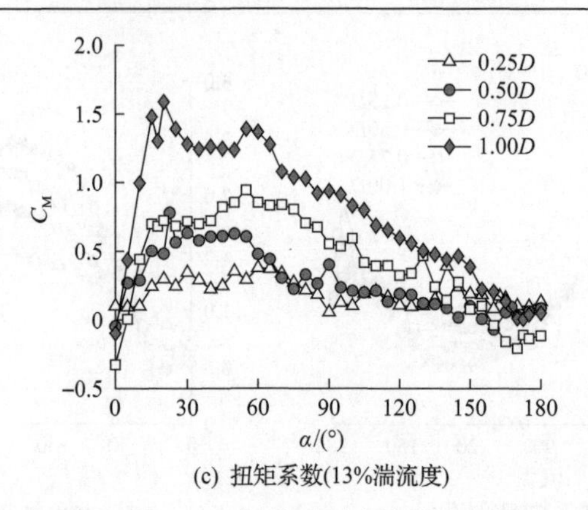

(c) 扭矩系数(13%湍流度)

图 2.15　13%湍流度下 X-1 新月形覆冰单导线的气动三分力系数

同样由于覆冰的对称性，在 0°和 180°风攻角下扭矩系数接近零。薄覆冰时，导线截面接近圆形，扭矩系数较小，且随风攻角变化不明显。随着覆冰厚度的增大，扭矩系数明显加大，且在 15°～20°有较大突变，出现尖峰。

2. 湍流度影响

为考察湍流度对覆冰导线气动力特性的影响，图 2.16～图 2.19 给出了不同湍流度下新月形覆冰单导线的气动三分力系数比较。

由图 2.16 可以看出，对薄覆冰(0.25*D*)来说，5%湍流度下升力系数负斜率较均匀流大。同时，湍流度的存在使得阻力系数变小。扭矩系数随风攻角的变化曲线波动很大，这与薄覆冰下扭矩的量级太小、天平的测量精度有限有关。因此，薄覆冰(0.25*D*)下的扭矩系数并不具有太大的参考价值，可借助数值模拟进行补充分析。

其他覆冰厚度下，湍流度对其气动三分力系数的影响主要表现为：①湍流度使升力系数在前后两端风攻角分别出现尖峰。②5%湍流度下阻力系数幅值有所下降，但到 13%的高湍流度时，阻力系数幅值却比均匀流略大。这与湍流会改变覆冰导线上的气压分布有关，不同湍流度下导线尾流气压可能并不呈线性变化。阻力系数曲线随着湍流度的增大形状有变陡的趋势(中间变大，两端变小)，180°风攻角下下降明显。③5%湍流度使扭矩系数曲线在 15°～20°风攻角范围出现最为明显的尖峰。

总体来说，三种流场下轻微湍流场(5%湍流度)对导线的舞动最为不利。

3. 表面粗糙度影响

本节设计了三组不同覆冰厚度光滑与粗糙的标准新月形覆冰导线模型来研究

表面粗糙度对覆冰导线气动特性的影响，对应模型编号为 X-1-0.50D、X-1-1.00D、X-1-1.50D。覆冰导线刚性模型实物如图 2.20 所示，采用 ABS 材料按 1∶1 的几何相似比制作覆冰导线刚性模型，采用表面涂料来模拟实际粗糙覆冰表面。

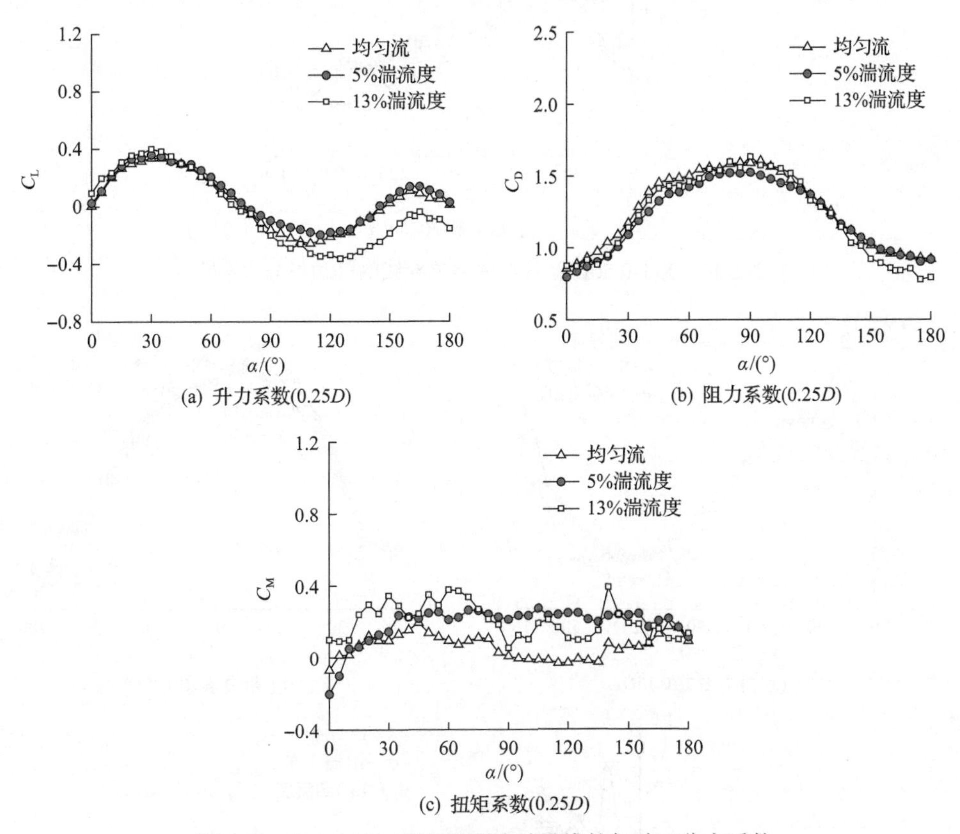

(a) 升力系数(0.25D)　(b) 阻力系数(0.25D)

(c) 扭矩系数(0.25D)

图 2.16　X-1-0.25D 新月形覆冰单导线的气动三分力系数

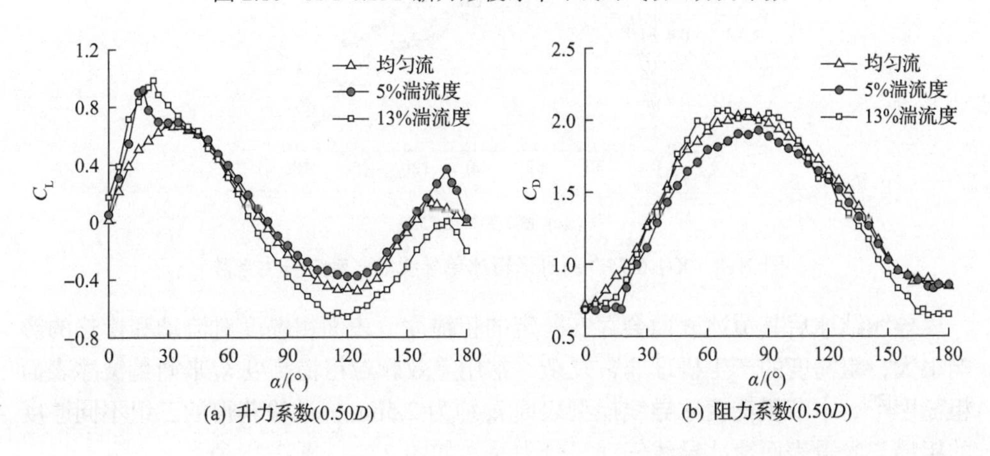

(a) 升力系数(0.50D)　(b) 阻力系数(0.50D)

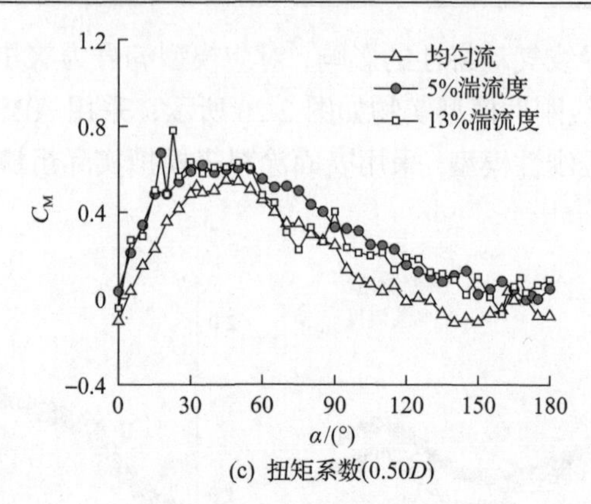

(c) 扭矩系数(0.50*D*)

图 2.17 X-1-0.50D 新月形覆冰单导线的气动三分力系数

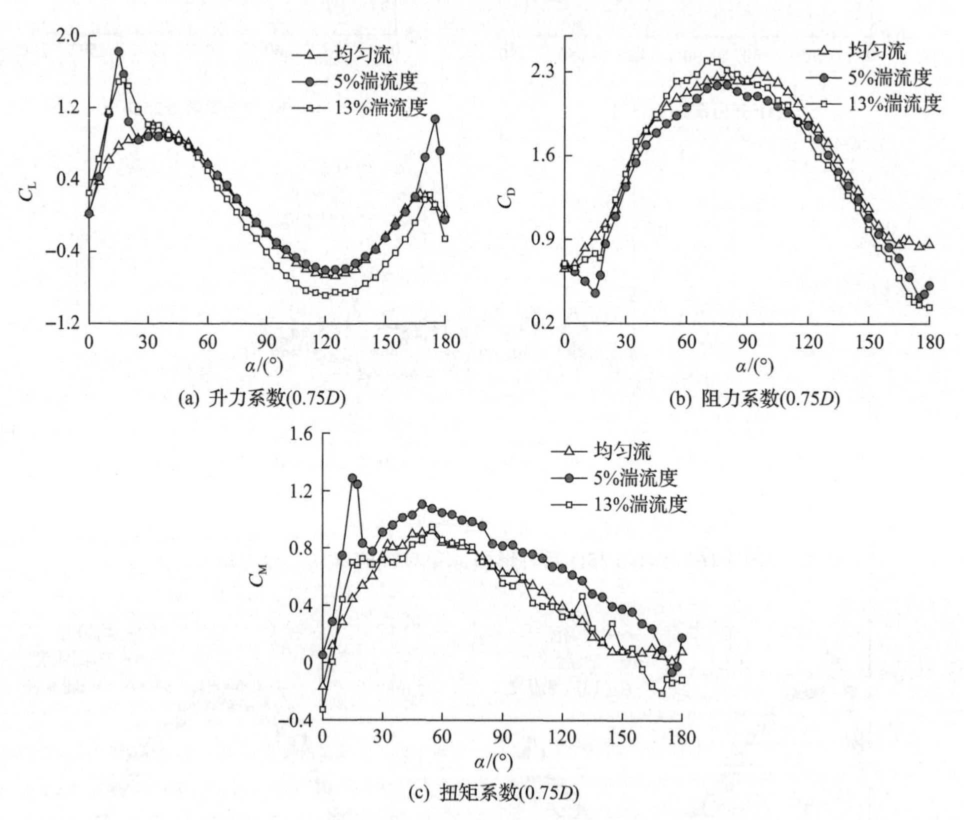

(a) 升力系数(0.75*D*)

(b) 阻力系数(0.75*D*)

(c) 扭矩系数(0.75*D*)

图 2.18 X-1-0.75D 新月形覆冰单导线的气动三分力系数

导线结冰后其覆冰表面会存在一定的粗糙度，表面粗糙度对流动和换热的影响很大，粗糙度的产生机理非常复杂，常用等效颗粒粗糙高度 k_s 来衡量覆冰表面粗糙度[28]，本节粗糙覆冰导线模型表面 k_s 约为 2.5mm。试验获得的三组不同厚度的粗糙与光滑表面覆冰导线气动三分力系数如图 2.21～图 2.23 所示。

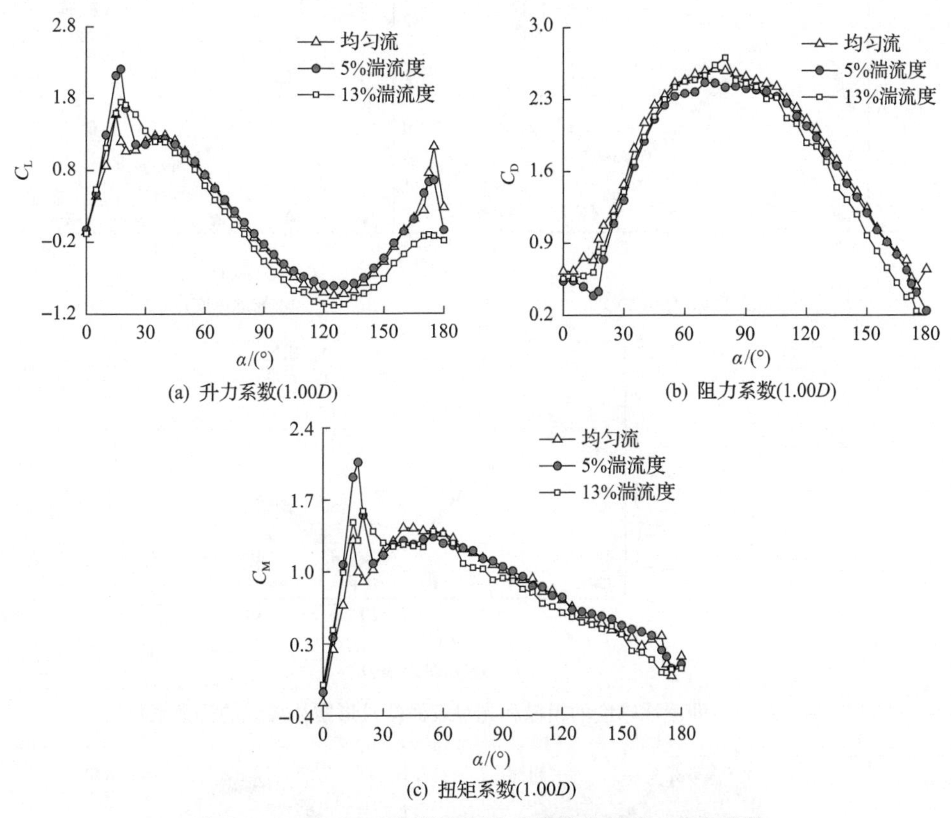

图 2.19　X-1-1.00D 新月形覆冰单导线的气动三分力系数

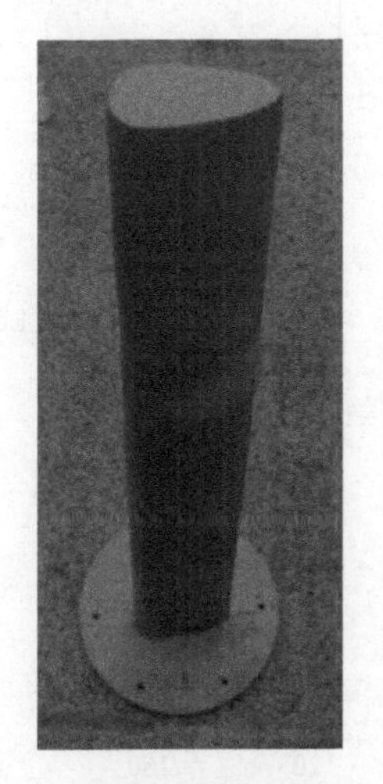

(a) 标准光滑覆冰导线

(b) 标准粗糙覆冰导线

图 2.20　覆冰导线刚性模型实物图

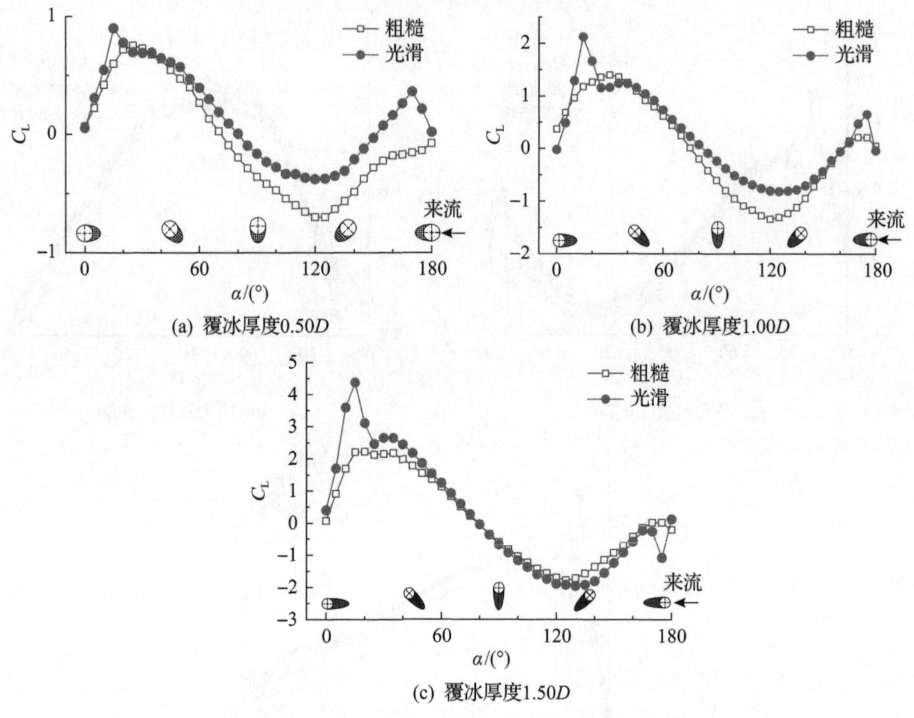

图 2.21　不同覆冰厚度的粗糙和光滑表面新月形覆冰导线的升力系数

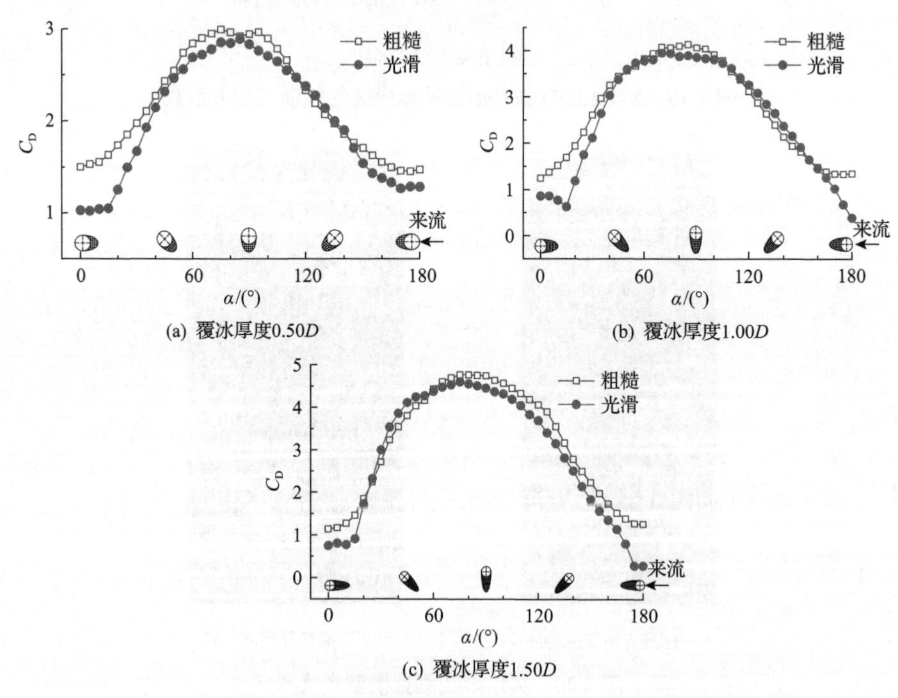

图 2.22　不同覆冰厚度的粗糙和光滑表面新月形覆冰导线的阻力系数

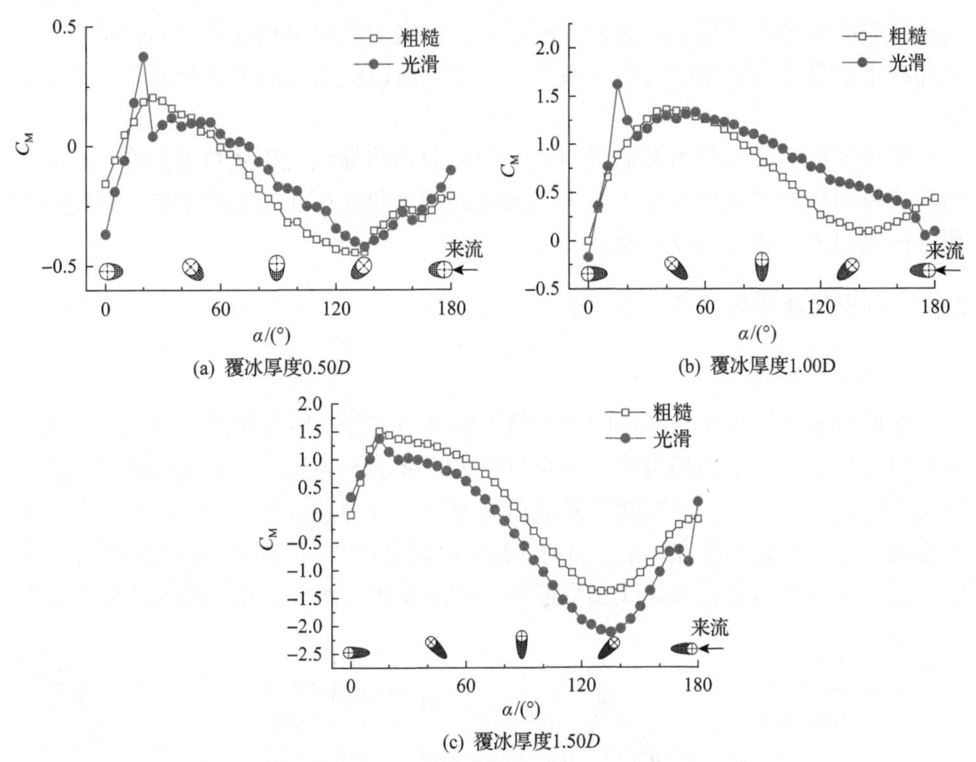

(a) 覆冰厚度0.50*D*

(b) 覆冰厚度1.00D

(c) 覆冰厚度1.50*D*

图 2.23　不同覆冰厚度的粗糙和光滑表面新月形覆冰导线的扭矩系数

由三组试验结果可知，升力系数随着风攻角呈正弦变化。随着覆冰厚度的增加，光滑与粗糙表面覆冰导线升力系数曲线逐渐接近，绝对值也逐渐增大。对于光滑表面覆冰导线，在升力系数-风攻角曲线两侧 15°和 175°附近出现尖峰，但粗糙表面覆冰导线却未出现尖峰。尖峰的形成与覆冰导线表面边界层转捩形成的分离泡和尾流处的再附着有关。随着风攻角的增大，在进入临界流动状态时，导线表面的平均风压会在分离泡形成再附着点前突然降低，导线表面两侧形成非对称风压，从而导致升力系数曲线产生尖峰[29]。覆冰导线断面越大，越容易在低风速下出现再附着，对比图 2.21(a)、(b)、(c)可知，升力系数尖峰随着覆冰厚度的增加而变大，符合前述分析结果。

增大表面粗糙度一方面会增加表面摩擦而影响边界层的形成；另一方面，粗糙的表面会在边界层中引起湍流，而湍流会影响边界层的转捩，削弱分离泡[11]。因此，粗糙覆冰表面消除了升力系数尖峰，升力系数曲线更平稳。值得说明的是，降低风速、提高表面粗糙度、增强湍流度都可以消除这种尖峰。

光滑与粗糙表面覆冰导线的阻力系数随风攻角变化趋势相似。总体上，粗糙表面覆冰导线阻力系数略大于光滑表面覆冰导线，这与流体力学中常见的阻力危机有关。阻力危机是指流场的雷诺数增加到一定程度时，其阻力系数突然下降的现象。表面粗糙度降低了阻力危机的影响，使阻力危机出现在较低的雷诺数下，从而减小临界雷诺数范围内阻力系数的下降，所以粗糙表面覆冰导线阻力系数会更大。

扭矩系数情况与升力系数类似，光滑表面覆冰导线扭矩系数曲线在 15°附近出现尖峰而粗糙表面覆冰导线未出现尖峰，两者曲线存在一定的差异，粗糙表面覆冰导线扭矩系数曲线较平稳。

2.3.2　D 形覆冰单导线气动力特性

1. *湍流度影响*

D 形覆冰单导线模型在不同风攻角下的气动三分力系数如图 2.24 所示，升力系数曲线呈现两个反向的尖峰，分别位于 90°和 135°附近，正值尖峰峰值较大。两尖峰附近都存在较大风攻角范围的负斜率区，升力系数峰值对应风攻角下的阻力系数和扭矩系数均存在拐点。D 形覆冰单导线的阻力系数呈两端大中间小的形状，反映了风攻角变化时导线实际迎风宽度的变化。此外，相同迎风宽度下，圆

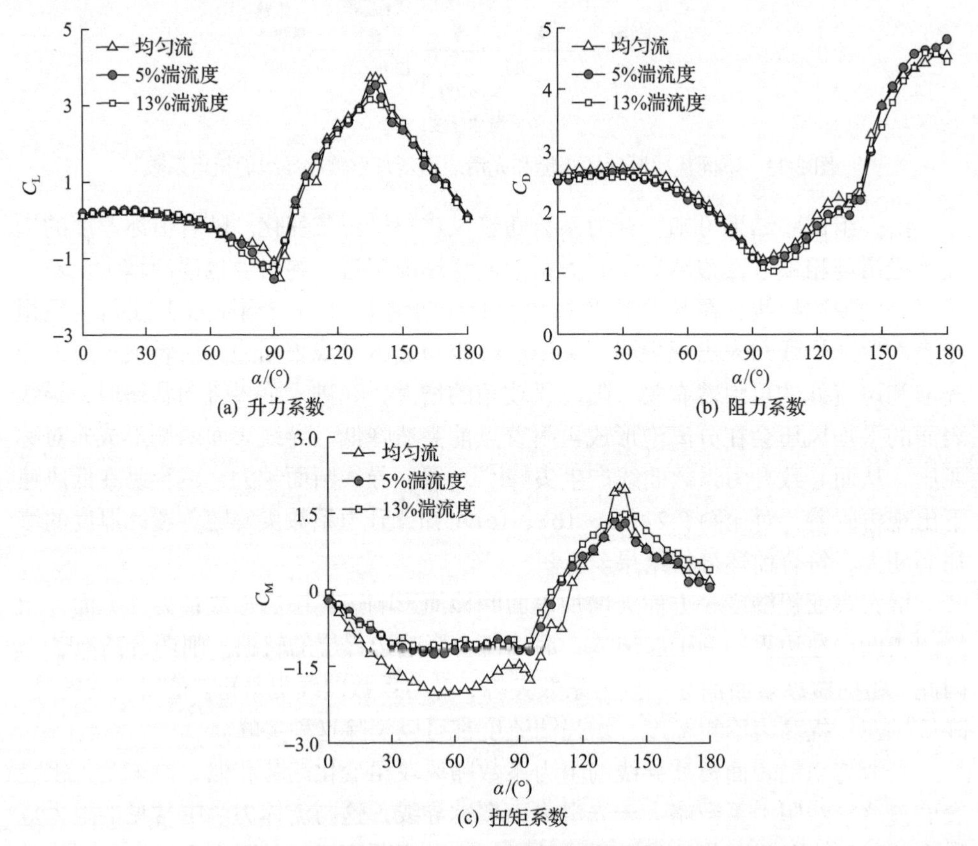

(a) 升力系数　　(b) 阻力系数

(c) 扭矩系数

图 2.24　不同风攻角下 D_A-1 D 形覆冰单导线气动三分力系数

弧面迎风时阻力系数较小。扭矩系数曲线形状与升力系数较为相似，大致出现两个反向的峰值，但两尖峰的大小相近。

由图 2.24 可以看出，湍流度对 D 形覆冰导线的升力系数、阻力系数影响不大。对于扭矩系数，在 0°～90°风攻角时均匀流下的绝对值较大，且在 135°附近出现了更大的峰值，而其他两种湍流场下的气动力系数基本一致。

2. 风速影响

图 2.25 为不同风速下 D 形覆冰单导线的阻力系数和升力系数。总体而言，对于 7m/s、10m/s 和 13m/s 这三种风速，D 形覆冰单导线阻力系数和升力系数随风攻角的变化规律基本相同。在 150°～180°范围，阻力系数随着风速的增大而增大；在 40°～80°范围，风速越小，升力系数变化越平缓；风速越大，升力系数最大正值越大，最大负值的绝对值越小。由图可见，D 形覆冰单导线阻力系数和升力系数随风攻角变化较大，阻力系数在 90°最小，为 1.1 左右，在 180°最大，为 5.2 左右；升力系数在 85°最小，为–1.5 左右，在 130°附近最大，为 4.2 左右。

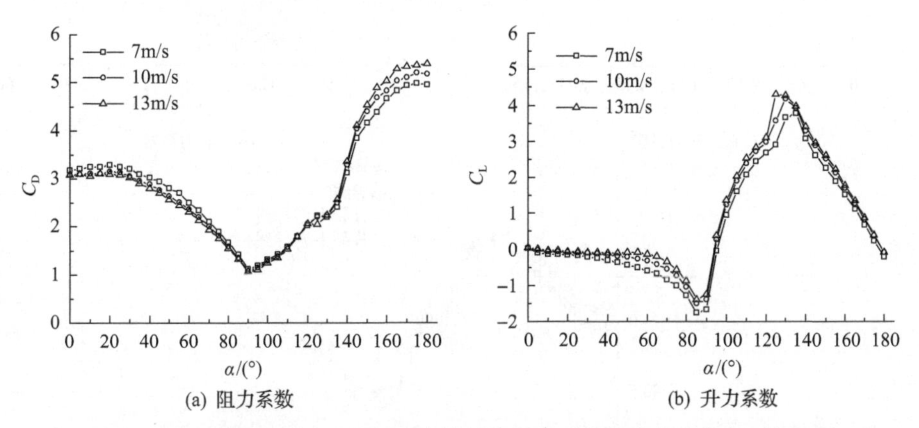

图 2.25　不同风速下 D_C-1 D 形覆冰单导线阻力系数和升力系数(5%湍流度)

2.4　新月形覆冰分裂导线的气动力特性

本节介绍新月形覆冰分裂导线的气动力特性，根据表 2.4 所示的风洞试验工况，从子导线气动力系数、整体导线气动力系数、湍流度、覆冰厚度等因素出发对比总结二分裂、四分裂和八分裂覆冰导线的气动力特性。

2.4.1　新月形覆冰二分裂导线子导线气动力特性

新月形覆冰二分裂导线气动三分力系数试验结果见图 2.26(均匀流)及图 2.27

(6%湍流度)。其中，在初始位置下位于来流上游的子导线称为上游导线，位于来流下游的子导线则称为下游导线。从图中可见，受相邻子导线的干扰，与单导线相比，子导线气动力特性产生了一定变化。其中，最为明显的是上游导线在风攻角为 90°左右时和下游导线在风攻角为 220°左右时气动三分力系数均产生了突变尖角，而值得注意的是，子导线在气动力系数产生突变时，所处位置并非另一子导线的尾流区，而是另一子导线的侧方，可见由于覆冰改变了子导线纯圆断面形状，并且由覆冰偏心质量产生了子导线初始攻角，子导线之间的气流相互影响情况更为复杂。

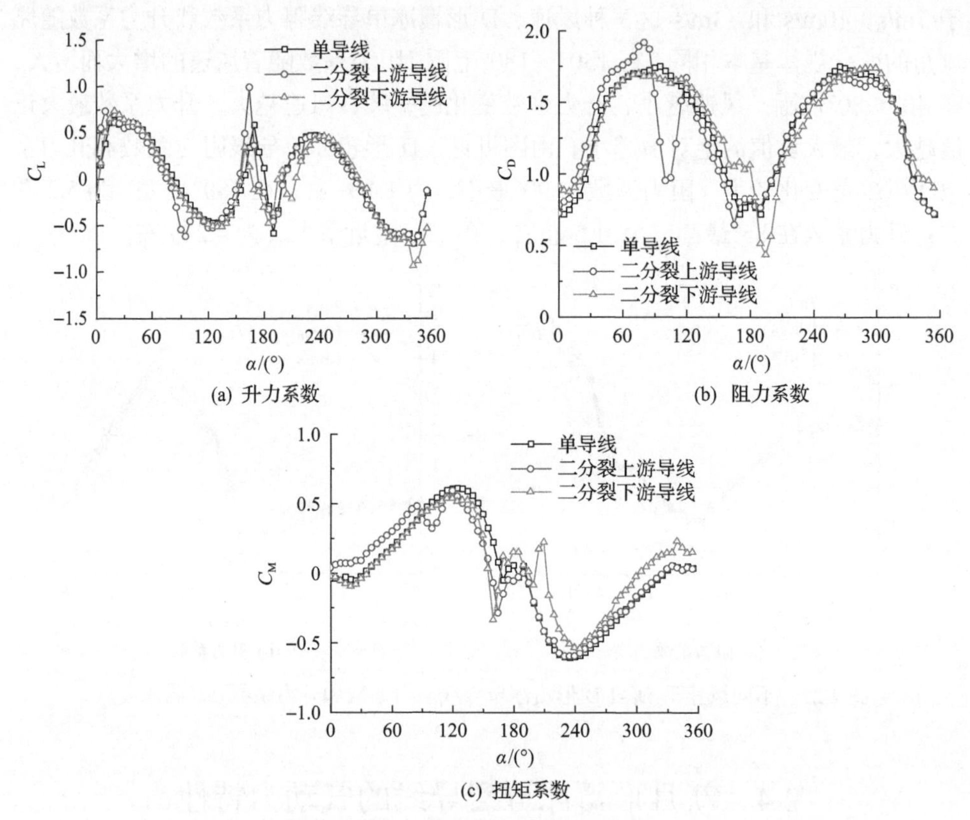

图 2.26　X_A-2 新月形覆冰二分裂导线子导线气动三分力系数(均匀流)

2.4.2　新月形覆冰二分裂导线整体气动力特性

由于间隔棒约束了分裂导线各子导线之间的相对运动，通常情况下覆冰分裂导线整体一起发生舞动。因此，除了各子导线的气动力特性，探究覆冰分裂导线整体气动力特性对于其舞动的研究也具有重要意义。

新月形覆冰二分裂导线的整体气动三分力系数如图 2.28 所示。从图中可见，分裂导线整体气动力系数受到子导线的干扰，相比单导线产生更多的局部突变。湍流对分裂导线整体气动力系数的影响与单导线类似，加剧了气动力随风攻角的局部突变，并且使整体幅值略有增大。

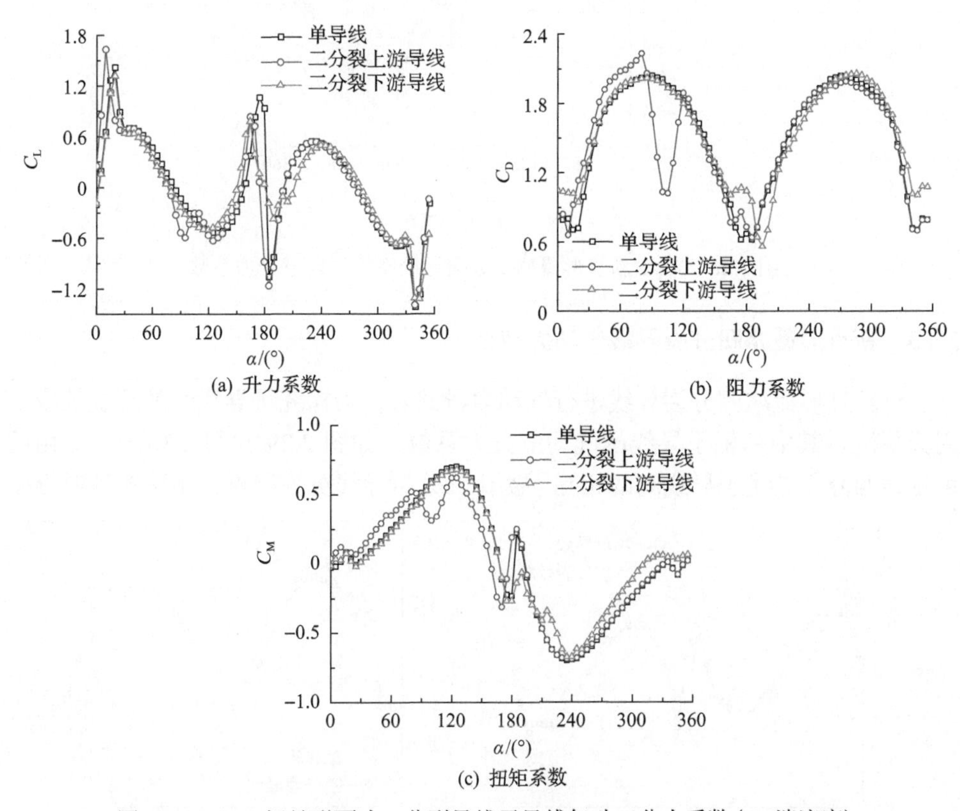

图 2.27　X_A-2 新月形覆冰二分裂导线子导线气动三分力系数(6%湍流度)

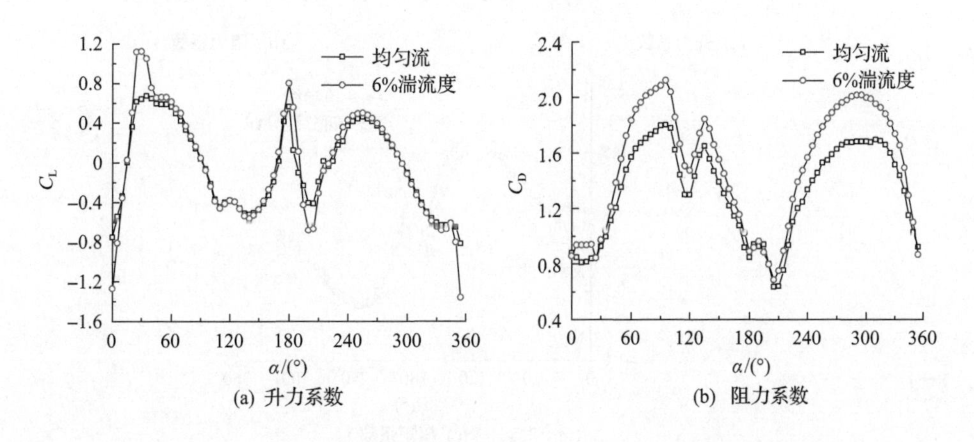

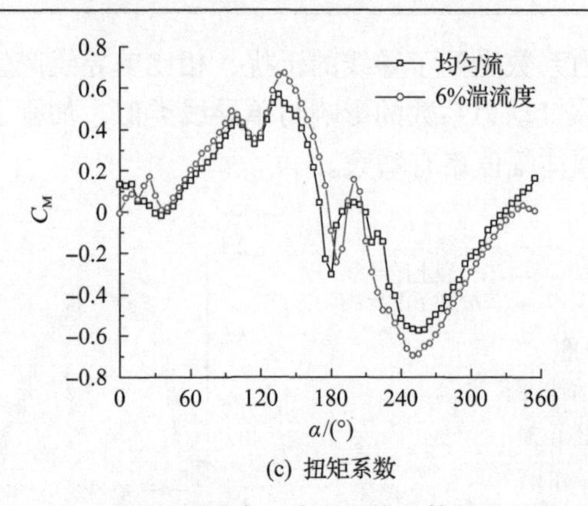

(c) 扭矩系数

图 2.28　X_A-2 新月形覆冰二分裂导线整体气动三分力系数

2.4.3　新月形覆冰四分裂导线气动力特性

对新月形覆冰四分裂导线进行气动力研究时，为探究子导线间的干扰效应，用天平测得其中一根子导线的气动三分力系数，如图 2.29 和图 2.30 所示。由图可见，四分裂导线子导线间的相互干扰比二分裂导线更为严重，相比新月形覆冰

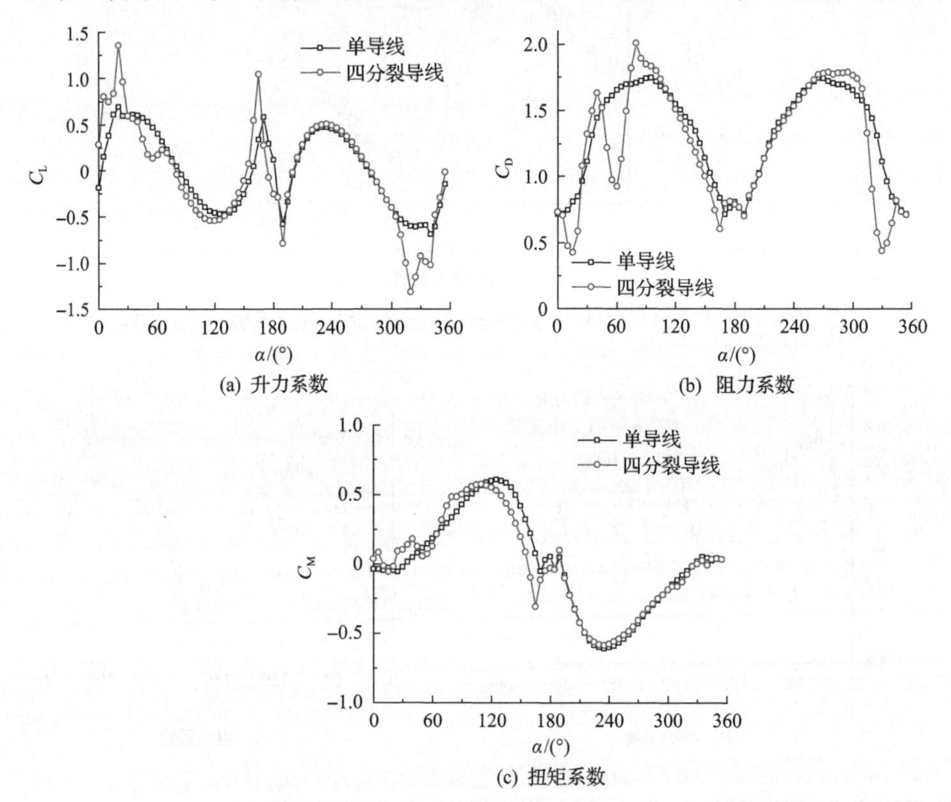

(a) 升力系数　　(b) 阻力系数

(c) 扭矩系数

图 2.29　X_A-4 新月形覆冰四分裂导线子导线气动三分力系数(均匀流)

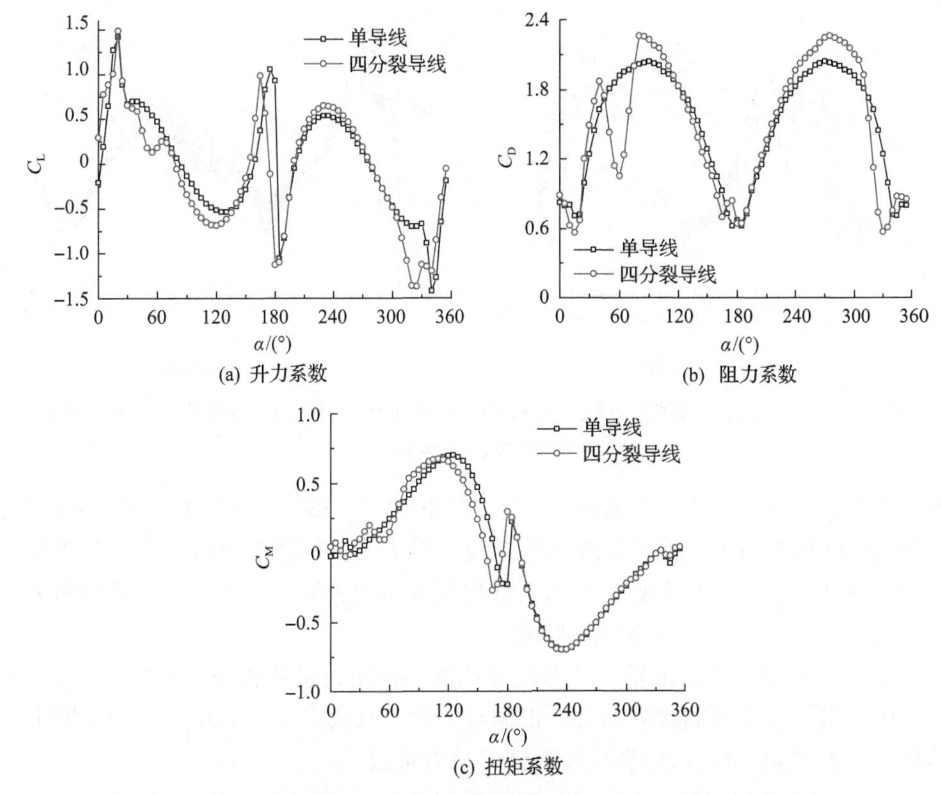

(a) 升力系数　(b) 阻力系数

(c) 扭矩系数

图 2.30　X_A-4 新月形覆冰四分裂导线子导线气动三分力系数(6%湍流度)

单导线，四分裂导线子导线表现出更加剧烈的局部突变，其中影响最为显著的为均匀流场下子导线的升力系数；另外，子导线阻力系数无论是均匀流场还是均匀湍流场下均在 60°左右产生了明显的凹角。升力系数斜率变大，阻力系数曲线下凹，由 Den Hartog 竖向舞动机理可知，气动力特性的上述变化更易引发导线的竖向舞动。分裂导线子导线的气动力系数最终将影响其整体气动力特性，因此新月形覆冰分裂导线相比新月形覆冰单导线可能更易舞动。

2.4.4　新月形覆冰八分裂导线气动力特性

图 2.31 给出了新月形覆冰八分裂导线子导线的阻力系数和升力系数。为便于比较，还给出了单导线的对应结果。图中只画出子导线 1～4 的阻力系数和升力系数，子导线 5～8 可根据对称性得到，故省略。图中，X_B-8-1 代表子导线 1，子导线 2～4 表示方法类似；X_B-1 代表新月形覆冰单导线。

新月形覆冰八分裂导线子导线由于相互遮挡，阻力系数和升力系数比单导线波动更大，但总体变化规律与单导线基本相同。子导线阻力系数在处于尾流区时明显减小。子导线升力系数存在明显尖峰，相比之下单导线升力系数随风攻角变

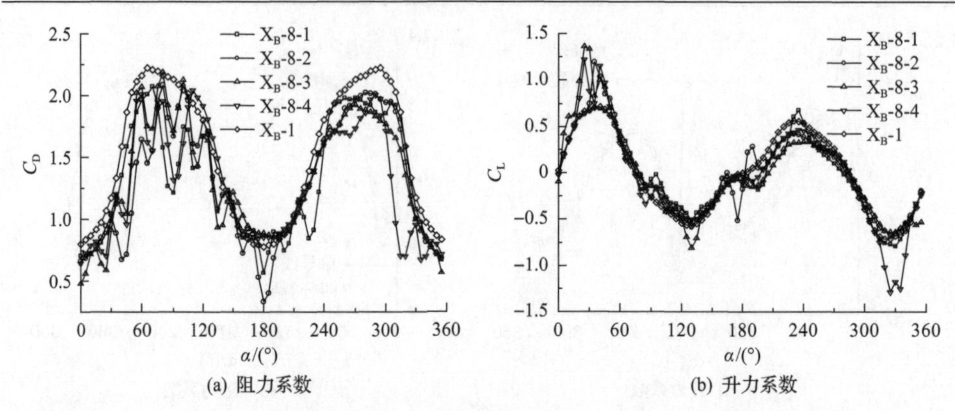

图 2.31 X_B-1 新月形覆冰单导线、X_B-8 新月形覆冰八分裂导线子导线阻力和升力系数（5%湍流度，风速 10m/s）

化更加平缓；子导线 1 升力系数在 0°～75°和 290°～360°范围与单导线几乎重合，说明在这些风攻角下其他子导线对子导线 1 升力系数的影响可以忽略。与单导线一样，在 15°附近，子导线 1 升力系数也没有出现尖峰，因为在这一风攻角下，子导线 1 几乎不受其他子导线的影响。

图 2.32 给出了新月形覆冰八分裂导线的整体阻力系数和升力系数。为便于比较，还给出了单导线的对应结果。根据对称性，只画出 0°～180°风攻角范围下的结果。图中 X_B-8 对应八分裂导线整体气动力系数。

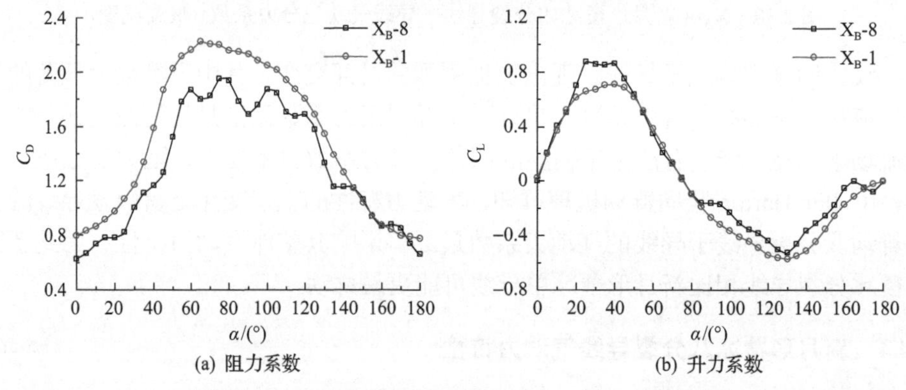

图 2.32 X_B-1 新月形覆冰单导线、X_B-8 新月形覆冰八分裂导线整体阻力和升力系数（5%湍流度，风速 10m/s）

由图 2.32(a)和(b)可知，新月形覆冰八分裂导线整体阻力系数和升力系数与单导线变化规律基本相同。总体来说，八分裂导线整体阻力系数小于单导线，这是导线间的相互遮挡导致的，在 60°～120°范围，这一效应最为明显，且波动较大。在 20°～45°范围，八分裂导线整体升力系数大于单导线，正弦曲线的最大正值增加；在 90°～165°范围，八分裂导线整体升力系数略小于单导线(绝对值)。

2.4.5　湍流度及覆冰厚度对新月形覆冰分裂导线气动力特性的影响

图 2.33～图 2.35 给出了三种湍流度下不同覆冰厚度分裂导线的阻力系数和升力系数随风攻角的变化。

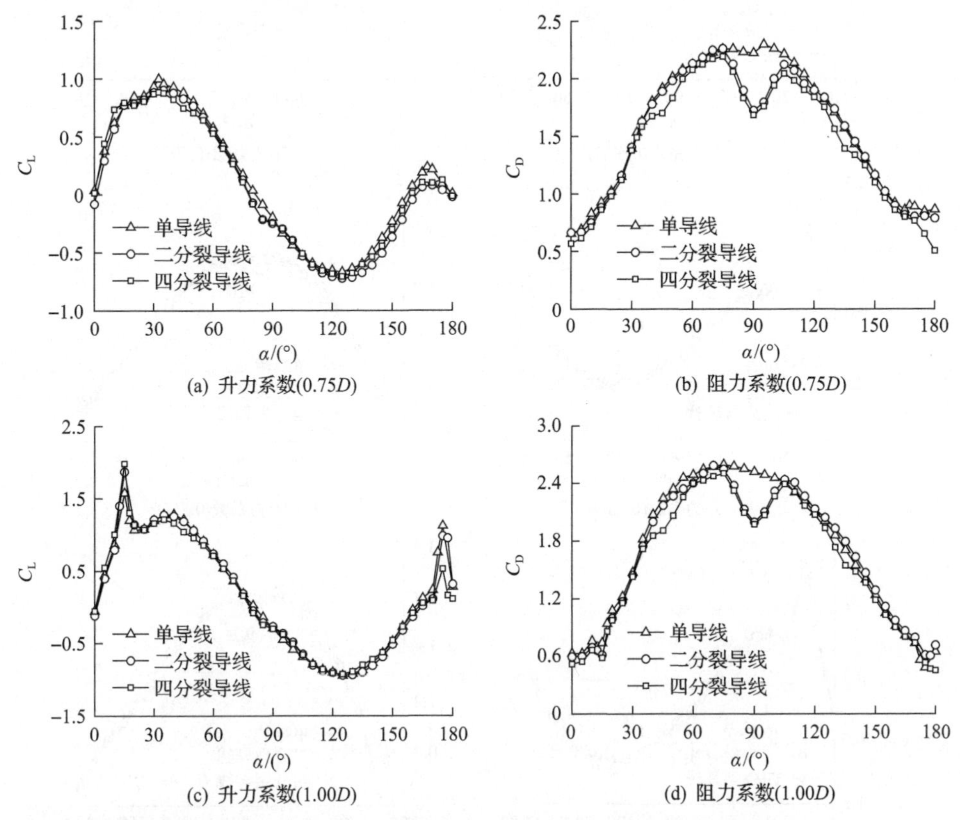

(a) 升力系数(0.75D)　(b) 阻力系数(0.75D)

(c) 升力系数(1.00D)　(d) 阻力系数(1.00D)

图 2.33　不同覆冰厚度的新月形覆冰单导线、二分裂和四分裂导线升力系数、阻力系数随风攻角的变化(均匀流)

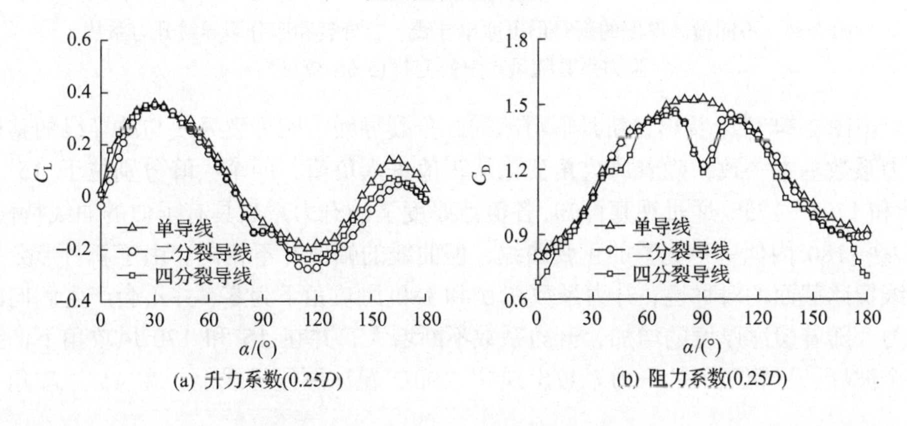

(a) 升力系数(0.25D)　(b) 阻力系数(0.25D)

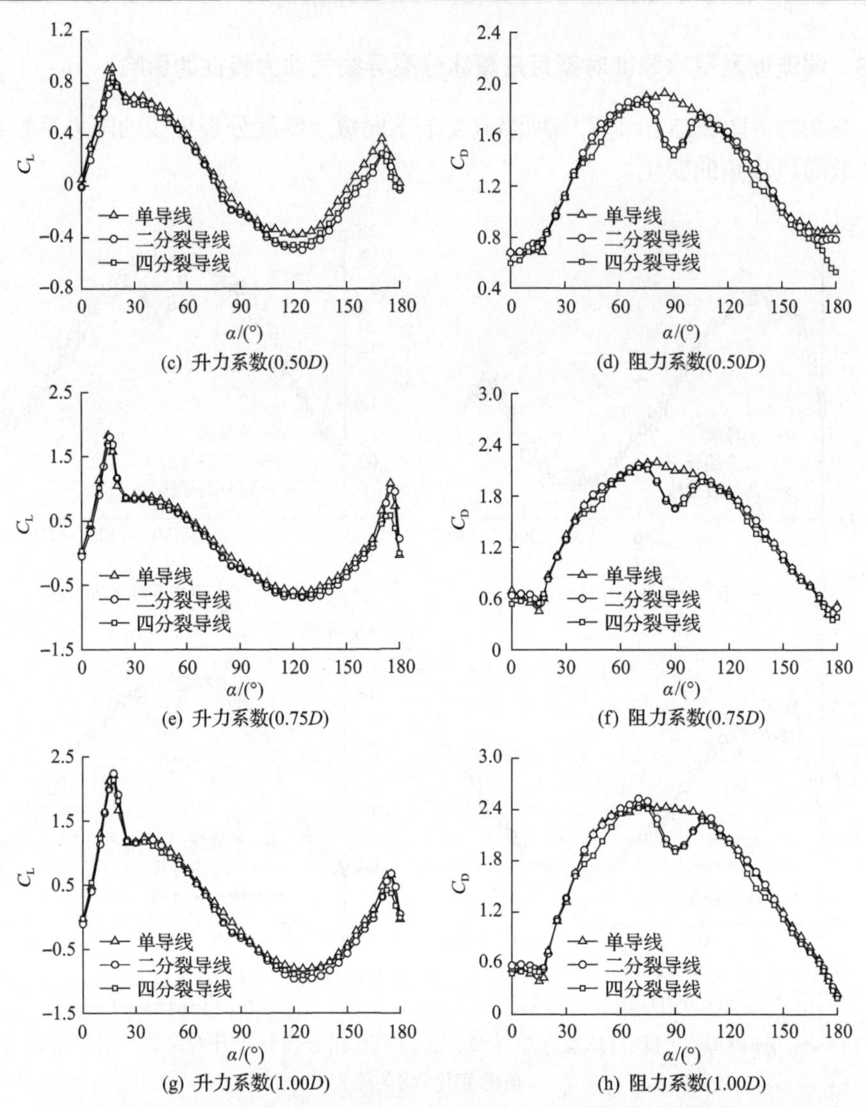

(c) 升力系数(0.50*D*) (d) 阻力系数(0.50*D*)

(e) 升力系数(0.75*D*) (f) 阻力系数(0.75*D*)

(g) 升力系数(1.00*D*) (h) 阻力系数(1.00*D*)

图 2.34 不同覆冰厚度的新月形覆冰单导线、二分裂和四分裂导线升力系数、阻力系数随风攻角的变化(5%湍流度)

由图 2.34 可以看出，新月形覆冰的二分裂导线、四分裂导线与单导线的整体升力系数基本一致，随着风攻角变化从正值进入负值，两个尖峰分别位于 15°～20°和 170°～175°。通过观察可知，各覆冰厚度下的升力系数具有类似的曲线特性，在 0°～180°内似一个完整的正弦曲线，但曲线的幅值并不相同。由于新月形分裂导线覆冰截面的对称性，升力系数在 0°和 180°风攻角下为零，并不会产生侧向的升力。随着覆冰厚度的增加，升力系数不断增大，并在 15°和 170°风攻角下产生两个波峰。尽管最大的升力系数出现在 1.00*D* 覆冰厚度导线上，在 15°风攻角下

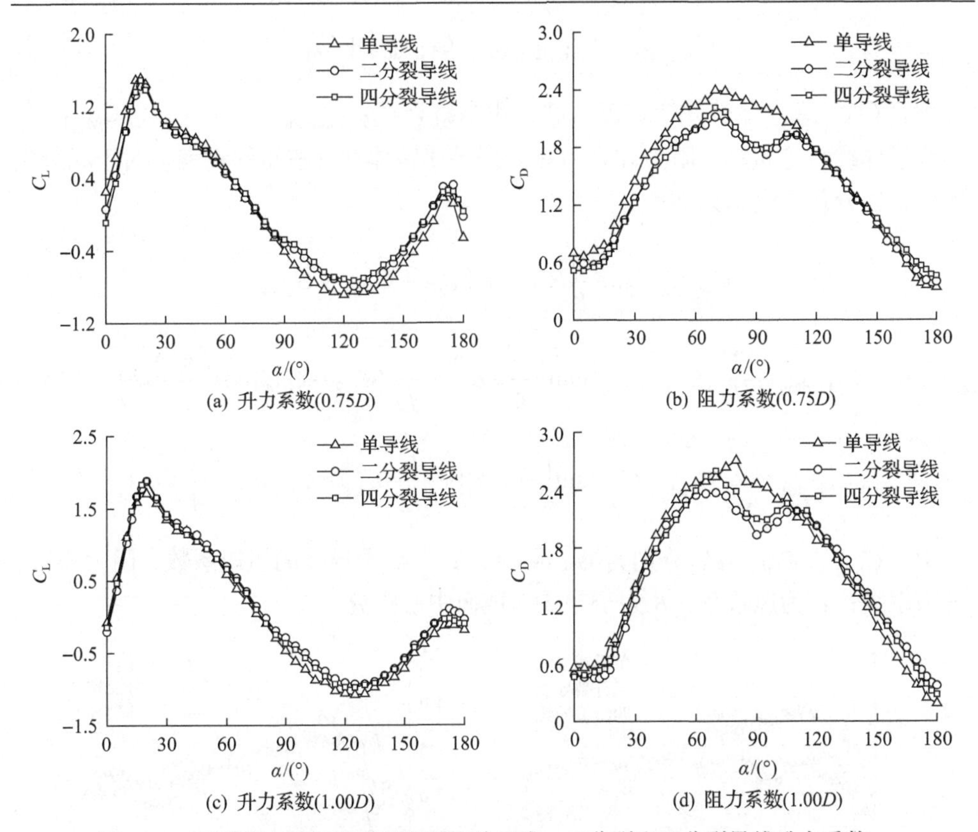

(a) 升力系数(0.75D)　(b) 阻力系数(0.75D)

(c) 升力系数(1.00D)　(d) 阻力系数(1.00D)

图 2.35　不同覆冰厚度的新月形覆冰单导线、二分裂和四分裂导线升力系数、阻力系数随风攻角的变化(13%湍流度)

达到了 2.3，但在另一个波峰 170°，0.75D 覆冰厚度导线达到了局部最大值 1.1，超过了 1.00D 覆冰厚度导线。在图 2.34(a)、(c)、(e)、(g)中，发现分裂导线尾流效应对升力系数的影响小于其对阻力系数的影响。

新月形覆冰导线的阻力系数在 0°～180°风攻角范围内呈现出半个正弦函数的规律，这是覆冰导线截面顺风向投影的变化造成的，但各曲线的幅值并不相同，随着覆冰厚度的增加，阻力系数幅值不断增大。分裂导线的阻力系数与单导线有所不同，分裂导线的阻力系数曲线整体上呈 M 形，是因为分裂导线间的尾流干扰，所以 90°风攻角下的阻力系数出现了一个波谷；进一步分析 90°风攻角下的四分裂导线排布，此时子导线间出现了完全遮挡，迎风向导线的遮挡带来了尾流干扰，致使背风向导线的阻力系数减小。

图 2.36～图 2.38 给出了三种湍流度下不同覆冰厚度新月形覆冰导线的扭矩系数随风攻角的变化。由图可知，分裂导线尤其是四分裂导线的扭矩系数与单导线相差很大，这与分裂导线的截面几何构造、气动扭矩产生的机制有关。与单导线情况不同，分裂导线的扭矩由三部分组成，可表示如下：

$$C_{M\_total} = C_{M\_moment} + C_{M\_drag} + C_{M\_lift} \tag{2.9}$$

式中，C_{M_total} 为分裂导线整体气动扭矩系数；C_{M_moment}、C_{M_drag}、C_{M_lift} 分别为子导线自身扭矩、阻力和升力对分裂导线整体气动扭矩的贡献。对于四分裂导线，各分量可表示如下：

$$C_{M\_moment} = \frac{D}{B}(C_{Ms1} + C_{Ms2} + C_{Ms3} + C_{Ms4}) \tag{2.10}$$

$$C_{M\_drag} = \frac{1}{\sqrt{2}}(C_{D1} - C_{D3})\sin\left(\frac{\pi}{4}+\alpha\right) - \frac{1}{\sqrt{2}}(C_{D2} - C_{D4})\cos\left(\frac{\pi}{4}+\alpha\right) \tag{2.11}$$

$$C_{M\_lift} = \frac{1}{\sqrt{2}}(C_{L1} - C_{L3})\sin\left(\frac{\pi}{4}+\alpha\right) + \frac{1}{\sqrt{2}}(C_{L2} - C_{L4})\cos\left(\frac{\pi}{4}+\alpha\right) \tag{2.12}$$

式中，C_{Msi}、C_{Di}、C_{Li} 分别为第 i 根(i=1, 2, 3, 4)子导线的扭矩系数、阻力系数、升力系数；α 为风攻角；B 为子导线与截面中心距离。

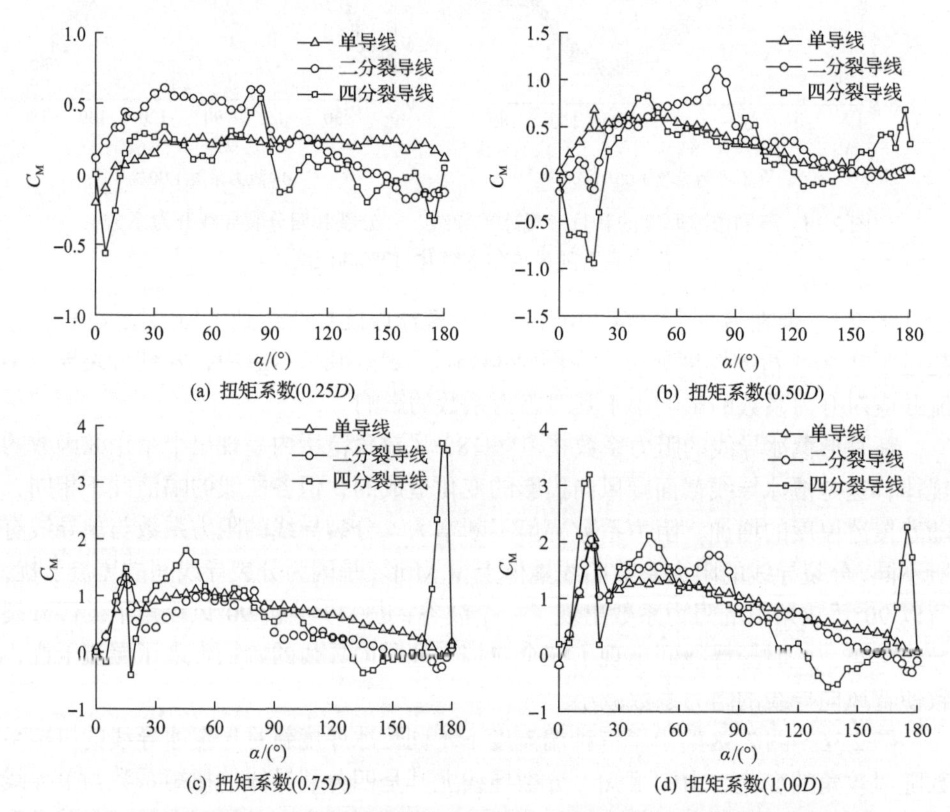

图 2.36　不同覆冰厚度新月形覆冰单导线、二分裂和四分裂导线的扭矩系数随风攻角的变化(5%湍流度)

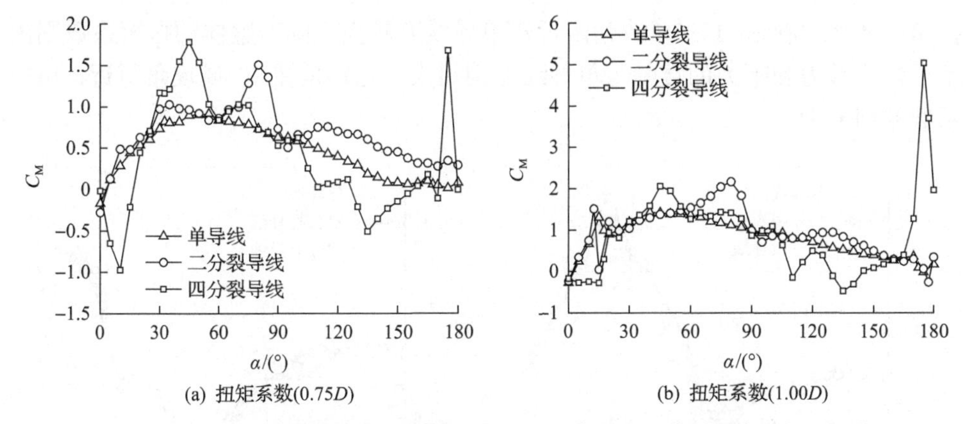

(a) 扭矩系数(0.75D)　(b) 扭矩系数(1.00D)

图 2.37　不同覆冰厚度新月形覆冰单导线、二分裂和四分裂导线的扭矩系数随风攻角的变化(均匀流)

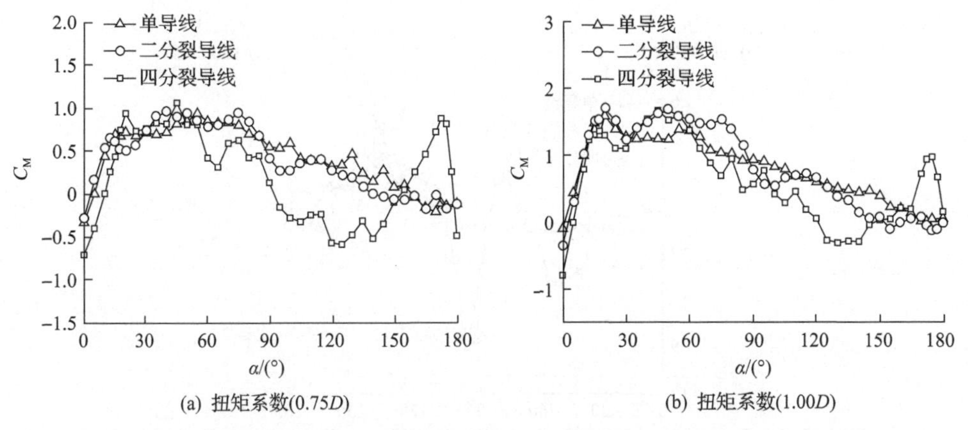

(a) 扭矩系数(0.75D)　(b) 扭矩系数(1.00D)

图 2.38　不同覆冰厚度新月形覆冰单导线、二分裂和四分裂导线的扭矩系数随风攻角的变化(13%湍流度)

从式(2.10)～式(2.12)可以看出，分裂导线由于截面几何构造的特殊性，子导线升力系数和阻力系数对分裂导线整体扭矩系数的贡献是巨大的，因此分裂导线的扭矩系数无法通过单导线来确定。

2.5　D 形覆冰分裂导线的气动力特性

2.5.1　D 形覆冰二分裂、四分裂导线气动力特性

三种湍流度下 D 形覆冰分裂导线的气动三分力系数如图 2.39～图 2.41 所示。由图可知，除 90°风攻角外，D 形覆冰分裂导线与单导线的升力系数相差不大。分裂导线尤其是四分裂导线的阻力系数由于尾流干扰及实际迎风面积的变化，

在 0°、45°、90°和 180°风攻角附近较单导线有较大下降。整体的扭矩系数则由于子导线升力和阻力的贡献与单导线差别很大，尤其是在 90°风攻角附近，扭矩系数差别最大。

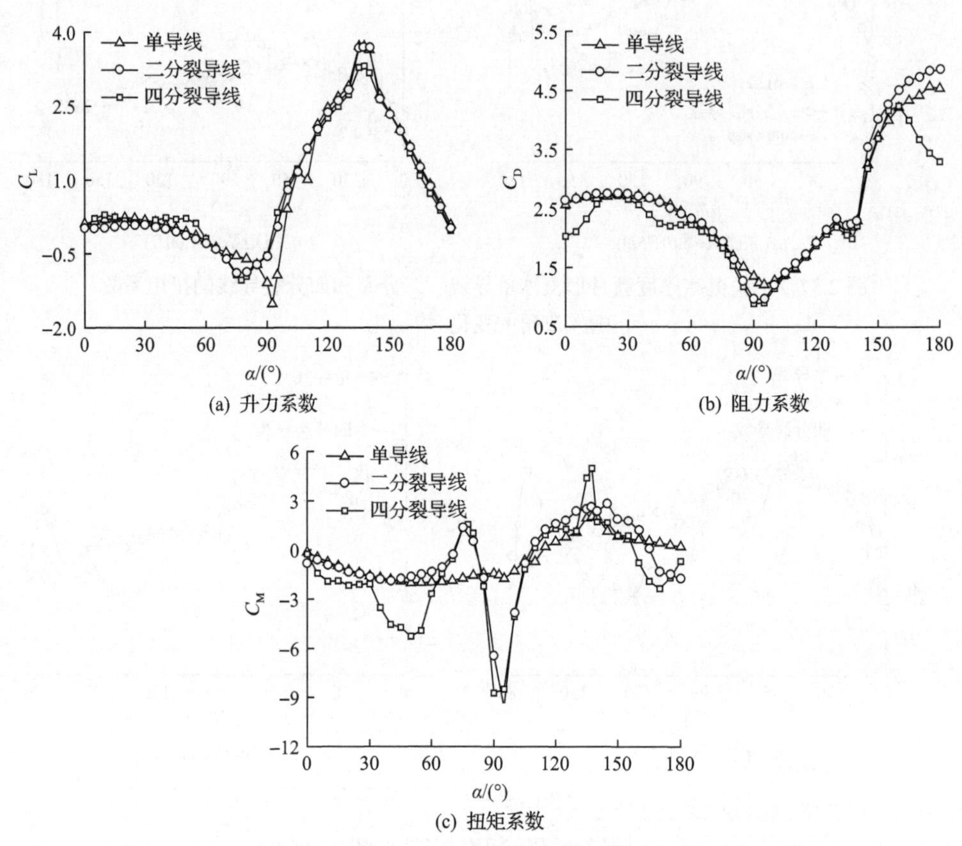

(a) 升力系数　　(b) 阻力系数

(c) 扭矩系数

图 2.39　D 形覆冰单导线、二分裂和四分裂导线气动三分力系数(均匀流)

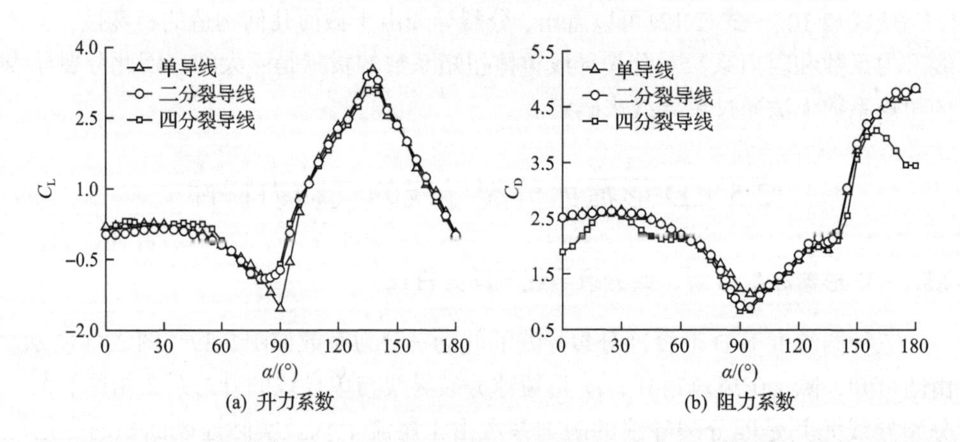

(a) 升力系数　　(b) 阻力系数

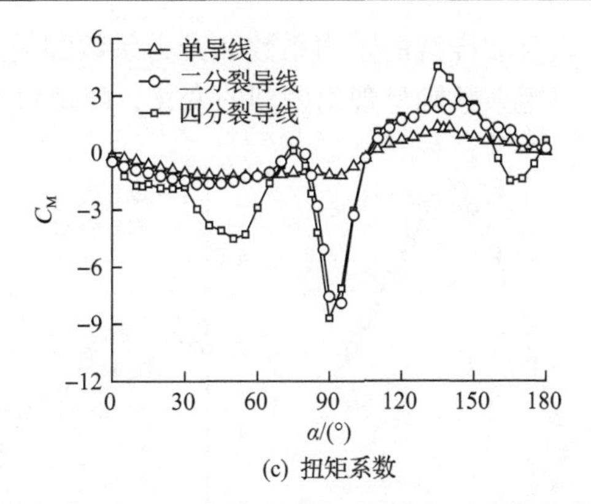

(c) 扭矩系数

图 2.40　D 形覆冰单导线、二分裂和四分裂导线气动三分力系数(5%湍流度)

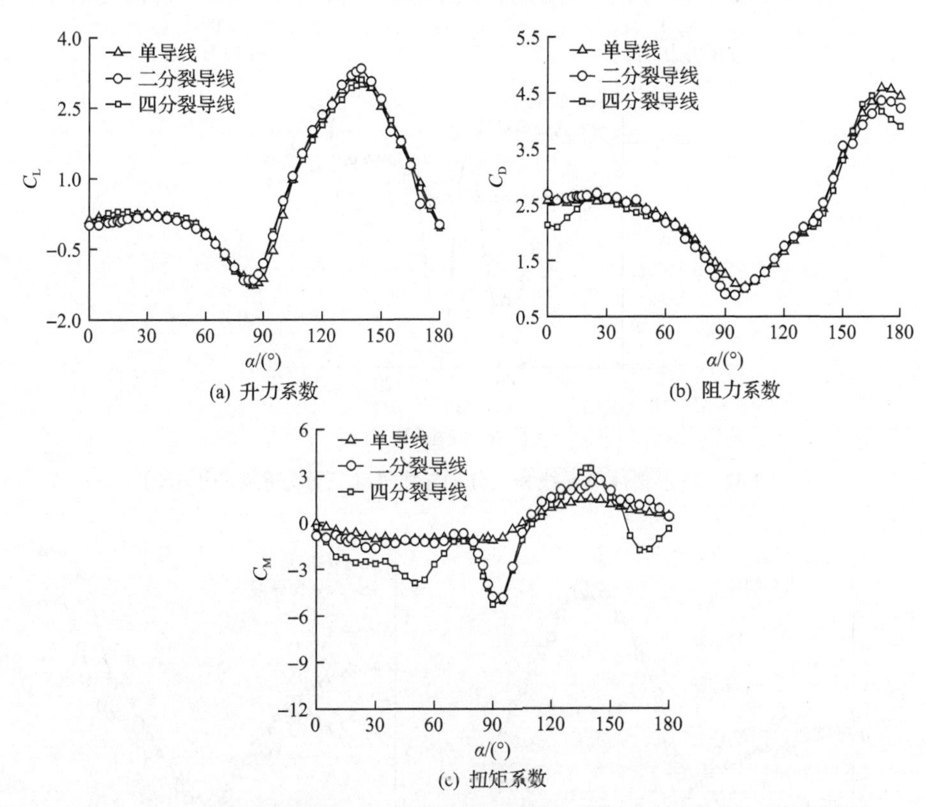

(a) 升力系数　(b) 阻力系数　(c) 扭矩系数

图 2.41　D 形覆冰单导线、二分裂和分裂导线气动三分力系数(13%湍流度)

2.5.2　D 形覆冰六分裂导线气动力特性

由于尾流的干扰，单导线与六分裂导线的气动力特性差别很大，三种湍流度下 D 形覆冰六分裂导线与单导线的气动三分力系数如图 2.42～图 2.44 所示。由图可见，相比单导线，六分裂导线的阻力系数和升力系数的最大峰值略有降低，但整体趋势变化一致；扭矩系数则呈现出剧烈的变化，峰值也有较大的提升。

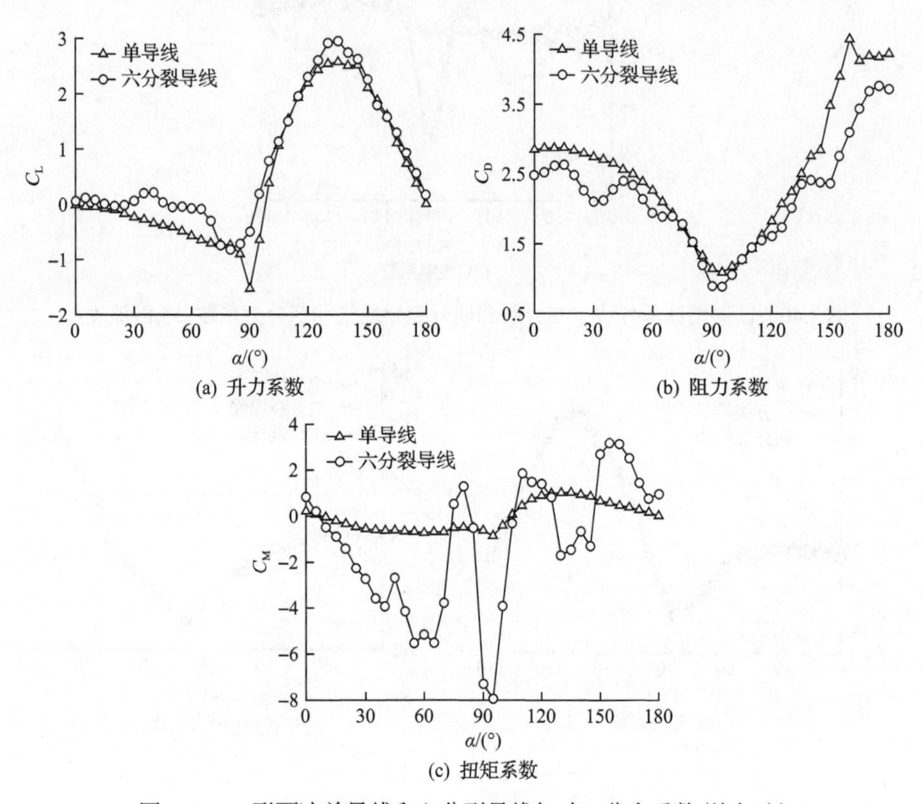

图 2.42　D 形覆冰单导线和六分裂导线气动三分力系数(均匀流)

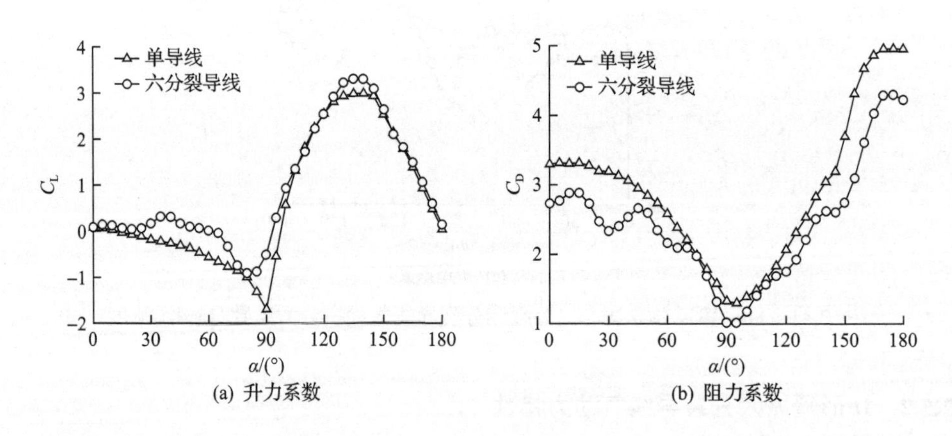

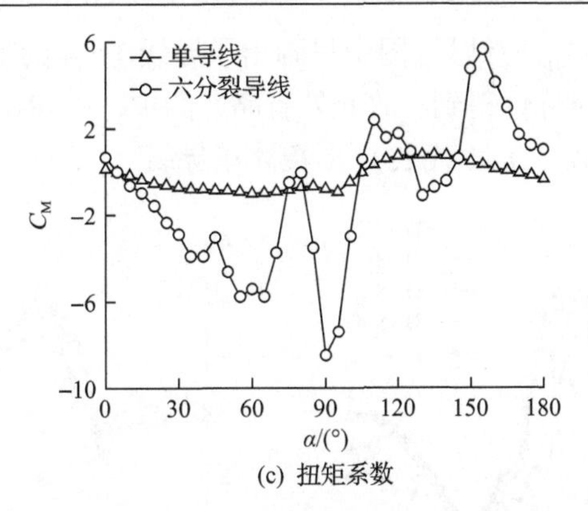

图 2.43　D 形覆冰单导线和六分裂导线气动三分力系数(5%湍流度)

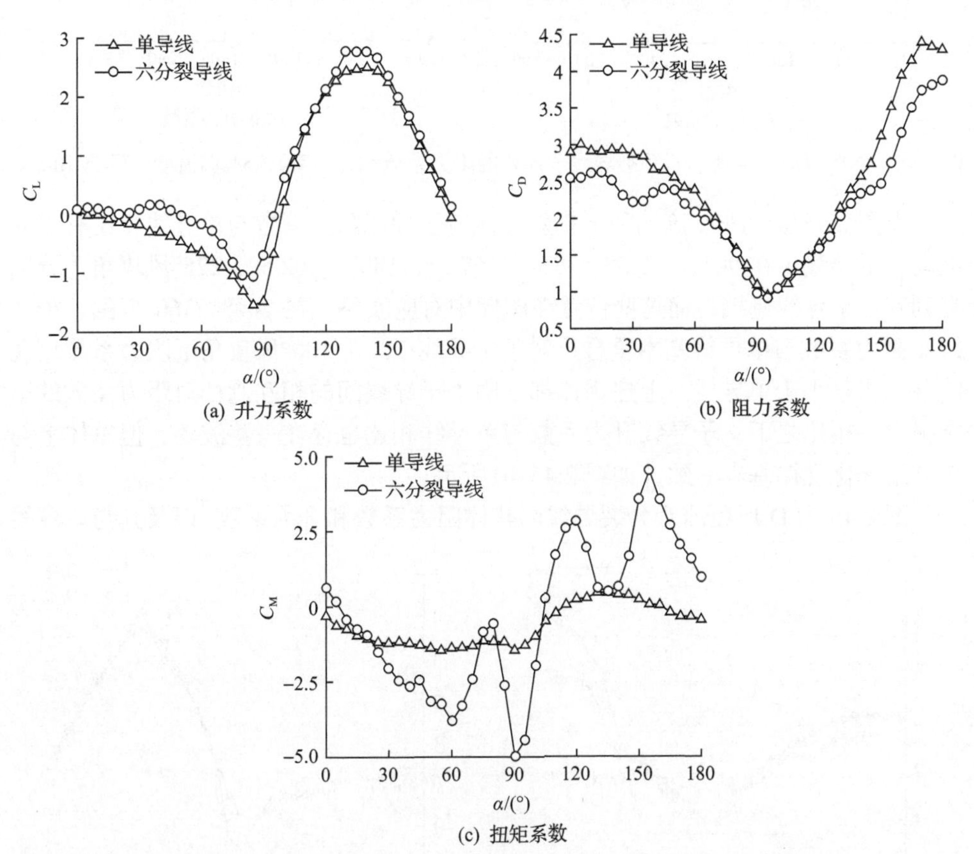

图 2.44　D 形覆冰单导线和六分裂导线气动三分力系数(13%湍流度)

2.5.3　D 形覆冰八分裂导线气动力特性

图 2.45 给出了 D 形覆冰八分裂导线子导线的阻力系数和升力系数。为便于比

较，还给出了单导线的对应结果。图中只画出子导线 1～4 的阻力系数和升力系数，子导线 5～8 可根据对称性得到，故此处省略。图中，D_C-8-1 代表子导线 1，子导线 2～4 表示方法类似；D_C-1 代表 D 形覆冰单导线。

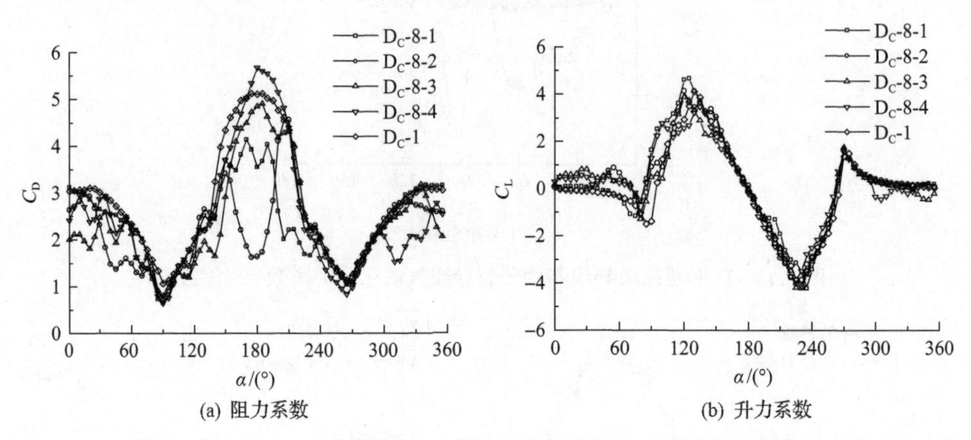

(a) 阻力系数　　(b) 升力系数

图 2.45　D 形覆冰单导线、八分裂导线子导线的阻力系数和升力系数（5%湍流度，风速 10m/s）

由图 2.45(a)可知，遮挡和干扰效应使得子导线阻力系数与单导线相比有更多波动；子导线 1 在 90°、112.5°、135°、157.5°、180°、202.5°、225°风攻角下分别受到其他子导线遮挡，而这些位置在图像中对应波谷。在 240°～360°范围，子导线 1 阻力系数与单导线基本重合；对于子导线 2，在 180°风攻角下阻力系数出现波谷，明显小于单导线。上述规律都证明了子导线间的相互遮挡对阻力系数的影响很大。相比之下，子导线升力系数与单导线相比也存在一些波动，但总体上与单导线变化规律基本一致，如图 2.45(b)所示。

图 2.46 为 D 形覆冰八分裂导线的整体阻力系数和升力系数，以及其与单导线

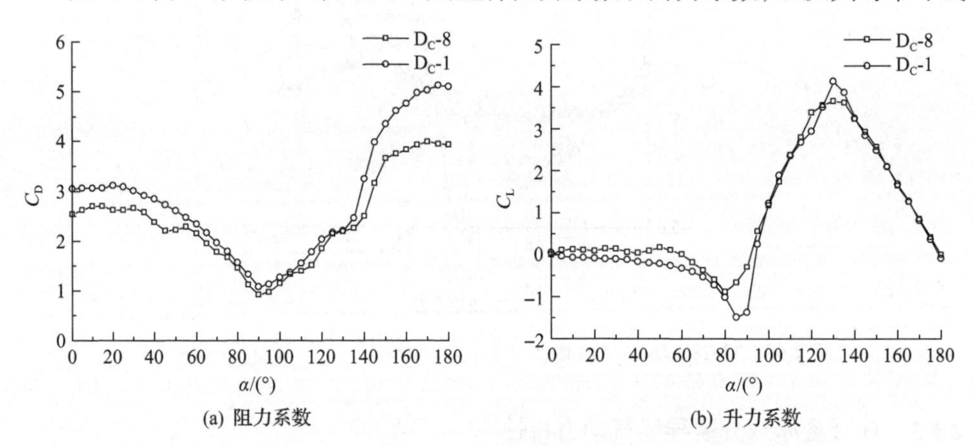

(a) 阻力系数　　(b) 升力系数

图 2.46　D 形覆冰单导线、八分裂导线的整体阻力系数和升力系数（5%湍流度，风速 10m/s）

结果的比较，根据对称性，只画出 0°～180°风攻角下的结果。图中，D_C-8 对应八分裂导线整体气动力系数。

由图 2.46(a)和(b)可知，D 形覆冰八分裂导线的整体阻力系数和升力系数与单导线变化规律基本相同。总体来说，八分裂导线整体阻力系数小于单导线，这是由导线间的相互遮挡导致的,在 0°～60°和 135°～180°范围,这一效应最为明显。与单导线相比，八分裂导线整体升力系数最大值较小，最小值较大，最小值对应的风攻角提前，且正负尖峰更加平缓。

2.5.4　初凝角对 D 形覆冰分裂导线气动力特性的影响

在气温相对较高且雨量较大时，水滴在导线表面无法一触即凝，且风经过导线壁面流动产生分离点，使得冰形外围产生角点，形成近似 D 形的覆冰截面形状。不同气象条件下，导线覆冰产生的初凝角可能存在较大差异，从而导致气动力特性存在不同。本节选择 D 形覆冰导线截面，以二分裂、六分裂覆冰导线为研究对象，通过覆冰导线刚性节段模型高频测力天平风洞试验，获得不同初凝角下覆冰导线的气动力试验数据。各初凝角下 D 形覆冰二分裂导线排布如图 2.47 所示。

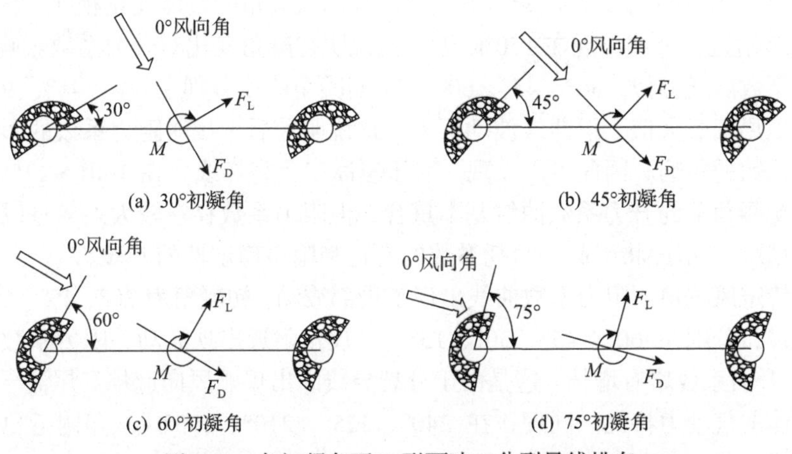

图 2.47　各初凝角下 D 形覆冰二分裂导线排布

图 2.48 给出了不同初凝角下二分裂导线的阻力系数和升力系数随风攻角的变化。由图可以看出，各初凝角下，分裂导线的整体升力系数、阻力系数随风攻角的变化特性基本一致。阻力系数的整体变化规律呈现出对称性，升力系数则呈现出反对称性。分裂导线的阻力系数曲线整体上呈 W 形，在 90°和 270°风攻角附近出现谷值，在 180°附近出现峰值。分裂导线的升力系数曲线在 150°、270°处出现峰值，在 90°、225°处出现谷值。

由图 2.48(a)可知，各初凝角下阻力系数随风攻角的整体变化相同，谷值出现在 90°和 270°附近，这说明初凝角变化对阻力系数影响不大。但是，四条曲线仍

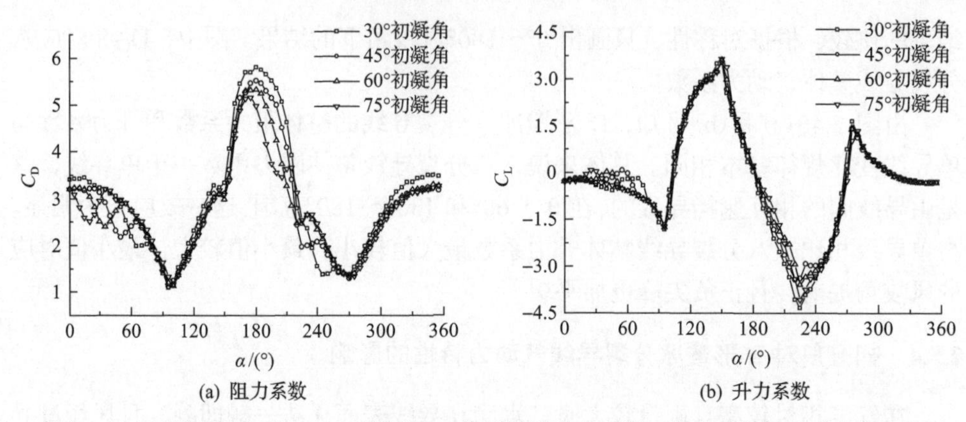

(a) 阻力系数　(b) 升力系数

图 2.48　不同初凝角下 D_B-2 D 形覆冰二分裂导线升力系数、阻力系数随风攻角的变化

有不同之处。例如，30°、45°、60°、75°初凝角曲线分别在 60°、45°、30°、15°附近出现局部极小值，由图 2.47 的风向角示意图可知，这是由于两导线连线平行于风向的角度，分裂导线产生强烈的相互干扰；同理，在 240°、225°、210°、195°附近也出现了极小值。

由图 2.48(b)可知，各初凝角下升力系数随风攻角的整体变化相同，谷值都出现在 225°附近，峰值出现在 150°附近，这说明初凝角变化对升力系数影响不大。与阻力系数曲线相似，30°、45°、60°、75°初凝角曲线分别在 60°、45°、30°、15°附近出现局部极大值，但曲线波动不大，这说明前后干扰对阻力系数的影响大于对升力系数的影响。因此可以发现，对于覆冰二分裂导线，在 160°～225°风攻角下，各初凝角下的升力系数曲线基本重合，但阻力系数存在较大差异且以初凝角 75°时为最小，由此将引起邓哈托系数的变化和驰振稳定性的差异。

在特定风攻角下阻力系数曲线出现了局部波动。初凝角为 30°、45°、60°、75°的各曲线，分别在 60°、45°、30°、15°的风攻角附近出现波动，阻力系数降幅达到 0.5，升力系数略有增长。这是由于分裂导线间出现顺风向遮挡和尾流干扰，影响了整体的气动力特性。同理，在 240°、225°、210°、195°风攻角附近也出现了尾流干扰。

为了考察初凝角对六分裂导线气动力特性的影响，对其开展前述 4 种初凝角(30°、45°、60°、75°)下的气动力风洞试验。各初凝角下 D 形覆冰六分裂导线排布如图 2.49 所示。

图 2.50 给出了 D 形覆冰六分裂导线的整体阻力系数和升力系数随风攻角的变化。与二分裂导线相同，各初凝角下，分裂导线的整体升力系数和阻力系数随风攻角的变化特性基本一致。阻力系数的整体变化规律呈现出对称性，升力系数则呈现出反对称性。分裂导线的阻力系数曲线整体上呈 W 形，在 90°和 270°风攻角附近出谷值，在 180°附近出现峰值；分裂导线的升力系数曲线在 145°、270°附近

出现峰值，在 90°、225°附近出现谷值。

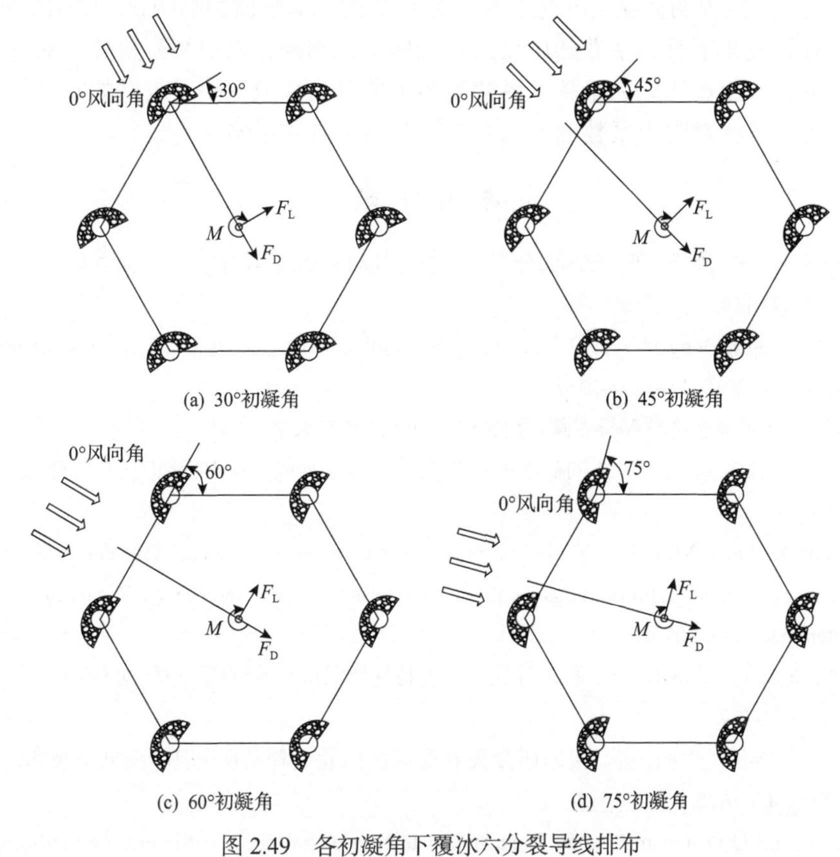

(a) 30°初凝角　(b) 45°初凝角

(c) 60°初凝角　(d) 75°初凝角

图 2.49　各初凝角下覆冰六分裂导线排布

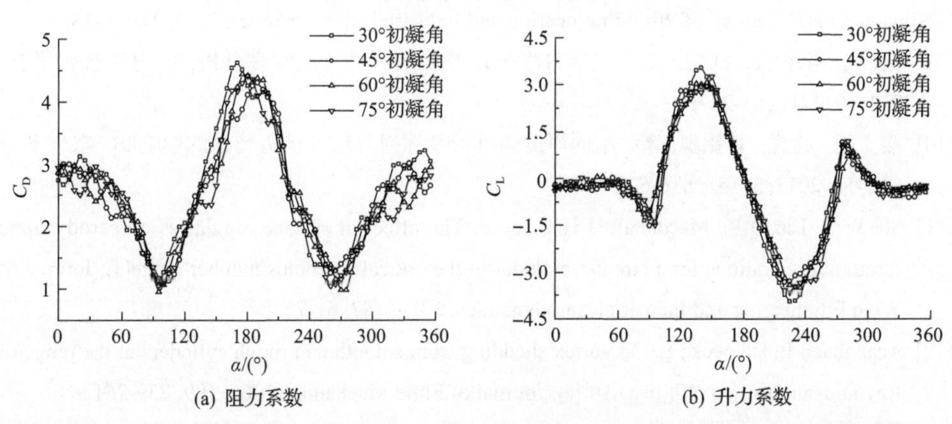

(a) 阻力系数　(b) 升力系数

图 2.50　不同初凝角下 D_B-6 D 形覆冰六分裂导线整体阻力系数、升力系数随风攻角的变化

由图 2.50(a)可知，各初凝角下阻力系数随风攻角的整体变化相同，这说明初凝角变化对阻力系数影响不大。但与二分裂导线阻力系数相比，六分裂曲线出现

了更多的局部极小值，这是由于六分裂的干扰更为复杂，有更多顺风向分裂导线遮挡的情况，这说明初凝角变化对高分裂导线的局部极值影响明显。由图 2.50(b)可知，各初凝角下升力系数随风攻角的整体变化相同，表明初凝角变化对升力系数影响不大。相比于阻力系数，各初凝角下的升力系数保持了较好的吻合性，说明导线相互干扰对阻力系数的影响大于对升力系数的影响。

参 考 文 献

[1] 张宏雁, 严波, 周松, 等. 覆冰四分裂导线静态气动力特性试验[J]. 空气动力学学报, 2011, 29(2): 150-154.

[2] He Q, Zhang J, Deng M Y, et al. Rime icing on bundled conductors[J]. Cold Regions Science and Technology, 2019, 158: 230-236.

[3] 刘操兰. 大跨越输电线路导线舞动研究[D]. 重庆: 重庆大学, 2009.

[4] 楼文娟, 吕江, 阎东, 等. 不同初凝角下 D 形覆冰分裂导线气动力特性[J]. 电力建设, 2014, 35(1): 1-7.

[5] Kimura K, Inoue M, Fujino Y, et al. Unsteady forces on an ice-accreted four-conductor bundle transmission line[C]. Proceedings of the 10th International Conference on Wind Engineering, Rotterdam, 1999: 467-472.

[6] 王昕, 楼文娟, 沈国辉, 等. 覆冰导线气动力特性风洞试验研究[J]. 空气动力学学报, 2011, 29(5): 573-579.

[7] 王琼, 王黎明, 卢明, 等. 覆冰四分裂导线风洞试验与舞动研究[J]. 高电压技术, 2019, 45(5): 1608-1615.

[8] Xie Q, Sun Q G, Guan Z, et al. Wind tunnel test on global drag coefficients of multi-bundled conductors[J]. Journal of Wind Engineering and Industrial Aerodynamics, 2013, 120: 9-18.

[9] 肖良成, 李新民, 江俊. 四分裂新月形覆冰导线的气动绕流特性分析[J]. 电工技术学报, 2014, 29(12): 261-267.

[10] 楼文娟, 林巍, 黄铭枫, 等. 不同厚度新月形覆冰对导线气动力特性的影响[J]. 空气动力学学报, 2013, 31(5): 616-622.

[11] Ma W Y, Liu Q K, Macdonald J H G, et al. The effect of surface roughness on aerodynamic forces and vibrations for a circular cylinder in the critical Reynolds number range[J]. Journal of Wind Engineering and Industrial Aerodynamics, 2019, 187: 61-72.

[12] Achenbach E, Heinecke E. On vortex shedding from smooth and rough cylinders in the range of Reynolds numbers 6×10^3 to 5×10^6[J]. Journal of Fluid Mechanics, 2006, 109: 239-251.

[13] Lou W J, Chen S R, Wen Z P, et al. Effects of ice surface and ice shape on aerodynamic characteristics of crescent-shaped iced conductors[J]. Journal of Aerospace Engineering, 2021, 34(3): 4021008.

[14] 李天昊. 输电导线气动力特性及风偏计算研究[D]. 杭州: 浙江大学, 2016.

[15] Chadha J, Jaster W. Influence of turbulence on the galloping instability of iced conductors[J]. IEEE Transactions on Power Apparatus and Systems, 1975, 94(5): 1489-1499.

[16] Cai M Q, Xu Q, Zhou L S, et al. Aerodynamic characteristics of iced 8-bundle conductors under different turbulence intensities[J]. KSCE Journal of Civil Engineering, 2019, 23(11): 4812-4823.

[17] 马文勇, 顾明. 扇形覆冰导线气动力特性及驰振不稳定性研究[J]. 振动与冲击, 2012, 31(11): 82-85.

[18] 阎东, 吕中宾, 林巍, 等. 湍流度对覆冰导线气动力特性影响的试验研究[J]. 高电压技术, 2014, 40(2): 450-457.

[19] 郭应龙, 李国兴, 尤传永. 输电线路舞动[M]. 北京: 中国电力出版社, 2003.

[20] Chabart O, Lilien J L. Galloping of electrical lines in wind tunnel facilities[J]. Journal of Wind Engineering and Industrial Aerodynamics, 1998, 74-76(6): 967-976.

[21] 林巍. 覆冰输电导线气动力特性风洞试验及数值模拟研究[D]. 杭州: 浙江大学, 2012.

[22] 楼文娟, 王礼祺, 陈卓夫. 雾凇覆冰和雨凇覆冰导线气动力特性试验研究[J]. 振动、测试与诊断, 2022, 42(4): 684-689, 823-824.

[23] 王昕. 覆冰导线舞动风洞试验研究及输电塔线体系舞动模拟[D]. 杭州: 浙江大学, 2011.

[24] 程厚梅, 等. 洞实验干扰与修正[M]. 北京: 国防工业出版社, 2003.

[25] 解万川. NF-3 风洞二元侧壁附面层控制技术研究[D]. 西安: 西北工业大学, 2007.

[26] 恽起麟. 风洞实验[M]. 北京: 国防工业出版社, 2000.

[27] 吕江. 覆冰导线气动力特性风洞试验及舞动有限元分析研究[D]. 杭州: 浙江大学, 2014.

[28] Ruff G A, Berkowitz B M. Users manual for the NASA lewis ice accretion prediction code (LEWICE) [R]. Washington DC: NASA, 1990.

[29] Ma W Y, Liu Q K, Du X Q, et al. Effect of the Reynolds number on the aerodynamic forces and galloping instability of a cylinder with semi-elliptical cross sections[J]. Journal of Wind Engineering and Industrial Aerodynamics, 2015, 146: 71-80.

第3章 覆冰导线舞动稳定判断基础理论

舞动问题影响因素众多，耦合机制复杂，直接对导线连续体模型进行研究难度较大。在理论层面，为简化问题，研究舞动稳定性与激发机理时，常用二维节段模型取代导线连续体模型作为研究对象。在试验层面，由于风洞试验条件、模型相似条件的限制，现有的舞动试验以弹簧悬挂的节段模型气弹试验为主，而三维整档导线的气弹试验较少。此外，导线的气动力特性一般也是通过节段模型的风洞试验得到的。因此，无论是在理论还是试验层面，节段模型都已成为舞动稳定机理研究的重要对象。弹簧悬挂的节段模型最多可具备竖向、水平、扭转三个自由度，在研究中可根据需要从中选取不同的自由度建立模型。

本章介绍覆冰导线舞动稳定判断的基础理论，包括准定常假定、不同自由度系统的舞动研究、导线舞动三自由度运动方程，以及舞动稳定判断方法，并重点介绍舞动稳定求解问题的矩阵摄动法原理。

3.1 准定常假定

准定常假定是研究舞动机理的重要基础。根据准定常假定，流场中截面上任意时刻的气动力荷载与同一截面在稳定流场中、同样相对风速、相对风攻角下所受的气动力荷载相同。在准定常假定下，作用在运动导线上的风荷载可用静态试验的气动力特性来描述，如此便可避免复杂的动态气动力试验，因此准定常假定在舞动研究中被广泛采用。一般认为，准定常假定适用的前提是旋涡脱落频率远大于结构振动频率，即

$$f_{\mathrm{vs}} = \frac{St \cdot U}{b} \gg f_{\mathrm{c}} \tag{3.1}$$

式中，f_{vs} 为旋涡脱落频率；b 为截面参考尺寸；St 为施特鲁哈尔数(Strouhal number)；U 为风速；f_{c} 为结构振动频率。对于常见截面，St 为 0.1～0.2，则无量纲风速 U_{n} 需满足的要求为[1]

$$U_{\mathrm{n}} = \frac{U}{f_{\mathrm{c}} b} > 20 \gg \frac{1}{St} \tag{3.2}$$

对于舞动的覆冰导线，其截面尺寸较小，自振频率较低，一般能够满足上述

条件。

应用准定常假定的一个障碍是，对于扭转向运动，无法定义一个准确的准定常情形以计算流场相对于截面的速度，因为截面上各点的速度不一致[2]。一种常用的做法是，在截面上人为选取一个速度参考点计算相对风速。这种做法最早源于机翼结构的颤振分析[3]，后来被借鉴应用到土木结构的驰振研究中[4,5]。学者对矩形截面和桥梁截面的节段模型进行了一些试验，以验证准定常假定下扭转向失稳准则的有效性[6-8]。Blevins[1]总结道，基于准定常假定的扭转向失稳准则只适用于密实截面(compact section)①以及较高风速的情况。鉴于此，Blevins 认为基于准定常假定的扭转向失稳准则可以用来说明失稳的机理，但难以精确地判断失稳状态。

而对于截面尺寸更小的导线，在已有的一些含扭转的导线舞动试验中，基于准定常假定的模型在舞动稳定判断、舞动幅值计算方面能够与试验结果吻合相对良好[9-11]。另外，从速度参考点的角度来看，分裂导线由于分裂半径远大于子导线截面尺寸，对于任一子导线，其截面上各点速度差异较小，预计速度参考点选取的影响远小于单导线。从这个角度来看，分裂导线或许比单导线更适用于准定常假定。

总之，尽管涉及扭转向运动的准定常假定依然存疑，但准定常假定目前仍是导线舞动研究中普遍接受且较为合理的选择。在准定常假定下，导线的气动力试验、舞动稳定判断、舞动模拟等方面的研究工作都可以方便地展开。

3.2　单自由度舞动

对导线舞动的研究是从单自由度系统开始的。Den Hartog[12]及 Nigol 和 Buchan[13]分别提出了横向(竖向)与扭转向激发舞动的理论，下面分别介绍其原理。

根据 Den Hartog 单自由度竖向舞动机理，如图 3.1 所示的覆冰导线截面模型在风速 U 的激励下，产生 z 向振动，风攻角为 α，其运动方程可表示为

$$\ddot{z}+\left[2\xi_{z0}\omega_z+\frac{1}{2}\frac{\rho UD}{m}\left(\frac{\partial C_{\mathrm{L}}}{\partial\alpha}+C_{\mathrm{D}}\right)\right]\dot{z}+\omega_z^2 z=0 \tag{3.3}$$

式中，ξ_{z0} 为导线竖向固有阻尼比；ω_z 为导线竖向固有频率；C_{L}、C_{D} 分别为覆冰导线的升力系数和阻力系数；ρ 为空气密度；D 为截面特征宽度；m 为系统质量。当导线模型产生纯竖向舞动时，根据 Den Hartog 竖向舞动机理，可得其舞动起始阶段竖向气动阻尼比的理论表达式为

① 密实截面定义为高宽比小于 2 的截面。

$$\xi_{z,\mathrm{a}} = \frac{1}{4}\rho UD\left(\frac{\partial C_{\mathrm{L}}}{\partial \alpha} + C_{\mathrm{D}}\right) \bigg/ (m\omega_z) \tag{3.4}$$

可见，当 Den Hartog 系数$\partial C_{\mathrm{L}} / \partial \alpha + C_{\mathrm{D}} < 0$时系统气动阻尼比为负，而系统的稳定性就取决于其总阻尼项(固有阻尼+气动阻尼)的正负，当系统总阻尼项为负时将发生失稳。因此，$\partial C_{\mathrm{L}} / \partial \alpha + C_{\mathrm{D}} < 0$ 是发生 Den Hartog 竖向舞动的必要条件。

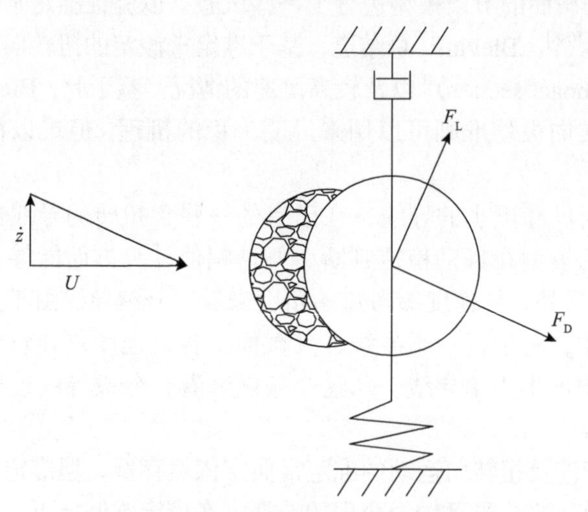

图 3.1 覆冰导线 Den Hartog 竖向舞动模型

根据 Nigol 单自由度扭转舞动机理，当覆冰和风速满足某种特定条件时，扭转向振动为自激振动，此时若导线的扭转频率和横风向自振频率接近，扭转向振动便会激发导线的竖向大幅振动。如图 3.2 所示，覆冰导线在风速 U 的激励下，产生扭转角为 θ 的振动，风攻角为 α，其运动方程可表示为

$$J\ddot{\theta} + \left(2J\xi_{\theta 0}\omega_\theta + \frac{1}{2}\rho URD^2\frac{\partial C_{\mathrm{M}}}{\partial \alpha}\right)\dot{\theta} + \left(k_\theta - \frac{1}{2}\rho U^2 D^2 \frac{\partial C_{\mathrm{M}}}{\partial \alpha}\right)\theta = 0 \tag{3.5}$$

式中，J 为转动惯量；$\xi_{\theta 0}$ 为导线扭转向固有阻尼比；ω_θ 为导线扭转固有频率；R 为特征半径；C_{M} 为覆冰导线的扭矩系数；k_θ 为系统扭转刚度。同样，可得其舞动起始阶段扭转向气动阻尼比的理论表达式为

$$\xi_{\theta,\mathrm{a}} = \frac{1}{4}\rho URD^2\frac{\partial C_{\mathrm{M}}}{\partial \alpha} \bigg/ (J\omega_\theta) \tag{3.6}$$

可见，当 Nigol 系数$\partial C_{\mathrm{M}} / \partial \alpha < 0$ 时系统气动阻尼比为负，从而系统的总阻尼(固有阻尼+气动阻尼)可能为负，引发导线的扭转向自激运动。因此，$\partial C_{\mathrm{M}} / \partial \alpha < 0$ 是发生 Nigol 扭转舞动的必要条件。

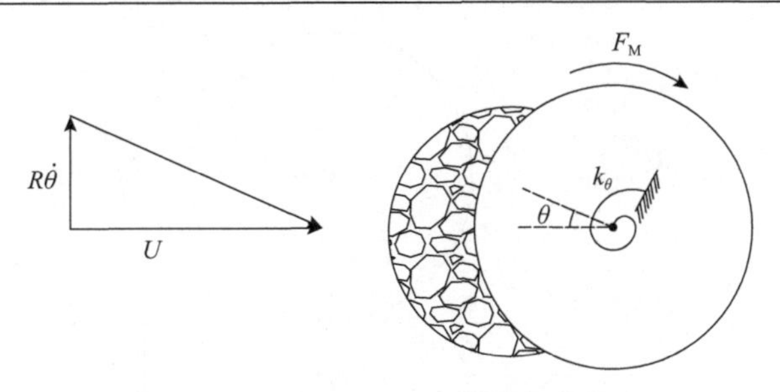

图 3.2　覆冰导线 Nigol 扭转舞动模型

3.3　多自由度舞动

早期的单自由度系统过于简化，无法反映导线各自由度之间运动耦合的影响。因此，学界对各多自由度系统的舞动展开进一步研究。

简单的二自由度系统能够反映两个自由度之间的耦合机制(图 3.3)。Jones[14]研究了竖向-水平重频(“重频”指频率重合)的二自由度系统，并提出相应的舞动稳定性准则。与 Den Hartog 竖向舞动准则的对比表明，在相同的气动力条件下，平动(包括竖向、水平运动)重频系统相比于竖向单自由度系统具有更高或更低的舞动风险，而舞动风险的相对高低取决于具体的气动力参数。Luongo 和 Piccardo[15]使用摄动法推导竖向-水平二自由度系统在近似重频、分离频率情况下的特征值实部的近似解(式(3.7))，并以此作为舞动稳定准则，揭示了频率接近和频率远离情况之间稳定准则的变化规律。

$$\mathrm{Re}(\lambda)=\frac{1}{4}\left[-\mathrm{tr}\boldsymbol{D}_0\pm\sqrt{\mathrm{tr}^2\boldsymbol{D}_0-4\det\boldsymbol{D}_0-4\mathrm{i}\sigma\left(d_{11}^0-d_{22}^0\right)-4\sigma^2}\right] \tag{3.7}$$

式中，$\mathrm{Re}(\lambda)$为特征值λ的实部；$\boldsymbol{D}_0$为系统的总阻尼矩阵；tr 为矩阵的迹；det 为矩阵的行列式；d_{11}^0、d_{22}^0为$\boldsymbol{D}_0$的对角项；σ为竖向自由度和水平自由度的频率差。Demartino 和 Ricciardelli[16]采用 Hurwitz 准则判断舞动稳定性，对比单自由度、平动二自由度系统发现，虽然理论上平动系统的稳定性不同于单自由度系统，但平动系统在近似重频状态下的稳定性对频率失谐量非常敏感，因而在大部分频率范围内其稳定性接近单自由度系统。Nikitas 和 Macdonald[17]考虑了来流与结构主轴不平行的情况，例如，导线在平均风作用下发生风偏(图 3.4)，对二自由度系统的气动阻尼矩阵进行了修正。

Chen 和 Li[18]针对竖向-扭转重频二自由度系统，假定竖向、扭转向的结构固有阻尼比相等，直接求解得到舞动稳定临界状态下结构固有阻尼比的解析解；该解为一元三次方程根，形式较为复杂。Luongo 等[19]使用摄动法对竖向-扭转二自

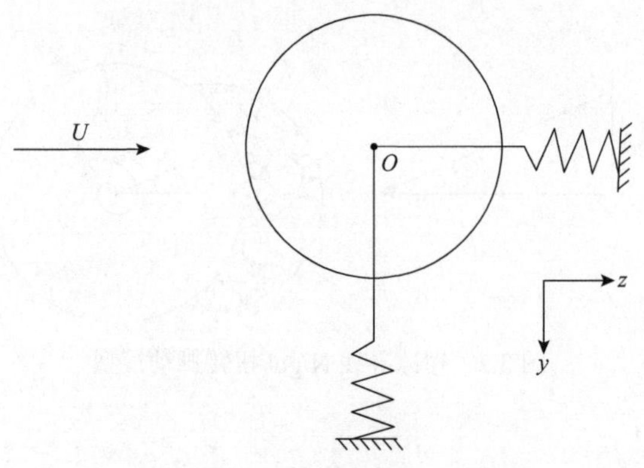

图 3.3　二自由度系统示意图

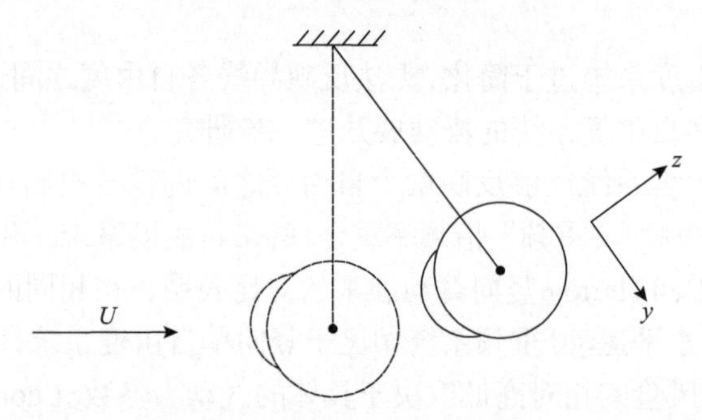

图 3.4　风偏情况下来流与导线截面结构主轴不平行(y、z 为结构主轴方向)

由度系统推导了近似重频、分离频率情况下的稳定判断准则。由于扭转自由度的引入，该准则能够考虑竖-扭耦合的气动刚度。研究表明，竖扭耦合的二自由度系统相比于竖向、扭转单自由度系统具有更高或更低的舞动风险，而舞动风险的相对高低取决于具体的气动力参数、竖扭频率比。

竖向-水平-扭转三自由度系统(图 3.5)涵盖了导线运动的三个主要方向，更能

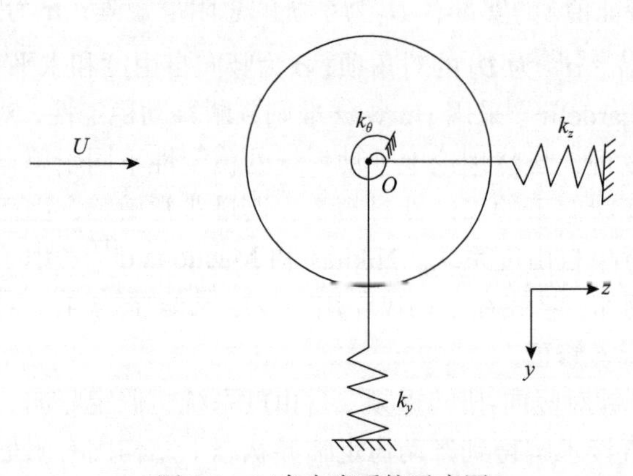

图 3.5　三自由度系统示意图

反映实际的舞动特征。但三自由度系统的舞动稳定问题更为复杂，表现出与单自由度系统、二自由度系统不同的舞动特征。

王跃方和赵光曦[20]建立三自由度偏心索系统，利用 Hurwitz 判据得到索在参数空间内的稳定域。研究发现，三自由度系统相比于竖向-扭转二自由度系统可能更容易发生舞动。He 和 Macdonald[21]研究了三向重频的三自由度系统，假定三向的结构固有阻尼比相等，推导得到舞动稳定临界状态下结构固有阻尼比的解析解。此处的结构固有阻尼比解析解是指在给定气动力条件下为实现舞动临界状态所需的结构固有阻尼。对于风速与结构主轴方向平行的情况，结构固有阻尼比解析解的简化解为[21]

$$S_{3D}=\frac{1}{2}\Bigg[3C_D+C_L'+\kappa\mu C_M' \pm\sqrt{\left(C_D-C_L'-\kappa\mu C_M'\right)^2+8\left(C_L+\kappa\mu C_M\right)\left(C_D'-C_L\right)}\Bigg] \tag{3.8}$$

式中，S_{3D} 表示舞动稳定临界状态下的无量纲结构固有阻尼；C_L'、C_D'、C_M' 分别为 C_L、C_D、C_M 关于风攻角的导数；κ 和 μ 为结构尺寸相关参数。该表达式与单自由度、二自由度稳定准则大不相同，且计算表明，三向重频系统相比于单自由度、平动二自由度系统具有更高或更低的舞动风险，而舞动风险的相对高低取决于具体的气动力参数。He 和 Macdonald[9]还进一步求解了考虑偏心的三自由度重频系统舞动稳定解析解。楼文娟和姜雄等[22-24]应用矩阵摄动法推导了三自由度系统在三向频率分离条件下的舞动稳定准则，该准则与单自由度准则相比附加了气动刚度相关项，且扭转频率与平动频率越接近，气动刚度对舞动稳定性影响越强，即扭转向与平动向的耦合越显著。Matsumiya 等[25]借助能量平衡法判断三自由度系统的舞动稳定性，并以三向自由度的频率比为变量计算了大量工况的舞动稳定与幅值结果，包括三向频率重合、接近、分离的情况。结果表明，竖向-水平-扭转三向频率的相对变化能影响产生舞动的风攻角区域和舞动幅值。

3.4　导线舞动三自由度运动方程

二维节段模型最多可具备竖向、水平、扭转三个自由度。本节针对导线二维节段模型，建立竖向-水平-扭转三自由度模型及其运动方程，并考虑单导线、分裂导线气动力荷载模式的不同对两者分别给出气动荷载表达式。在三自由度运动方程的基础上，可进行舞动稳定判断和舞动激发机理的研究。

3.4.1 单导线

图 3.6 给出了一个含惯性耦合的竖向-水平-扭转三自由度系统的示意图。图中，点 O 为弹性中心[①]，G 为质量中心，A 为截面速度参考点[②]。对于原始系统，弹性中心 O 与质量中心重合；附加偏心质量后，质量中心发生偏移，即位于图中的 G 点；质量中心 G 与弹性中心 O 的不重合(质量偏心)引起惯性耦合效应。L_e、α_e 分别为质量中心 G 和弹性中心 O 之间连线的长度、偏心角。R 为截面速度参考点 A 与弹性中心 O 的距离，且假定连线 AO 是水平的。m、J 分别为单位长度的质量、转动惯量。U 为水平来流风速，α 为截面平衡位置风攻角，θ为扭转位移。k_y、k_z、k_θ 分别为竖向、水平向、扭转向单位长度的刚度。

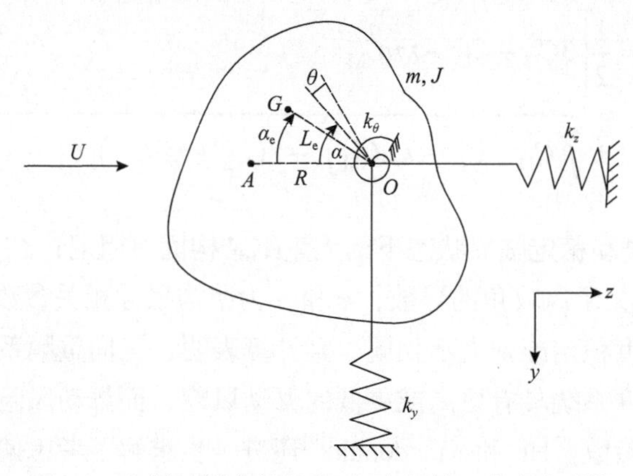

图 3.6 含惯性耦合的竖向-水平-扭转三自由度系统

风荷载作用如图 3.7 所示，F_L、F_D、F_M 分别为单位长度升力、阻力、扭矩；U_r、γ 分别为相对风速、相对风速与水平向夹角；v、w 分别为竖向位移、水平位移。

竖向、水平、扭转三个方向单位长度的风荷载可表达为

$$
\begin{aligned}
F_y &= \frac{1}{2}\rho D U_r{}^2 \left[-C_L(\alpha+\theta-\gamma)\cos\gamma + C_D(\alpha+\theta-\gamma)\sin\gamma\right] \\
F_z &= \frac{1}{2}\rho D U_r{}^2 \left[C_L(\alpha+\theta-\gamma)\sin\gamma + C_D(\alpha+\theta-\gamma)\cos\gamma\right] \\
F_\theta &= \frac{1}{2}\rho D^2 U_r{}^2 C_M(\alpha+\theta-\gamma)
\end{aligned}
\tag{3.9}
$$

① 作用于被支承物体上的一个任意方向的外力，让被支承物只会发生平移运动，而不会产生转动的点，称为系统的弹性中心（elastic center）。

② 由于旋转运动，截面上各点速度并不一致。为应用准定常假定，需在截面上定义一个速度参考点，以该参考点的速度计算相对风速，即为相对风速参考点。对于导线，速度参考点一般选在裸导线迎风面前缘处，这种简单的做法目前被广泛接受。

式中，F_y、F_z分别沿 y、z 轴正向，F_θ沿顺时针方向；ρ为空气密度；D为截面特征宽度①；U_r、γ的表达式为

$$
\begin{aligned}
&U_{\mathrm{r}}^2=(-\dot{v}+R\dot{\theta})^2+(U-\dot{w})^2\\
&\gamma=\arctan\frac{-\dot{v}+R\dot{\theta}}{U-\dot{w}}
\end{aligned}
\tag{3.10}
$$

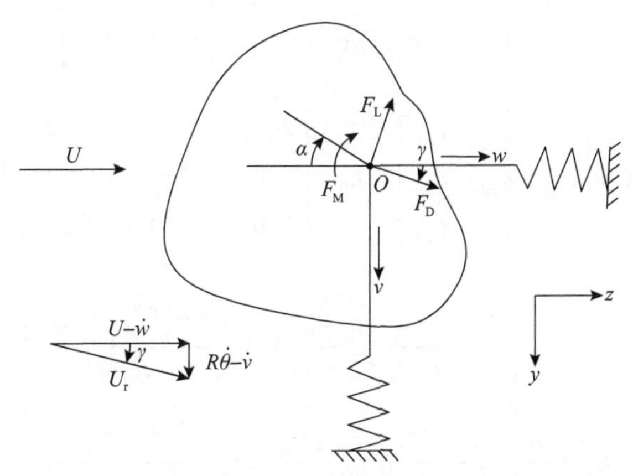

图 3.7　风荷载作用

利用拉格朗日第二运动方程，可推导得到该三自由度系统的运动方程：

$$
\begin{aligned}
&m\ddot{v}+S_y\ddot{\theta}+c_y\dot{v}+k_y v=F_y\\
&m\ddot{w}-S_z\ddot{\theta}+c_z\dot{w}+k_z w=F_z\\
&J\ddot{\theta}+S_y\ddot{v}-S_z\ddot{w}+c_\theta\dot{\theta}+\left(k_\theta+S_z g\right)\theta=F_\theta
\end{aligned}
\tag{3.11}
$$

式中，S_y、S_z分别为相对于 y 轴和 z 轴的单位长度质量静矩；c_y、c_z、c_θ分别为竖向、水平向、扭转向结构阻尼。采用文献[24]的方法，基于准定常假定，对非线性风荷载关于结构速度、位移项进行泰勒展开并保留一阶项，去除平均风荷载，对运动方程(3.11)做无量纲和归一化处理，可得系统的线性化运动方程为

$$
\boldsymbol{M}\ddot{\boldsymbol{U}}+\boldsymbol{C}\dot{\boldsymbol{U}}+\boldsymbol{K}\boldsymbol{U}=\boldsymbol{0}
\tag{3.12}
$$

式中，

$$
\boldsymbol{M}=\boldsymbol{M}_{\mathrm{s}}+\boldsymbol{M}_{\mathrm{e}},\ \boldsymbol{K}=\boldsymbol{K}_{\mathrm{s}}+\boldsymbol{K}_{\mathrm{a}},\ \boldsymbol{C}=\boldsymbol{C}_{\mathrm{s}}+\boldsymbol{C}_{\mathrm{a}},\ \boldsymbol{U}=\left[v/R_{\mathrm{g}},\ w/R_{\mathrm{g}},\ \theta\right]^{\mathrm{T}}
$$

① 对于覆冰单导线截面，截面特征宽度 D 取为裸导线直径。

$$\boldsymbol{M}_{\mathrm{s}}=\begin{bmatrix}1&0&0\\0&1&0\\0&0&1\end{bmatrix},\quad \boldsymbol{M}_{\mathrm{e}}=\begin{bmatrix}0&0&m_{\mathrm{e}}^{13}\\0&0&m_{\mathrm{e}}^{23}\\m_{\mathrm{e}}^{31}&m_{\mathrm{e}}^{32}&0\end{bmatrix}$$

$$\boldsymbol{K}_{\mathrm{s}}=\begin{bmatrix}\bar{\omega}_1^2&0&0\\0&\bar{\omega}_2^2&0\\0&0&\bar{\omega}_3^2\end{bmatrix},\quad \boldsymbol{K}_{\mathrm{a}}=\begin{bmatrix}0&0&k_{\mathrm{a}}^{13}\\0&0&k_{\mathrm{a}}^{23}\\0&0&k_{\mathrm{a}}^{33}\end{bmatrix}$$

$$\boldsymbol{C}=\begin{bmatrix}c_{11}&c_{12}&c_{13}\\c_{21}&c_{22}&c_{23}\\c_{31}&c_{32}&c_{33}\end{bmatrix},\quad \boldsymbol{C}_{\mathrm{s}}=\begin{bmatrix}2\xi_y\bar{\omega}_1&0&0\\0&2\xi_z\bar{\omega}_2&0\\0&0&2\xi_\theta\bar{\omega}_3\end{bmatrix}$$

$$\boldsymbol{C}_{\mathrm{a}}=\frac{A}{\bar{\omega}_{\mathrm{r}}}\begin{bmatrix}\dfrac{C_{\mathrm{L}}'+C_{\mathrm{D}}}{m}&\dfrac{-2C_{\mathrm{L}}}{m}&\dfrac{-R\left(C_{\mathrm{L}}'+C_{\mathrm{D}}\right)}{R_{\mathrm{g}}m}\\[2ex]\dfrac{C_{\mathrm{L}}-C_{\mathrm{D}}'}{m}&\dfrac{2C_{\mathrm{D}}}{m}&\dfrac{-R\left(C_{\mathrm{L}}-C_{\mathrm{D}}'\right)}{R_{\mathrm{g}}m}\\[2ex]\dfrac{-DR_{\mathrm{g}}C_{\mathrm{M}}'}{J}&\dfrac{2DR_{\mathrm{g}}C_{\mathrm{M}}}{J}&\dfrac{DRC_{\mathrm{M}}'}{J}\end{bmatrix}$$

$$A=0.5\rho UD,\quad J=mR_{\mathrm{g}}^2,\quad m_{\mathrm{e}}^{32}=m_{\mathrm{e}}^{23}=\frac{L_{\mathrm{e}}\sin\alpha_{\mathrm{e}}}{R_{\mathrm{g}}},\quad m_{\mathrm{e}}^{31}=m_{\mathrm{e}}^{13}=-\frac{L_{\mathrm{e}}\cos\alpha_{\mathrm{e}}}{R_{\mathrm{g}}}$$

$$k_{\mathrm{a}}^{13}=\frac{AUC_{\mathrm{L}}'}{mR_{\mathrm{g}}\bar{\omega}_{\mathrm{r}}^2},\quad k_{\mathrm{a}}^{23}=-\frac{AUC_{\mathrm{D}}'}{mR_{\mathrm{g}}\bar{\omega}_{\mathrm{r}}^2},\quad k_{\mathrm{a}}^{33}=-\frac{AUDC_{\mathrm{M}}'}{J\bar{\omega}_{\mathrm{r}}^2}$$

其中，$\boldsymbol{M}$、$\boldsymbol{C}$、$\boldsymbol{K}$分别为无量纲总体质量矩阵、阻尼矩阵、刚度矩阵；$\boldsymbol{M}_{\mathrm{e}}$、$\boldsymbol{K}_{\mathrm{a}}$分别为无量纲交叉项质量矩阵、无量纲气动刚度矩阵；$m_{\mathrm{e}}^{ij}$、$c_{ij}$、$k_{\mathrm{a}}^{ij}$分别为$\boldsymbol{M}_{\mathrm{e}}$、$\boldsymbol{C}$、$\boldsymbol{K}_{\mathrm{a}}$中第$i$行、第$j$列元素；$\bar{\omega}_1$、$\bar{\omega}_2$、$\bar{\omega}_3$分别为竖向、水平向、扭转向无量纲自振圆频率，$\bar{\omega}_1=\bar{\omega}_y/\bar{\omega}_{\mathrm{r}}$，$\bar{\omega}_2=\bar{\omega}_z/\bar{\omega}_{\mathrm{r}}$，$\bar{\omega}_3=\bar{\omega}_\theta/\bar{\omega}_{\mathrm{r}}$，$\bar{\omega}_y=\sqrt{k_y/m}$，$\bar{\omega}_z=\sqrt{k_z/m}$，$\bar{\omega}_\theta=\sqrt{(k_\theta+S_z g)/J}$；$\bar{\omega}_{\mathrm{r}}$为圆频率参考值(本书默认$\bar{\omega}_{\mathrm{r}}$取为$\bar{\omega}_z$)；$g$为重力加速度；$R_{\mathrm{g}}$为关于弹性中心的回转半径；$\xi_y$、$\xi_z$、$\xi_\theta$分别为竖向、水平向、扭转向结构固有阻尼比；$C_{\mathrm{L}}'$、$C_{\mathrm{D}}'$、$C_{\mathrm{M}}'$为$C_{\mathrm{L}}$、$C_{\mathrm{D}}$、$C_{\mathrm{M}}$关于风攻角的导数。定义截面的质量偏心率为$L_{\mathrm{e}}/R_{\mathrm{g}}$。

3.4.2　分裂导线

假定分裂导线截面为刚体，即只考虑系统的整体运动，忽略各子导线的局部相对运动。在截面整体具有平动速度、转动角速度的情况下易知，截面上各子导线因切向速度方向不同，其平动速度是不同的，从而引起各子导线处相对风速的差异。为便于研究不同风攻角下气动力的影响，本节忽略初凝角的影响，将其取为零。

图 3.8 给出了分裂导线中第 i 根子导线的气动力示意图。图中，R 为分裂半径；α_{m} 为平衡位置风攻角；θ 为导线截面相对于平衡位置的扭转位移(视为小量)；$f_{\mathrm{D}i}$、$f_{\mathrm{L}i}$、$f_{\mathrm{Ms}i}$ 分别为第 i 根子导线的阻力、升力、扭矩；$\alpha_{\mathrm{c}i}$ 为第 i 根子导线的初始相位角，表达式为

$$\alpha_{\mathrm{c}i} = \alpha_{\mathrm{c}1} + (i-1)\frac{2\pi}{N},\quad i = 1,2,\cdots,N \tag{3.13}$$

式中，$\alpha_{\mathrm{c}1}$ 为第一根子导线的初始相位角；N 为子导线根数。

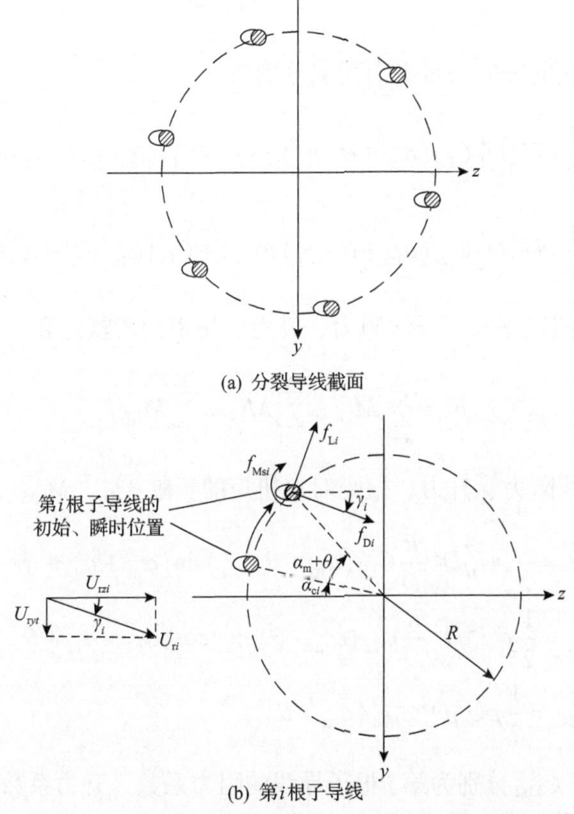

图 3.8　分裂导线中第 i 根子导线的气动力示意图

第 i 根子导线相对风速的竖向分量、水平分量分别为

$$\begin{aligned} U_{\mathrm{r}yi} &= -\dot{v} + R\dot{\theta}\cos\left(\alpha_{\mathrm{m}} + \theta + \alpha_{\mathrm{c}i}\right) \\ U_{\mathrm{r}zi} &= U - \dot{w} - R\dot{\theta}\sin\left(\alpha_{\mathrm{m}} + \theta + \alpha_{\mathrm{c}i}\right) \end{aligned} \tag{3.14}$$

则其相对风速大小为

$$U_{\mathrm{r}i} = \sqrt{\left[-\dot{v} + R\dot{\theta}\cos\left(\alpha_{\mathrm{m}} + \theta + \alpha_{\mathrm{c}i}\right)\right]^2 + \left[U - \dot{w} - R\dot{\theta}\sin\left(\alpha_{\mathrm{m}} + \theta + \alpha_{\mathrm{c}i}\right)\right]^2} \tag{3.15}$$

第 i 根子导线的相对风速与水平方向夹角为

$$\gamma_i = \arctan\frac{-\dot{v} + R\dot{\theta}\cos\left(\alpha_{\mathrm{m}} + \theta + \alpha_{\mathrm{c}i}\right)}{U - \dot{w} - R\dot{\theta}\sin\left(\alpha_{\mathrm{m}} + \theta + \alpha_{\mathrm{c}i}\right)} \tag{3.16}$$

总计有 N 根子导线，分裂导线竖向、水平向总荷载分别为

$$F_y = \sum_{i=1}^{N} f_{yi}, \quad F_z = \sum_{i=1}^{N} f_{zi} \tag{3.17}$$

第 i 根子导线的竖向、水平向荷载分别为

$$f_{yi} = \frac{1}{2}\rho U_{\mathrm{r}i}^2 D\left[C_{\mathrm{D}i}\left(\alpha_{\mathrm{m}} + \theta - \gamma_i\right)\sin\gamma_i - C_{\mathrm{L}i}\left(\alpha_{\mathrm{m}} + \theta - \gamma_i\right)\cos\gamma_i\right] \tag{3.18}$$

$$f_{zi} = \frac{1}{2}\rho U_{\mathrm{r}i}^2 D\left[C_{\mathrm{D}i}\left(\alpha_{\mathrm{m}} + \theta - \gamma_i\right)\cos\gamma_i + C_{\mathrm{L}i}\left(\alpha_{\mathrm{m}} + \theta - \gamma_i\right)\sin\gamma_i\right] \tag{3.19}$$

分裂导线的扭矩来自子导线阻力、升力、扭矩的贡献之和，可表示为

$$F_\theta = \sum_{i=1}^{N} M_{\mathrm{D}i} + \sum_{i=1}^{N} M_{\mathrm{L}i} + \sum_{i=1}^{N} M_{\mathrm{Ms}i} \tag{3.20}$$

第 i 根子导线阻力、升力、扭矩对总扭矩的贡献 $M_{\mathrm{D}i}$、$M_{\mathrm{L}i}$、$M_{\mathrm{Ms}i}$ 分别为

$$\begin{aligned} M_{\mathrm{D}i} &= \frac{1}{2}\rho U_{\mathrm{r}i}^2 D^2 \frac{R}{D} C_{\mathrm{D}i}\left(\alpha_{\mathrm{m}} + \theta - \gamma_i\right)\sin\left(\alpha_{\mathrm{m}} + \alpha_{\mathrm{c}i} + \theta - \gamma_i\right) \\ M_{\mathrm{L}i} &= \frac{1}{2}\rho U_{\mathrm{r}i}^2 D^2 \frac{R}{D} C_{\mathrm{L}i}\left(\alpha_{\mathrm{m}} + \theta - \gamma_i\right)\cos\left(\alpha_{\mathrm{m}} + \alpha_{\mathrm{c}i} + \theta - \gamma_i\right) \\ M_{\mathrm{Ms}i} &= \frac{1}{2}\rho U_{\mathrm{r}i}^2 D^2 C_{\mathrm{Ms}i}\left(\alpha_{\mathrm{m}} + \theta - \gamma_i\right) \end{aligned} \tag{3.21}$$

式中，$C_{\mathrm{D}i}$、$C_{\mathrm{L}i}$、$C_{\mathrm{Ms}i}$ 分别为第 i 根子导线的阻力系数、升力系数、扭矩系数。需注意，为区别于截面总扭矩系数 C_{M}，子导线扭矩系数记为 $C_{\mathrm{Ms}i}$。

为便于评估子导线间气动力差异对整体气动力的影响，规定

$$C_{\mathrm{D}i}=\bar{C}_{\mathrm{D}}+\Delta C_{\mathrm{D}i},\quad C_{\mathrm{L}i}=\bar{C}_{\mathrm{L}}+\Delta C_{\mathrm{L}i},\quad C_{\mathrm{Ms}i}=\bar{C}_{\mathrm{Ms}}+\Delta C_{\mathrm{Ms}i} \tag{3.22}$$

$$C'_{\mathrm{D}i}=\bar{C}'_{\mathrm{D}}+\Delta C'_{\mathrm{D}i},\quad C'_{\mathrm{L}i}=\bar{C}'_{\mathrm{L}}+\Delta C'_{\mathrm{L}i},\quad C'_{\mathrm{Ms}i}=\bar{C}'_{\mathrm{Ms}}+\Delta C'_{\mathrm{Ms}i} \tag{3.23}$$

式中，$\bar{C}_{\mathrm{D}}$、$\bar{C}_{\mathrm{L}}$、$\bar{C}_{\mathrm{Ms}}$ 分别为 N 根子导线阻力系数、升力系数、扭矩系数的平均值；$\Delta C_{\mathrm{D}i}$、$\Delta C_{\mathrm{L}i}$、$\Delta C_{\mathrm{Ms}i}$ 分别为第 i 根子导线阻力系数、升力系数、扭矩系数与平均值之差，即离差(deviation)；$C'_{\mathrm{D}i}$、$C'_{\mathrm{L}i}$、$C'_{\mathrm{Ms}i}$ 为 $C_{\mathrm{D}i}$、$C_{\mathrm{L}i}$、$C_{\mathrm{Ms}i}$ 关于风攻角的导数；$\bar{C}'_{\mathrm{D}}$、$\bar{C}'_{\mathrm{L}}$、$\bar{C}'_{\mathrm{Ms}}$ 为 $\bar{C}_{\mathrm{D}}$、$\bar{C}_{\mathrm{L}}$、$\bar{C}_{\mathrm{Ms}}$ 关于风攻角的导数；$\Delta C'_{\mathrm{L}i}$、$\Delta C'_{\mathrm{D}i}$、$\Delta C'_{\mathrm{Ms}i}$ 为 $\Delta C_{\mathrm{L}i}$、$\Delta C_{\mathrm{D}i}$、$\Delta C_{\mathrm{Ms}i}$ 关于风攻角的导数。

记风荷载向量 $\boldsymbol{F}_{\mathrm{w}}=\begin{bmatrix}F_y & F_z & F_\theta\end{bmatrix}^{\mathrm{T}}$，并将其在 $\boldsymbol{v}=\begin{bmatrix}\dot{v} & \dot{w} & \dot{\theta} & \theta\end{bmatrix}^{\mathrm{T}}=\mathbf{0}$ 处进行泰勒展开可得

$$\boldsymbol{F}_{\mathrm{w}}=\boldsymbol{F}_{\mathrm{w}}\big|_{\boldsymbol{v}=\mathbf{0}}+\left.\frac{\partial \boldsymbol{F}_{\mathrm{w}}}{\partial \boldsymbol{v}}\right|_{\boldsymbol{v}=\mathbf{0}}\boldsymbol{v}+O\left(\boldsymbol{v}^2\right) \tag{3.24}$$

根据上述气动力表达式，覆冰分裂导线竖向-水平-扭转三自由度一次近似运动方程可写为

$$\tilde{\boldsymbol{M}}\ddot{\tilde{\boldsymbol{U}}}+\left(\tilde{\boldsymbol{C}}_{\mathrm{s}}+\tilde{\boldsymbol{C}}_{\mathrm{a}}\right)\dot{\tilde{\boldsymbol{U}}}+\left(\tilde{\boldsymbol{K}}_{\mathrm{s}}+\tilde{\boldsymbol{K}}_{\mathrm{a}}\right)\tilde{\boldsymbol{U}}=\mathbf{0} \tag{3.25}$$

式中，气动阻尼矩阵、气动刚度矩阵分别为

$$\tilde{\boldsymbol{C}}_{\mathrm{a}}=\mu_1\begin{bmatrix}\bar{C}_{\mathrm{D}}+\bar{C}'_{\mathrm{L}} & -2\bar{C}_{\mathrm{L}} & R\tilde{\xi}_{\mathrm{fy}\dot{\theta}}\\ \bar{C}_{\mathrm{L}}-\bar{C}'_{\mathrm{D}} & 2\bar{C}_{\mathrm{D}} & R\tilde{\xi}_{\mathrm{fz}\dot{\theta}}\\ -D\bar{C}'_{\mathrm{M}} & 2D\bar{C}_{\mathrm{M}} & DR\tilde{\xi}_{\mathrm{M}\dot{\theta}}\end{bmatrix},\quad \tilde{\boldsymbol{K}}_{\mathrm{a}}=\mu_2\begin{bmatrix}0 & 0 & \bar{C}'_{\mathrm{L}}\\ 0 & 0 & -\bar{C}'_{\mathrm{D}}\\ 0 & 0 & -\bar{C}'_{\mathrm{M}}\end{bmatrix} \tag{3.26}$$

其中，$\mu_1=\dfrac{1}{2}N\rho UD$；$\mu_2=\dfrac{1}{2}N\rho U^2D$；各气动力系数对应的是平衡风攻角 α_{m} 处的数值，例如，$\bar{C}_{\mathrm{D}}$ 表示 $\bar{C}_{\mathrm{D}}(\alpha_{\mathrm{m}})$ 数值。式(3.26)中气动阻尼相关项表达式为

$$\begin{aligned}
\tilde{\xi}_{\mathrm{fy}\dot{\theta}}&=-\frac{1}{N}\left[2\sum_{i=1}^{N}\Delta C_{\mathrm{L}i}\sin\left(\alpha_{\mathrm{m}}+\alpha_{\mathrm{c}i}\right)+\sum_{i=1}^{N}\left(\Delta C_{\mathrm{D}i}+\Delta C'_{\mathrm{L}i}\right)\cos\left(\alpha_{\mathrm{m}}+\alpha_{\mathrm{c}i}\right)\right]\\
\tilde{\xi}_{\mathrm{fz}\dot{\theta}}&=\frac{1}{N}\left[2\sum_{i=1}^{N}\Delta C_{\mathrm{D}i}\sin\left(\alpha_{\mathrm{m}}+\alpha_{\mathrm{c}i}\right)-\sum_{i=1}^{N}\left(\Delta C_{\mathrm{L}i}-\Delta C'_{\mathrm{D}i}\right)\cos\left(\alpha_{\mathrm{m}}+\alpha_{\mathrm{c}i}\right)\right]\\
\tilde{\xi}_{\mathrm{M}\dot{\theta}}&=\tilde{\xi}_{\mathrm{M}\dot{\theta}1}+\tilde{\xi}_{\mathrm{M}\dot{\theta}2}+\tilde{\xi}_{\mathrm{M}\dot{\theta}3}
\end{aligned} \tag{3.27}$$

式中，$\tilde{\xi}_{\mathrm{M}\dot{\theta}1}$ 为子导线升力、阻力平均值的贡献，$\tilde{\xi}_{\mathrm{M}\dot{\theta}2}$ 为各子导线之间升力差异、阻力差异的贡献，$\tilde{\xi}_{\mathrm{M}\dot{\theta}3}$ 为子导线扭矩的贡献，分别为

$$\tilde{\xi}_{\mathrm{M}\dot{\theta}1}=\frac{1}{2}\frac{R}{D}\left(3\bar{C}_{\mathrm{D}}+\bar{C}_{\mathrm{L}}'\right)$$

$$\begin{aligned}\tilde{\xi}_{\mathrm{M}\dot{\theta}2}=\frac{R}{2ND}\Bigg[&\sum_{i=1}^{N}\left(\Delta C_{\mathrm{D}i}'+\Delta C_{\mathrm{L}i}\right)\sin\left(2\alpha_{\mathrm{m}}+2\alpha_{\mathrm{c}i}\right)\\&+\sum_{i=1}^{N}\left(\Delta C_{\mathrm{L}i}'-\Delta C_{\mathrm{D}i}\right)\cos\left(2\alpha_{\mathrm{m}}+2\alpha_{\mathrm{c}i}\right)\Bigg]\end{aligned} \tag{3.28}$$

$$\tilde{\xi}_{\mathrm{M}\dot{\theta}3}=\frac{1}{N}\left[2\sum_{i=1}^{N}\Delta C_{\mathrm{M}si}\sin\left(\alpha_{\mathrm{m}}+\alpha_{\mathrm{c}i}\right)+\sum_{i=1}^{N}\Delta C_{\mathrm{M}si}'\cos\left(\alpha_{\mathrm{m}}+\alpha_{\mathrm{c}i}\right)\right]$$

由式(3.26)可知，相比于等效单导线方法，分裂导线方法的气动阻尼矩阵 $\tilde{\boldsymbol{C}}_{\mathrm{a}}$ 的第 3 列，即扭转速度 $\dot{\theta}$ 相关项发生了变化，尤其是 $DR\tilde{\xi}_{\mathrm{M}\dot{\theta}}$ 项与扭转向气动阻尼直接相关，可预见会对扭转向气动稳定产生重要影响。气动刚度 $\tilde{\boldsymbol{K}}_{\mathrm{a}}$ 没有发生变化，因为气动刚度仅与结构位移相关，而与子导线速度无关。

结合式(3.28)可知，若忽略各子导线之间气动力系数差异，则

$$\tilde{c}_{\mathrm{a}}^{33}=\mu_1 DR\tilde{\xi}_{\mathrm{M}\dot{\theta}}=\mu_1 DR\tilde{\xi}_{\mathrm{M}\dot{\theta}1}=\frac{1}{2}\mu_1 R^2\left(3\bar{C}_{\mathrm{D}}+\bar{C}_{\mathrm{L}}'\right) \tag{3.29}$$

$$\tilde{c}_{\mathrm{a}}^{11}+\tilde{c}_{\mathrm{a}}^{22}=\frac{2}{R^2}\tilde{c}_{\mathrm{a}}^{33}=\mu_1\left(3\bar{C}_{\mathrm{D}}+\bar{C}_{\mathrm{L}}'\right) \tag{3.30}$$

式中，$\tilde{c}_{\mathrm{a}}^{ij}$ 表示 $\tilde{\boldsymbol{C}}_{\mathrm{a}}$ 中第 i 行、j 列元素。注意到 $3\bar{C}_{\mathrm{D}}+\bar{C}_{\mathrm{L}}'>\bar{C}_{\mathrm{D}}+\bar{C}_{\mathrm{L}}'$，因而从理论上来讲，扭转向气动阻尼 $\tilde{c}_{\mathrm{a}}^{33}$ 为负的概率远小于竖向气动阻尼 $\tilde{c}_{\mathrm{a}}^{11}$ 为负的概率。

3.5 舞动稳定判断方法

舞动激发问题实质上可以视为一种动力系统稳定性问题，其中的关键与难点在于，如何判断系统的动力稳定性。舞动稳定问题可分为初始稳定和运动稳定。初始稳定是指初始静力平衡处，结构在小幅扰动下的稳定性；运动稳定是指结构周期性运动的稳定性。舞动初始稳定研究中常用的判断方法如图 3.9 所示。

首先考虑舞动的初始稳定问题。舞动问题相当复杂，其中简化的竖向-水平-扭转三自由度系统的舞动稳定机理尚有许多问题亟须解决，因此本书的舞动机理

部分专注于三自由度系统舞动问题的讨论，而不涉及整档的三维导线结构。

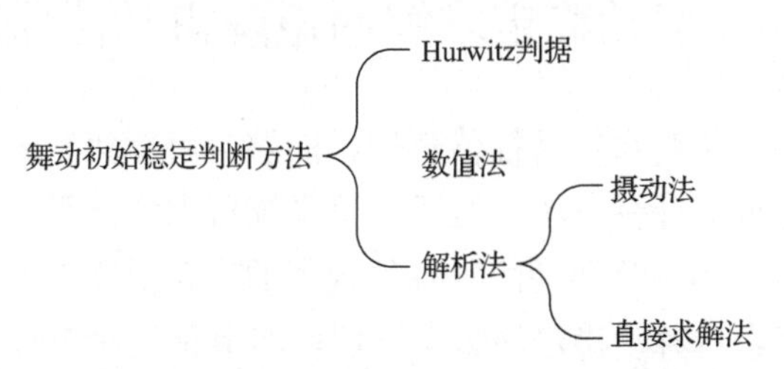

图 3.9　舞动初始稳定常用的判断方法

根据李雅普诺夫一次近似理论，判断初始平衡位置激发舞动的一个必要条件为特征方程至少具有一个正实部的根[26]。判断特征值实部的正负，主要有以下三种方法。

(1) 采用 Hurwitz 判据判断是否存在实部为正的特征值[27-29]。这种方法的缺点是无法获取各特征值具体数值。而若能获得特征值数值，则能获知舞动激发振型和频率，对舞动特性有更好的了解。

(2) 采用数值方法求解特征值数值和振型[17,18]。而数值方法难以解释舞动激发机理的原因如下：第一，舞动机理是个非常复杂的问题，其影响因素众多，且相互耦合关系复杂，即使做了大量数值计算，也很可能无法归纳、拟合出相应的函数规律(特殊简单情形除外)；第二，数值计算可基于测试工况揭示某些因素对舞动存在促进或抑制的影响，但一般认为无法推广到其他一般情况，除非有明确的理论解释。

(3) 求解特征值的解析表达式[23]。这样不仅能给出特征值数值，还能给出各影响因素在舞动稳定判据中的关系，厘清各因素的舞动影响机理。解析法分为摄动法和直接求解法。在数学上，可给出精确解析解的一元方程最高阶次为四次。对于舞动问题中具有非比例阻尼的三自由度复模态系统，其特征方程为一元六次方程，一般不存在特征值的解析解。但通过一些近似处理方法，可以对系统特征值求解析解或近似解析解，如摄动法[30]。另外，对于一些特殊条件下的系统，其特征方程的系数具有某种特殊的巧合搭配，也能获得解析解或近似解析解。例如，Jones[14]对平动重频二自由度系统、He 和 Macdonald[9,21]对三向重频系统推导出舞动稳定准则。

对于运动稳定问题，一般针对系统的非线性运动方程求解，求解方法可分为数值法、解析法。利用数值法计算舞动响应的时程较为简单，但计算的时间成本较高，且计算结果受初始条件影响。解析法则能够快速获取舞动的幅值响应、判断舞动稳定的性质，为研究各项因素对舞动稳定性的影响提供便捷的方法。

3.6 舞动稳定求解的矩阵摄动法原理

如 3.5 节所述，求解系统特征值表达式能够为解释舞动激发机理提供可能。矩阵摄动法是一种近似计算方法，对于简单系统可求解出简单、可理解的特征值表达式。第 4 章将采用矩阵摄动法对各种频率的三自由度系统舞动稳定性问题进行求解，揭示各因素对舞动稳定的影响机理。本节预先对矩阵摄动法进行介绍。

3.6.1 应用背景

摄动，原为天文学名词，指的是小扰动或影响某现象的微小因素。19 世纪末，天文学家 Lindstedt 等在研究行星轨道的摄动问题时创立了摄动理论（perturbation theory），即对于含小参数的非线性微分方程，无法直接求解，将解用小参数ε的幂级数表示，代回方程求解。在经过严格的数学证明后，摄动法广泛应用到自然科学的各领域，处理物理、化学、生物等方面的许多问题[31]。

在工程问题中因结构参数的改变，需使用能快速获取特征值的方法。在结构动力学中最早开始研究结构参数修改问题的是 Rayleigh[32]。20 世纪 70 年代以来，大型复杂结构的设计逐步由静态转向动态，计算量巨大，摄动法便被用于进行灵敏度分析和快速重分析。在此期间，摄动法的研究取得了一系列进展。Fox 和 Kapoor[33]、Rogers[34]、Plaut 和 Huseyin[35]、Rudisill[36]、Chen 和 Wada[37]、胡海昌[38]、陈塑寰[39]等针对孤立特征值的结构，分别就矩阵摄动法进行研究。在结构的动力学设计中，原来各不相同的特征值在优化过程中可能会趋于相同，因此重特征值问题的灵敏度分析具有重要的工程实际意义。对于重特征值的情况，Mills-Curran[40]、胡海昌[38]、陈塑寰[41]、王文亮和胡海昌[42]等分别进行了重特征值的矩阵摄动法研究。对于密集特征值问题，刘中生和陈塑寰[43]提出特征值移位的摄动分析法，胡海昌等[44]提出在原系统对应于相近特征值的特征子空间内用 Ritz 法求新系统的近似解。

结构优化早期的矩阵摄动法研究均基于实模态理论，但对于一般的非比例阻尼系统，相关系数矩阵不再是实对称的，而是非对称乃至复非对称的，此时需采用基于复模态的矩阵摄动法进行求解[45,46]。对于复模态的重特征值问题，若系统具有完备的特征向量系，则求解较为简单。但对于某些结构问题，如非比例阻尼矩阵问题、气动弹性颤振分析等，系统矩阵可能是亏损的，即不具有完备的特征向量系足以张满整个空间。由于亏损系统特征灵敏度分析的复杂性和困难性，亏损系统的相关研究出现得较晚。Xu 等[47]、Luongo[48-50]等基于 Puiseux 级数展开的方法求解了简单的亏损系统，但无法求解一些特殊情况。张振宇和张慧生[51-55]等对亏损系统的特征灵敏度分析进行了一系列研究，解决了一阶特征值导数相同和导数为零的问题，并系统性地给出了一阶至三阶特征值导数的求解方法。对于这些复杂、特殊的亏损系统问题，特征值的求解方法也相应地更加复杂。2020年，Lin等[56]对现有特征灵敏度分析的理论研究与工程应用进行了较为全面的总结，包括孤立特征值、重特征值、亏损系统特征值等问题。

矩阵摄动法的研究虽然源于大型结构动态设计的需求驱动，但其同样适用于自由度较少的简单结构，并且针对简单结构在理论上可以给出简单的特征值近似解析解，这为理解简单结构的动力稳定原理提供了可能。导线三自由度舞动稳定问题正是一种简单结构的动力稳定问题。

摄动法在舞动稳定方面的应用研究目前仍较少。Luongo和Piccardo[15]采用密集特征值摄动法对平动二自由度系统给出了特征值的准共振解和非共振解。Luongo等[19]随后继续使用密集特征值摄动法对竖向-扭转二自由度系统推导了准共振解和非共振解。姜雄[24]分别采用孤立特征值、密集特征值摄动法对分离频率、平动重频的三自由度系统推导特征值解。但三自由度系统的舞动稳定性机理仍有许多问题需要解决，气动阻尼、气动刚度、惯性耦合等关键项是如何发挥作用以及存在怎样的耦合关系，还需通过合适的数学方法推导出可供观察分析的解析式，以探明这些因素的作用机理。

三自由度系统虽然是简单结构，但从矩阵摄动法的角度来看，其舞动稳定问题依然是复杂的，主要有以下四点原因：第一，由于气动阻尼、气动刚度矩阵的非对称性，必须应用复模态理论求解；第二，三个自由度的频率之间可能互相接近，这属于重特征值、密集特征值问题；第三，当不同特征值互相接近时，其特征向量可能会接近重合，此时系统是接近亏损的，则需采用更复杂的接近亏损系统的摄动法；第四，由于舞动的影响因素较多，一般摄动法的精度可能不足，需要改进精度。摄动法理论的不断创新和推进，为这些舞动稳定问题的解决提供了新的可能和思路。

三自由度系统中三个方向的频率可能互相远离或接近，其特征值可能互相远离或接近，因此需要分别采用基于孤立特征值、密集特征值的矩阵摄动法进行求解。下面对舞动稳定求解问题相关的几种矩阵摄动法进行简要介绍，更详细的推导过程参见文献[30]。

3.6.2　孤立特征值的矩阵摄动法

对于分离频率的三自由度系统，其特征值是孤立的、相互远离的。为求解该系统的舞动稳定问题，需要了解孤立特征值问题的矩阵摄动法基本原理。

1. 一阶摄动法

对于 n 自由度的系统，其运动方程为

$$\boldsymbol{M\ddot{U}} + \boldsymbol{C\dot{U}} + \boldsymbol{KU} = \boldsymbol{0}$$

该运动方程对应的特征值问题可以表示为

$$\begin{cases} \boldsymbol{s}_i^{\mathrm{T}}\left(\boldsymbol{M}\lambda_i^2 + \boldsymbol{C}\lambda_i + \boldsymbol{K}\right) = \boldsymbol{0} \\ \left(\boldsymbol{M}\lambda_i^2 + \boldsymbol{C}\lambda_i + \boldsymbol{K}\right)\boldsymbol{t}_i = \boldsymbol{0} \end{cases} \tag{3.31}$$

式中，λ_i 为第 i 个特征值；$\boldsymbol{s}_i$、$\boldsymbol{t}_i$ 为 λ_i 对应的左、右特征向量。式(3.31)可表示为广义特征值问题的形式：

$$\left(\lambda_i\widehat{\boldsymbol{M}} + \widehat{\boldsymbol{K}}\right)\boldsymbol{x}_i = \boldsymbol{0}\,,\quad \boldsymbol{y}_i^{\mathrm{T}}\left(\lambda_i\widehat{\boldsymbol{M}} + \widehat{\boldsymbol{K}}\right) = \boldsymbol{0} \tag{3.32}$$

式中，$\boldsymbol{x}_i = \begin{bmatrix} \lambda_i \boldsymbol{t}_i \\ \boldsymbol{t}_i \end{bmatrix}$；$\boldsymbol{y}_i = \begin{bmatrix} \lambda_i \boldsymbol{s}_i \\ \boldsymbol{s}_i \end{bmatrix}$；$\widehat{\boldsymbol{M}} = \begin{bmatrix} \boldsymbol{O} & \boldsymbol{M} \\ \boldsymbol{M} & \boldsymbol{C} \end{bmatrix}$；$\widehat{\boldsymbol{K}} = \begin{bmatrix} -\boldsymbol{M} & \boldsymbol{O} \\ \boldsymbol{O} & \boldsymbol{K} \end{bmatrix}$；$\boldsymbol{O}$ 为零矩阵。

根据特征值摄动理论，当结构参数发生微小变化时，结构参数可描述为零阶项(初始值)与一阶项(变化值)之和。对于某结构，初始状态下其质量矩阵为 $\boldsymbol{M} = \boldsymbol{M}_0$，阻尼矩阵 $\boldsymbol{C} = \boldsymbol{C}_0$，刚度矩阵 $\boldsymbol{K} = \boldsymbol{K}_0$。当结构参数发生微小变化时，相应的新矩阵可记为

$$\boldsymbol{M} = \boldsymbol{M}_0 + \varepsilon\boldsymbol{M}_1,\ \boldsymbol{C} = \boldsymbol{C}_0 + \varepsilon\boldsymbol{C}_1,\ \boldsymbol{K} = \boldsymbol{K}_0 + \varepsilon\boldsymbol{K}_1 \tag{3.33}$$

式中，ε为摄动法中的小参数。

结构参数变化后，$\widehat{\boldsymbol{M}}$ 和 $\widehat{\boldsymbol{K}}$ 相应地表示为

$$\widehat{\boldsymbol{M}} = \widehat{\boldsymbol{M}}_0 + \varepsilon\widehat{\boldsymbol{M}}_1,\ \widehat{\boldsymbol{K}} = \widehat{\boldsymbol{K}}_0 + \varepsilon\widehat{\boldsymbol{K}}_1 \tag{3.34}$$

结构参数变化后，特征值 λ_i 和其对应的左、右特征向量 $\boldsymbol{y}_i$ 、$\boldsymbol{x}_i$ 可表示为按ε展开的幂级数，即

$$\lambda_i = \lambda_{i,0} + \varepsilon\lambda_{i,1} + \varepsilon^2\lambda_{i,2} + \cdots \tag{3.35}$$

$$\boldsymbol{x}_i = \boldsymbol{x}_{i,0} + \varepsilon\boldsymbol{x}_{i,1} + \varepsilon^2\boldsymbol{x}_{i,2} + \cdots \tag{3.36}$$

$$\boldsymbol{y}_i = \boldsymbol{y}_{i,0} + \varepsilon\boldsymbol{y}_{i,1} + \varepsilon^2\boldsymbol{y}_{i,2} + \cdots \tag{3.37}$$

式中，$\lambda_{i,j}$ 为第 i 个特征值的 j 阶项；$\boldsymbol{x}_{i,j}$ 为 $\boldsymbol{x}_i$ 的 j 阶项；$\boldsymbol{y}_{i,j}$ 为 $\boldsymbol{y}_i$ 的 j 阶项。将

式(3.35)～式(3.37)代入式(3.32)，可得以下公式。

右特征向量：

$$\left(\hat{\boldsymbol{M}}_0\lambda_{i,0}+\hat{\boldsymbol{K}}_0\right)\boldsymbol{x}_{i,0}=\boldsymbol{0} \tag{3.38}$$

$$\left(\hat{\boldsymbol{M}}_0\lambda_{i,0}+\hat{\boldsymbol{K}}_0\right)\boldsymbol{x}_{i,1}+\left(\hat{\boldsymbol{M}}_0\lambda_{i,1}+\hat{\boldsymbol{M}}_1\lambda_{i,0}+\hat{\boldsymbol{K}}_1\right)\boldsymbol{x}_{i,0}=\boldsymbol{0} \tag{3.39}$$

$$\begin{aligned}&\left(\hat{\boldsymbol{M}}_0\lambda_{i,0}+\hat{\boldsymbol{K}}_0\right)\boldsymbol{x}_{i,2}+\left(\hat{\boldsymbol{M}}_0\lambda_{i,1}+\hat{\boldsymbol{M}}_1\lambda_{i,0}+\hat{\boldsymbol{K}}_1\right)\boldsymbol{x}_{i,1}\\&+\left(\hat{\boldsymbol{M}}_0\lambda_{i,2}+\hat{\boldsymbol{M}}_1\lambda_{i,1}\right)\boldsymbol{x}_{i,0}=\boldsymbol{0}\end{aligned} \tag{3.40}$$

左特征向量：

$$\left(\hat{\boldsymbol{M}}_0\lambda_{i,0}+\hat{\boldsymbol{K}}_0\right)^{\mathrm{T}}\boldsymbol{y}_{i,0}=\boldsymbol{0} \tag{3.41}$$

$$\left(\hat{\boldsymbol{M}}_0\lambda_{i,0}+\hat{\boldsymbol{K}}_0\right)^{\mathrm{T}}\boldsymbol{y}_{i,1}+\left(\hat{\boldsymbol{M}}_0\lambda_{i,1}+\hat{\boldsymbol{M}}_1\lambda_{i,0}+\hat{\boldsymbol{K}}_1\right)^{\mathrm{T}}\boldsymbol{y}_{i,0}=\boldsymbol{0} \tag{3.42}$$

$$\begin{aligned}&\left(\hat{\boldsymbol{M}}_0\lambda_{i,0}+\hat{\boldsymbol{K}}_0\right)^{\mathrm{T}}\boldsymbol{y}_{i,2}+\left(\hat{\boldsymbol{M}}_0\lambda_{i,1}+\hat{\boldsymbol{M}}_1\lambda_{i,0}+\hat{\boldsymbol{K}}_1\right)^{\mathrm{T}}\boldsymbol{y}_{i,1}\\&+\left(\hat{\boldsymbol{M}}_0\lambda_{i,2}+\hat{\boldsymbol{M}}_1\lambda_{i,1}\right)^{\mathrm{T}}\boldsymbol{y}_{i,0}=\boldsymbol{0}\end{aligned} \tag{3.43}$$

对于自由度为 n 的运动方程，由式(3.38)和式(3.41)可求得 $2n$ 个零阶摄动特征值和相应的左、右特征向量。对于第 i 个零阶特征值 $\lambda_{i,0}$，一阶右特征向量可表示为所有零阶右特征向量的线性组合：

$$\boldsymbol{x}_{i,1}=\sum_{s=1}^{2n}c_{is,1}\boldsymbol{x}_{s,0} \tag{3.44}$$

式中，$c_{is,1}$ 为 $\boldsymbol{x}_{s,0}$ 的相应系数。

将式(3.44)代入式(3.39)，左乘 $\boldsymbol{y}_{j,0}^{\mathrm{T}}$，可得

$$\boldsymbol{y}_{j,0}^{\mathrm{T}}\left(\hat{\boldsymbol{M}}_0\lambda_{i,0}+\hat{\boldsymbol{K}}_0\right)\sum_{s=1}^{2n}c_{is,1}\boldsymbol{x}_{s,0}+\boldsymbol{y}_{j,0}^{\mathrm{T}}\left(\hat{\boldsymbol{M}}_0\lambda_{i,1}+\hat{\boldsymbol{M}}_1\lambda_{i,0}+\hat{\boldsymbol{K}}_1\right)\boldsymbol{x}_{i,0}=0 \tag{3.45}$$

当 $i=j$ 时，结合式(3.41)，式(3.45)化为

$$\boldsymbol{y}_{i,0}^{\mathrm{T}}\left(\hat{\boldsymbol{M}}_0\lambda_{i,1}+\hat{\boldsymbol{M}}_1\lambda_{i,0}+\hat{\boldsymbol{K}}_1\right)\boldsymbol{x}_{i,0}=0 \tag{3.46}$$

取正交条件

$$\boldsymbol{y}_i^{\mathrm{T}} \widehat{\boldsymbol{M}} \boldsymbol{x}_i = 1 \tag{3.47}$$

对式(3.47)取零阶方程、一阶方程可得

$$(\text{零阶})\ \boldsymbol{y}_{i,0}^{\mathrm{T}} \widehat{\boldsymbol{M}}_0 \boldsymbol{x}_{i,0} = 1 \tag{3.48}$$

$$(\text{一阶})\ \boldsymbol{y}_{i,0}^{\mathrm{T}} \widehat{\boldsymbol{M}}_1 \boldsymbol{x}_{i,0} + \boldsymbol{y}_{i,0}^{\mathrm{T}} \widehat{\boldsymbol{M}}_0 \boldsymbol{x}_{i,1} + \boldsymbol{y}_{i,1}^{\mathrm{T}} \widehat{\boldsymbol{M}}_0 \boldsymbol{x}_{i,0} = 0 \tag{3.49}$$

将式(3.48)代入式(3.46)，可得

$$\lambda_{i,1} = -\boldsymbol{y}_{i,0}^{\mathrm{T}} \left(\lambda_{i,0} \widehat{\boldsymbol{M}}_1 + \widehat{\boldsymbol{K}}_1 \right) \boldsymbol{x}_{i,0} \tag{3.50}$$

或者采用运动方程参数的形式，等价地表示为

$$\lambda_{i,1} = -\lambda_{i,0} \boldsymbol{s}_{i,0}^{\mathrm{T}} \boldsymbol{C}_1 \boldsymbol{t}_{i,0} - \left(\lambda_{i,0} \right)^2 \boldsymbol{s}_{i,0}^{\mathrm{T}} \boldsymbol{M}_1 \boldsymbol{t}_{i,0} - \boldsymbol{s}_{i,0}^{\mathrm{T}} \boldsymbol{K}_1 \boldsymbol{t}_{i,0} \tag{3.51}$$

式中，$\boldsymbol{s}_{i,0}$、$\boldsymbol{t}_{i,0}$ 为对应 $\lambda_{i,0}$ 的左、右特征向量。

2. 二阶摄动法

为提高摄动法精度，可采用二阶摄动法求取二阶特征值 $\lambda_{i,2}$。为求 $\lambda_{i,2}$，首先需获取一阶右特征向量 $\boldsymbol{x}_{i,1}$，而 $\boldsymbol{x}_{i,1}$ 的表达式中含有未知系数 $c_{is,1}$，故先求出 $c_{is,1}$ 的表达式。

当 $i \neq j$ 时，由特征向量的正交性可得

$$\boldsymbol{y}_{j,0}^{\mathrm{T}} \left(\widehat{\boldsymbol{M}}_0 \lambda_{i,0} + \widehat{\boldsymbol{K}}_0 \right) \sum_{s=1}^{2n} c_{is,1} \boldsymbol{x}_{s,0} = c_{ij,1} \lambda_{i,0} - c_{ij,1} \lambda_{j,0} \tag{3.52}$$

$$\boldsymbol{y}_{j,0}^{\mathrm{T}} \widehat{\boldsymbol{M}}_0 \lambda_{i,1} \boldsymbol{x}_{i,0} = 0 \tag{3.53}$$

代入式(3.45)可解得 $c_{ij,1}$ 为

$$c_{ij,1} = \frac{\boldsymbol{y}_{j,0}^{\mathrm{T}} \left(\lambda_{i,0} \widehat{\boldsymbol{M}}_1 + \widehat{\boldsymbol{K}}_1 \right) \boldsymbol{x}_{i,0}}{\lambda_{j,0} - \lambda_{i,0}}, \quad i \neq j \tag{3.54}$$

考虑到正交条件 $\boldsymbol{y}_i^{\mathrm{T}} \widehat{\boldsymbol{M}} \boldsymbol{x}_i = 1$，可先选定 $\boldsymbol{y}_i$，则可确定 $\boldsymbol{x}_i$。$\boldsymbol{x}_i$ 确定后，可选定正交条件

$$\boldsymbol{x}_i^{\mathrm{T}} \widehat{\boldsymbol{M}} \boldsymbol{x}_i = a \tag{3.55}$$

式中，a 为相关常数。

式(3.55)对应的零阶、一阶方程分别为

$$\text{（零阶）} \boldsymbol{x}_{i,0}^{\mathrm{T}} \widehat{\boldsymbol{M}}_0 \boldsymbol{x}_{i,0} = a \tag{3.56}$$

$$\text{（一阶）} \boldsymbol{x}_{i,0}^{\mathrm{T}} \widehat{\boldsymbol{M}}_1 \boldsymbol{x}_{i,0} + \boldsymbol{x}_{i,0}^{\mathrm{T}} \widehat{\boldsymbol{M}}_0 \boldsymbol{x}_{i,1} + \boldsymbol{x}_{i,1}^{\mathrm{T}} \widehat{\boldsymbol{M}}_0 \boldsymbol{x}_{i,0} = 0 \tag{3.57}$$

将式(3.44)代入式(3.57)，可得

$$\begin{aligned} c_{ii,1} &= -\frac{\boldsymbol{x}_{i,0}^{\mathrm{T}} \widehat{\boldsymbol{M}}_1 \boldsymbol{x}_{i,0} + \sum_{s=1,s\neq i}^{2n} c_{is,1} \boldsymbol{x}_{s,0}^{\mathrm{T}} \left(\widehat{\boldsymbol{M}}_0 + \widehat{\boldsymbol{M}}_0^{\mathrm{T}} \right) \boldsymbol{x}_{i,0}}{\boldsymbol{x}_{i,0}^{\mathrm{T}} \left(\widehat{\boldsymbol{M}}_0 + \widehat{\boldsymbol{M}}_0^{\mathrm{T}} \right) \boldsymbol{x}_{i,0}} \\ &= -\frac{\boldsymbol{x}_{i,0}^{\mathrm{T}} \widehat{\boldsymbol{M}}_1 \boldsymbol{x}_{i,0} + 2 \sum_{s=1,s\neq i}^{2n} c_{is,1} \boldsymbol{x}_{s,0}^{\mathrm{T}} \widehat{\boldsymbol{M}}_0 \boldsymbol{x}_{i,0}}{2 \boldsymbol{x}_{i,0}^{\mathrm{T}} \widehat{\boldsymbol{M}}_0 \boldsymbol{x}_{i,0}} \end{aligned} \tag{3.58}$$

结合式(3.44)、式(3.54)、式(3.58)，可求出一阶特征向量 $\boldsymbol{x}_{i,1}$。

二阶右特征向量可表示为零阶右特征向量的线性组合：

$$\boldsymbol{x}_{i,2} = \sum_{s=1}^{2n} c_{is,2} \boldsymbol{x}_{s,0} \tag{3.59}$$

式中，$c_{is,2}$ 为 $\boldsymbol{x}_{s,0}$ 的相应系数。将式(3.59)代入式(3.40)，左乘 $\boldsymbol{y}_{j,0}^{\mathrm{T}}$，可得

$$\begin{aligned} & \boldsymbol{y}_{j,0}^{\mathrm{T}} \left(\widehat{\boldsymbol{M}}_0 \lambda_{i,0} + \widehat{\boldsymbol{K}}_0 \right) \sum_{s=1}^{2n} c_{is,2} \boldsymbol{x}_{s,0} + \boldsymbol{y}_{j,0}^{\mathrm{T}} \left(\widehat{\boldsymbol{M}}_0 \lambda_{i,1} + \widehat{\boldsymbol{M}}_1 \lambda_{i,0} + \widehat{\boldsymbol{K}}_1 \right) \boldsymbol{x}_{i,1} \\ & + \boldsymbol{y}_{j,0}^{\mathrm{T}} \left(\widehat{\boldsymbol{M}}_0 \lambda_{i,2} + \widehat{\boldsymbol{M}}_1 \lambda_{i,1} \right) \boldsymbol{x}_{i,0} = 0 \end{aligned} \tag{3.60}$$

当 $i = j$ 时，由式(3.60)可得

$$\boldsymbol{y}_{j,0}^{\mathrm{T}} \left(\widehat{\boldsymbol{M}}_0 \lambda_{i,1} + \widehat{\boldsymbol{M}}_1 \lambda_{i,0} + \widehat{\boldsymbol{K}}_1 \right) \boldsymbol{x}_{i,1} + \boldsymbol{y}_{j,0}^{\mathrm{T}} \left(\widehat{\boldsymbol{M}}_0 \lambda_{i,2} + \widehat{\boldsymbol{M}}_1 \lambda_{i,1} \right) \boldsymbol{x}_{i,0} = 0 \tag{3.61}$$

结合 $\boldsymbol{y}_{i,0}^{\mathrm{T}} \widehat{\boldsymbol{M}}_0 \boldsymbol{x}_{i,0} = 1$，解得二阶特征值 $\lambda_{i,2}$ 为

$$\lambda_{i,2} = \boldsymbol{y}_{j,0}^{\mathrm{T}} \left(\lambda_{i,0} \widehat{\boldsymbol{M}}_0 + \lambda_{i,0} \widehat{\boldsymbol{M}}_1 + \widehat{\boldsymbol{K}}_1 \right) \boldsymbol{x}_{i,1} - \boldsymbol{y}_{j,0}^{\mathrm{T}} \lambda_{i,1} \widehat{\boldsymbol{M}}_1 \boldsymbol{x}_{i,0} \tag{3.62}$$

3.6.3 密集特征值的矩阵摄动法(亏损系统)

由式(3.54)可知，当 $\lambda_{j,0}$ 与 $\lambda_{i,0}$ 接近或相等时，$c_{ij,1}$ 趋向于无穷大，此时特征向量的一阶摄动量 $\varepsilon \boldsymbol{x}_{i,1}$ 违背小量假设，基于孤立特征值的矩阵摄动法失效，故需采用基于密集特征值的矩阵摄动法。对于具有密集特征值的系统，可将其人为分

解为零阶重频(重特征值)系统、一阶摄动量。这里的零阶重频系统可能出现亏损、非亏损的特征，具体见下文介绍。本节介绍的是亏损系统的矩阵摄动法。

1. 亏损系统的广义模态理论

广义特征值问题式(3.32)可以表示为标准特征值问题的形式：

$$\boldsymbol{A}\boldsymbol{x} = \lambda \boldsymbol{x} \tag{3.63}$$

式中，$\boldsymbol{A}$ 为 N 阶矩阵，表达式为

$$\boldsymbol{A} = -\begin{bmatrix} \boldsymbol{M}^{-1}\boldsymbol{C} & \boldsymbol{M}^{-1}\boldsymbol{K} \\ -\boldsymbol{I} & \boldsymbol{O} \end{bmatrix}_{N\times N} \tag{3.64}$$

式中，$\boldsymbol{I}$ 为单位矩阵。

将特征值λ的重数称为代数重数(algebraic multiplicity, AM)，λ对应线性无关特征向量的个数称为几何重数(geometric multiplicity, GM)。对于亏损系统，其几何重数小于代数重数，不具备完备的特征向量系；而对于非亏损系统，其几何重数等于代数重数，具备完备的特征向量系。亏损系统、非亏损系统与特征值的关系见图 3.10。

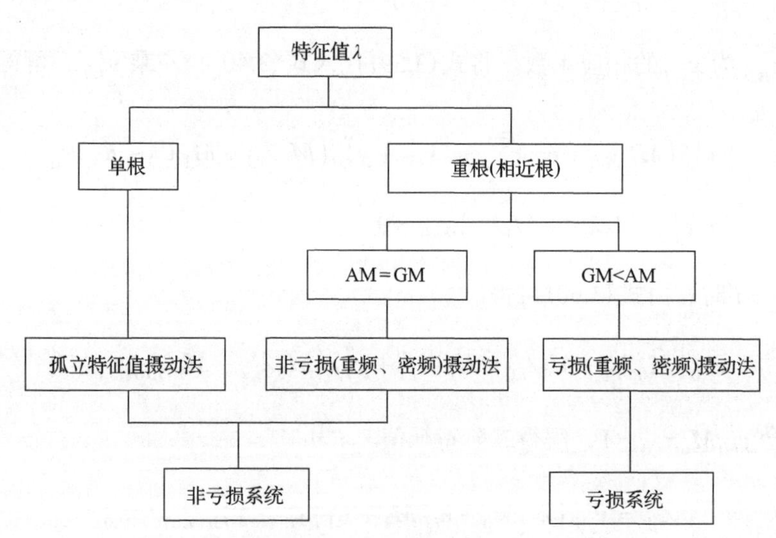

图 3.10　亏损系统、非亏损系统与特征值的关系

由代数理论可知，存在可逆矩阵 $\boldsymbol{X}$，使得

$$\boldsymbol{A}\boldsymbol{X} = \boldsymbol{X}\boldsymbol{J} \tag{3.65}$$

式中，$\boldsymbol{X}$ 为广义模态矩阵；$\boldsymbol{J}$ 为 $\boldsymbol{A}$ 的若尔当(Jordan)标准型，形式如下：

$$
\boldsymbol{J}=\begin{bmatrix}\boldsymbol{J}_1 & & & \\ & \boldsymbol{J}_2 & & \\ & & \ddots & \\ & & & \boldsymbol{J}_r\end{bmatrix}_{N\times N},\quad r\leqslant N;\quad \boldsymbol{J}_i=\begin{bmatrix}\lambda_i & 1 & & \\ & \lambda_i & \ddots & \\ & & \ddots & 1 \\ & & & \lambda_i\end{bmatrix}_{m_i\times m_i},\quad \sum_{i=1}^{r} m_i = N \tag{3.66}
$$

式中，$\boldsymbol{J}_i$ 为若尔当块(Jordan block)。

线性振动系统的伴随系统满足

$$
\boldsymbol{A}^{\mathrm{H}}\boldsymbol{Y}=\boldsymbol{Y}\boldsymbol{J}^{\mathrm{H}} \tag{3.67}
$$

式中，上角标 H 表示矩阵的共轭转置；$\boldsymbol{Y}$ 为伴随系统的广义模态矩阵。

式(3.65)、式(3.67)也可展开表示为以下形式：

$$
\begin{cases}\left(\boldsymbol{A}-\lambda_i\boldsymbol{I}\right)\boldsymbol{x}_i=0\\ \left(\boldsymbol{A}-\lambda_i\boldsymbol{I}\right)\boldsymbol{x}_{i+1}=\boldsymbol{x}_i\\ \qquad\vdots\\ \left(\boldsymbol{A}-\lambda_i\boldsymbol{I}\right)\boldsymbol{x}_{i+m_i-1}=\boldsymbol{x}_{i+m_i-2}\end{cases},\quad i=1,2,\cdots,r \tag{3.68}
$$

$$
\begin{cases}\left(\boldsymbol{A}^{\mathrm{H}}-\bar{\lambda}_i\boldsymbol{I}\right)\boldsymbol{y}_i=0\\ \left(\boldsymbol{A}^{\mathrm{H}}-\bar{\lambda}_i\boldsymbol{I}\right)\boldsymbol{y}_{i+1}=\boldsymbol{y}_i\\ \qquad\vdots\\ \left(\boldsymbol{A}^{\mathrm{H}}-\bar{\lambda}_i\boldsymbol{I}\right)\boldsymbol{y}_{i+m_i-1}=\boldsymbol{y}_{i+m_i-2}\end{cases},\quad i=1,2,\cdots,r \tag{3.69}
$$

式中，$\bar{\lambda}_i$ 为 λ_i 的共轭；$\boldsymbol{x}_i$、$\boldsymbol{y}_i$ 分别称为 λ_i 的右、左特征向量；而 $\boldsymbol{x}_{i+1},\cdots,\boldsymbol{x}_{i+m_i-1}$ 和 $\boldsymbol{y}_{i+1},\cdots,\boldsymbol{y}_{i+m_i-1}$ 分别称为 λ_i 的右、左广义模态向量或右、左广义特征向量。满足上述关系的向量称为若尔当链(Jordan chain)，若尔当链的长度为 m_i。

对于重根 λ_i，可能存在多个若尔当块和若尔当链，若尔当块(若尔当链)的数量为

$$
N\left(\lambda_i\right)=\dim\boldsymbol{A}-\operatorname{rank}\left(\boldsymbol{A}-\lambda_i\boldsymbol{I}\right) \tag{3.70}
$$

即矩阵 $\boldsymbol{A}$ 的维度减去 $\boldsymbol{A}-\lambda_i\boldsymbol{I}$ 的秩。

原系统与伴随系统的广义模态矩阵满足正交条件

$$
\boldsymbol{Y}^{\mathrm{H}}\boldsymbol{X}=\boldsymbol{I} \tag{3.71}
$$

2. 亏损系统摄动解

对于具有密集特征值的系统，可将其人为分解为零阶重频系统、一阶摄动量。若其中的零阶重频系统不具有完备的特征向量系，则该系统是亏损的。关于亏损系统的摄动解，已有多位学者提出相应的解法。其中，张振宇和张慧生[51-55]的求解方法是目前较为完善的，覆盖了多种特殊的亏损系统，但计算步骤较多，且并未给出直接的结果表达式。

对于亏损系统的二重根，陈塑寰[30]提出的方法能够得到比较准确的解，其特征值解可表达为如下形式：

$$\tilde{\lambda}_i = \lambda + \lambda_i^{(1)} \varepsilon^{\frac{1}{m}} + \lambda_i^{(m)} \varepsilon = \lambda + \left[\left(\boldsymbol{y}_m^{\mathrm{H}} \boldsymbol{A}_1 \boldsymbol{x}_1 \right)^{\frac{1}{m}} \mathrm{e}^{2\mathrm{i}\pi\sqrt{-1}/m} \right] \varepsilon^{\frac{1}{m}} + \left(\frac{1}{m} \sum_{j=1}^{m} \boldsymbol{y}_j^{\mathrm{H}} \boldsymbol{A}_1 \boldsymbol{x}_j \right) \varepsilon \tag{3.72}$$

式中，

$$\lambda_i^{(m)} = \frac{1}{m} \sum_{j=1}^{m} \boldsymbol{y}_j^{\mathrm{H}} \boldsymbol{A}_1 \boldsymbol{x}_j \tag{3.73}$$

$$\lambda_i^{(1)} = \left(\boldsymbol{y}_m^{\mathrm{H}} \boldsymbol{A}_1 \boldsymbol{x}_1 \right)^{\frac{1}{m}} \mathrm{e}^{2\mathrm{i}\pi\sqrt{-1}/m}, \quad i = 1, 2, \cdots, m \tag{3.74}$$

3.6.4　密集特征值的矩阵摄动法(非亏损系统)

本节介绍具有密集特征值的非亏损系统的矩阵摄动法。

首先考虑较为特殊的重频系统，即特征值重合的情况。假设重频系统的零阶系统是非亏损的，即具有完备的特征向量系。该系统有零阶 s 重特征值 $\lambda_{i,0}$，其右、左特征向量 $\boldsymbol{x}_i$、$\boldsymbol{y}_i$ 的零阶项可分别表示为 s 个线性无关向量 $\boldsymbol{w}_t$、z_t 的线性组合：

$$\boldsymbol{x}_{i,0} = \sum_{t=1}^{s} \alpha_t \boldsymbol{w}_t = \boldsymbol{W\alpha}, \quad \boldsymbol{y}_{i,0} = \sum_{t=1}^{s} \beta_t z_t = \boldsymbol{Z\beta} \tag{3.75}$$

式中，$\boldsymbol{W} = [\boldsymbol{w}_1, \boldsymbol{w}_2, \cdots, \boldsymbol{w}_s]$，$\boldsymbol{\alpha} = [\alpha_1, \alpha_2, \cdots, \alpha_s]^{\mathrm{T}}$，$\boldsymbol{Z} = [z_1, z_2, \cdots, z_s]$，$\boldsymbol{\beta} = [\beta_1, \beta_2, \cdots, \beta_s]^{\mathrm{T}}$。

列出相应的零阶、一阶方程：

$$\left(\widehat{\boldsymbol{M}}_0 \lambda_{i,0} + \widehat{\boldsymbol{K}}_0 \right) \boldsymbol{x}_{i,1} + \left(\widehat{\boldsymbol{M}}_0 \lambda_{i,1} + \widehat{\boldsymbol{M}}_1 \lambda_{i,0} + \widehat{\boldsymbol{K}}_1 \right) \boldsymbol{x}_{i,0} = \boldsymbol{0} \tag{3.76}$$

$$\boldsymbol{y}_{i0}^{\mathrm{T}} \left(\widehat{\boldsymbol{M}}_0 \lambda_{i,0} + \widehat{\boldsymbol{K}}_0 \right) = \boldsymbol{0} \tag{3.77}$$

式中，$\boldsymbol{x}_{i,1}$ 为 $\boldsymbol{x}_i$ 的一阶项。

对式(3.76)左乘 $\boldsymbol{Z}^{\mathrm{T}}$ 并结合式(3.77)可得

$$\boldsymbol{Z}^{\mathrm{T}}\left(\hat{\boldsymbol{M}}_0\lambda_{i,1}+\hat{\boldsymbol{M}}_1\lambda_{i,0}+\hat{\boldsymbol{K}}_1\right)\boldsymbol{W}\boldsymbol{\alpha}=0 \tag{3.78}$$

为使式(3.78)有 $\boldsymbol{\alpha}$ 的非零解，则需满足下式条件：

$$\left|\lambda_{i,1}\boldsymbol{I}+\boldsymbol{Z}^{\mathrm{T}}\left(\hat{\boldsymbol{M}}_1\lambda_{i,0}+\hat{\boldsymbol{K}}_1\right)\boldsymbol{W}\right|=0 \tag{3.79}$$

据此条件可求得 $\lambda_{i,1}$，此即非亏损重频系统的一阶摄动解。

对于非亏损的密集频率系统，只需将零阶特征值取为相同，将频率失谐参数视为结构参数摄动的一阶项，即可继续采用非亏损重频系统的一阶摄动法求解。

参考文献

[1] Blevins R D. Flow-induced Vibration[M]. 2nd ed. Malabar: Krieger, 1990.

[2] van Oudheusden B W. On the quasi-steady analysis of one-degree-of-freedom galloping with combined translational and rotational effects[J]. Nonlinear Dynamics, 1995, 8(4): 435-451.

[3] Theodorsen T. General theory of aerodynamic instability and the mechanism of flutter[R]. Langley: National Advisory Committee for Aeronautics, 1935.

[4] Blevins R D, Iwan W D. The galloping response of a two-degree-of-freedom system[J]. Journal of Applied Mechanics, 1974, 41(4): 1113-1118.

[5] Robertson I, Li L, Sherwin S J, et al. A numerical study of rotational and transverse galloping rectangular bodies[J]. Journal of Fluids and Structures, 2003, 17(5): 681-699.

[6] Nakamura Y, Mizota T. Torsional flutter of rectangular prisms[J]. Journal of the Engineering Mechanics Division, 1975, 101(2): 125-142.

[7] Washizu K, Ohya A, Otsuki Y, et al. Aeroelastic instability of rectangular cylinders in a heaving mode[J]. Journal of Sound and Vibration, 1978, 59(2): 195-210.

[8] Studničková M. Vibrations and aerodynamic stability of a prestressed pipeline cable bridge[J]. Journal of Wind Engineering and Industrial Aerodynamics, 1984, 17(1): 51-70.

[9] He M Z, Macdonald J. Aeroelastic stability of a 3DOF system based on quasi-steady theory with reference to inertial coupling[J]. Journal of Wind Engineering and Industrial Aerodynamics, 2017, 171: 319-329.

[10] Gjelstrup H, Georgakis C T. A quasi-steady 3 degree-of-freedom model for the determination of the onset of bluff body galloping instability[J]. Journal of Fluids and Structures, 2011, 27(7): 1021-1034.

[11] Matsumiya H, Nishihara T, Yagi T. Aerodynamic modeling for large-amplitude galloping of

four-bundled conductors[J]. Journal of Fluids and Structures, 2018, 82: 559-576.

[12] Den Hartog J P. Transmission line vibration due to sleet[J]. Transactions of the American Institute of Electrical Engineers, 1932, 51(4): 1074-1076.

[13] Nigol O, Buchan P G. Conductor galloping, part Ⅱ: Torsional mechanism[J]. IEEE Transactions on Power Apparatus and Systems, 1981, 100(2): 699-720.

[14] Jones K F. Coupled vertical and horizontal galloping[J]. Journal of Engineering Mechanics—ASCE, 1992, 118(1): 92-107.

[15] Luongo A, Piccardo G. Linear instability mechanisms for coupled translational galloping[J]. Journal of Sound and Vibration, 2005, 288(4-5): 1027-1047.

[16] Demartino C, Ricciardelli F. Assessment of the structural damping required to prevent galloping of dry HDPE stay cables using the quasi-steady approach[J]. Journal of Bridge Engineering, 2018, 23(4): 04018004.

[17] Nikitas N, Macdonald J H G. Misconceptions and generalizations of the Den Hartog galloping criterion[J]. Journal of Engineering Mechanics, 2014, 140(4): 4013005.

[18] Chen J, Li Q S. Evaluations of coupled transverse-rotational galloping of slender structures with nonlinear effect[J]. International Journal of Structural Stability and Dynamics, 2019, 19(11): 1950143.

[19] Luongo A, Pancella F, Piccardo G. Flexural-torsional galloping of prismatic structures with double-symmetric cross-section[J]. Journal of Applied and Computational Mechanics, 2020, 1(7): 1049-1069.

[20] 王跃方，赵光曦. 三自由度偏心索风致振动稳定性分析[J]. 工程力学, 2012, 29(8): 14-21.

[21] He M Z, Macdonald J H G. An analytical solution for the galloping stability of a 3 degree-of-freedom system based on quasi-steady theory[J]. Journal of Fluids and Structures, 2016, 60: 23-36.

[22] 姜雄，楼文娟. 三自由度体系覆冰导线舞动激发机理分析的矩阵摄动法[J]. 振动工程学报, 2016, (6): 1070-1078.

[23] Lou W J, Wu D G, Xu H W, et al. Galloping stability criterion for 3-DOF coupled motion of an ice-accreted conductor[J]. Journal of Structural Engineering, 2020, 146(5): 04020071.

[24] 姜雄. 覆冰输电导线舞动特性矩阵摄动法研究[D]. 杭州：浙江大学, 2016.

[25] Matsumiya H, Yagi T, Macdonald J H G. Effects of aerodynamic coupling and non-linear behaviour on galloping of ice-accreted conductors[J]. Journal of Fluids and Structures, 2021, 106: 103366.

[26] 梅凤翔，史荣昌，张永发，等. 约束力学系统的运动稳定性[M]. 北京：北京理工大学出版社, 1997.

[27] 王照林. 运动稳定性及其应用[M]. 北京：高等教育出版社, 1992.

[28] Lou W J, Yang L, Huang M F, et al. Two-parameter bifurcation and stability analysis for nonlinear galloping of iced transmission lines[J]. Journal of Engineering Mechanics, 2014, 140(11): 04014081.

[29] 李胜利, 王超群, 宁佐强, 等. 悬索桥施工期大尺寸主缆驰振分析方法研究[J]. 振动与冲击, 2017, 36(24): 51-57.

[30] 陈塑寰. 结构动态设计的矩阵摄动理论[M]. 北京: 科学出版社, 1999.

[31] 黄用宾. 摄动法简明教程[M]. 上海: 上海交通大学出版社, 1986.

[32] Rayleigh J W. The Theory of Sound[M]. New York: Macmillan, 1894.

[33] Fox R L, Kapoor M P. Rates of change of eigenvalues and eigenvectors[J]. AIAA Journal, 1968, 6(12): 2426-2429.

[34] Rogers L C. Derivatives of eigenvalues and eigenvectors[J]. AIAA Journal, 1970, 8(5): 943-944.

[35] Plaut R H, Huseyin K. Derivatives of eigenvalues and eigenvectors in non-self-adjoint systems[J]. AIAA Journal, 1973, 11(2): 250-251.

[36] Rudisill C S. Derivatives of eigenvalues and eigenvectors for a general matrix[J]. AIAA Journal, 1974, 12(5): 721-722.

[37] Chen J C, Wada B K. Matrix perturbation for structural dynamic analysis[J]. AIAA Journal, 1977, 15(8): 1095-1100.

[38] 胡海昌. 多自由度结构固有振动理论[M]. 北京: 科学出版社, 1987.

[39] 陈塑寰. 结构振动分析的矩阵摄动理论[M]. 重庆: 重庆出版社, 1991.

[40] Mills-Curran W C. Comment on “eigenvector derivatives with repeated eigenvalues”[J]. AIAA Journal, 1990, 28(10): 1846.

[41] 陈塑寰. 退化系统振动分析的矩阵摄动法[J]. 吉林工业大学学报, 1981, (4): 11-18.

[42] 王文亮, 胡海昌. 重特征值的小参数法[J]. 复旦学报(自然科学版), 1993, 32(2): 168-176.

[43] 刘中生, 陈塑寰. 频率集聚时模态分析的移位摄动法[J]. 宇航学报, 1993, (1): 81-88.

[44] 胡海昌, 陈德成, 贺向东. 固有频率集聚时处理振型的一个方法[J]. 固体力学学报, 1991, 12(1): 54-60.

[45] Ma Z, Chen S, Lu Y. Perturbation method of complex eigenvalue of damped systems and its associated iterative algorithm[C]. Proceedings of the 3rd International Modal Analysis Conference and Exhibit, Orlando, 1985: 1060-1066.

[46] 郑兆昌. 多自由度系统复模态理论摄动方法——(一)一阶摄动[J]. 应用力学学报, 1985, (2): 21-31.

[47] Xu T, Chen S H, Liu Z S. Perturbation sensitivity of generalized modes of defective systems[J]. Computers & Structures, 1994, 52(2): 179-185.

[48] Luongo A. Eigensolutions sensitivity for nonsymmetric matrices with repeated eigenvalues[J].

AIAA Journal, 1993, 31(7): 1321-1328.

[49] Luongo A. Eigensolutions of perturbed nearly defective matrices[J]. Journal of Sound and Vibration, 1995, 185(3): 377-395.

[50] Luongo A. Free vibrations and sensitivity analysis of a defective two degree-of-freedom system[J]. AIAA Journal, 1995, 33(1): 120-127.

[51] Zhang Z Y, Zhang H S. Eigensensitivity analysis of a defective matrix[J]. AIAA Journal, 2001, 39(3): 473-479.

[52] Zhang Z Y, Zhang H S. Higher-order eigensensitivity analysis of a defective matrix[J]. AIAA Journal, 2002, 40(4): 751-757.

[53] Zhang Z Y, Zhang H S. Eigensensitivity analysis of a defective matrix with zero first-order eigenvalue derivatives[J]. AIAA Journal, 2004, 42(1): 114-123.

[54] Zhang Z Y. A development of modal expansion method for eigensensitivity analysis of a defective matrix[J]. Applied Mathematics and Computation, 2007, 188(2): 1995-2019.

[55] Zhang Z Y. Approximate method for eigensensitivity analysis of a defective matrix[J]. Journal of Computational and Applied Mathematics, 2011, 235(9): 2913-2927.

[56] Lin R M, Mottershead J E, Ng T Y. A state-of-the-art review on theory and engineering applications of eigenvalue and eigenvector derivatives[J]. Mechanical Systems and Signal Processing, 2020, 138: 106536.

第 4 章　覆冰导线舞动的激发机理

第 3 章介绍了舞动稳定判断的相关方法，并重点介绍了舞动稳定求解问题中的矩阵摄动法原理。在此基础上，可应用矩阵摄动法对舞动稳定问题进行具体求解，从而更加全面地解释舞动激发机理。

本章介绍覆冰导线舞动的经典舞动激发机理和舞动激发的关键因素，并提出一套全面考虑各关键因素的舞动稳定准则框架，揭示舞动稳定性与气动刚度、惯性耦合、频率失谐等的联系。

4.1　经典的舞动激发机理

从舞动研究历史来看，学界主要承认的舞动机理包括 Den Hartog 竖向舞动机理、Nigol 扭转舞动机理、惯性耦合舞动机理、稳定性舞动机理。

1932 年，Den Hartog[1]提出竖向单自由度系统的 Den Hartog 竖向舞动机理，认为是结构竖向的结构阻尼与气动阻尼之和为负导致了气动失稳，引起舞动。该研究奠定了舞动机理、舞动防治研究的基础。1981 年，Nigol 和 Buchan[2]基于覆冰导线节段模型的舞动试验提出了单自由度系统的扭转舞动机理，认为导线扭转向出现负气动阻尼时，可导致气动失稳。该研究开拓了舞动机理、舞动防治研究的新方向。20 世纪 90 年代，Yu 等[3-5]基于竖向-扭转二自由度模型，研究了惯性耦合对舞动稳定的影响，自此惯性耦合激发舞动被认为是舞动机理的一种。

稳定性舞动机理[6]是一种更加全面的舞动理论，实际上将前面几种机理囊括在一个统一的框架内，将舞动激发问题视为一种动力系统稳定性问题。根据该理论，可以通过数值计算判断系统特征值实部的正负，从而确定系统的舞动稳定性。然而，数值计算并不能反映舞动激发的具体机制与相应的控制因素。因此，求出特征值的解析式成为探明舞动激发机理的关键。

4.2　舞动激发的关键因素

如图 4.1 所示，三自由度系统舞动稳定的影响因素众多，包括结构、荷载、结构-荷载耦合三大类。其中，有些因素是复合因素，如气动阻尼、气动刚度，它们均与风速、风攻角、气动力系数相关。

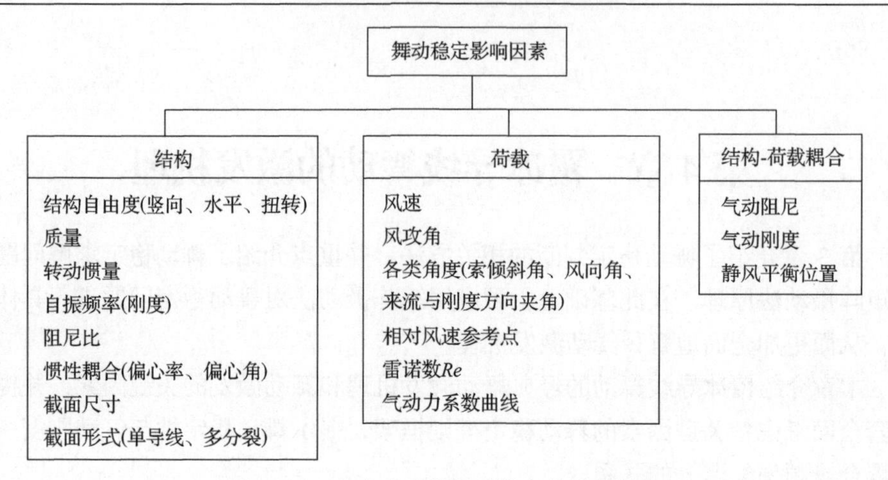

图 4.1　三自由度系统舞动稳定的影响因素

在众多因素中，结构自由度、各向频率、气动阻尼最受重视，学界最初对舞动的试验与理论研究便是从这些因素开始的[1,2,7]。索倾斜角、风向角、来流与结构刚度方向夹角、雷诺数这些荷载相关因素也是舞动研究的常见因素[8-11]，这些因素的考虑使模型更接近实际情况。然而，对舞动稳定的特征值求解问题而言，这些荷载相关因素只是影响了系统矩阵中某些项的具体表达形式[12,13]，并不影响特征值表达式的一般形式；气动刚度、惯性耦合这两个因素直接决定了系统矩阵中某些项的有无，故直接影响了特征值表达式的形式。若能推导出简单情形下考虑气动刚度、惯性耦合的舞动稳定准则，则理论上该准则能较方便地推广到考虑各荷载相关因素的舞动问题中。因此，从舞动稳定解析解的角度来看，气动刚度、惯性耦合是更为关键的因素。下面具体介绍结构自由度、频率、气动阻尼、惯性耦合、气动刚度等因素对舞动稳定影响的相关研究。

对于多自由度系统，各向频率关系、各向气动阻尼对舞动稳定的影响一直是一个重点问题。目前对此的一般认识是，不同自由度之间频率越接近，则自由度之间运动、气动阻尼的耦合越强烈。但由于复杂耦合状态下的舞动稳定解析解难以获取，各因素对舞动的影响规律并不清晰，尤其是气动刚度、惯性耦合的作用机理亟待得到合理解释。

惯性耦合对舞动稳定的影响是一个早已被认识到但长久以来未能解释清楚的问题。关于舞动问题中惯性耦合作用的讨论，可追溯到 1975 年 Chadha 和 Jaster[14]的研究。他们在三自由度节段模型试验中发现惯性耦合可能对舞动的稳定性、舞动幅值产生显著影响，并通过数值算例发现惯性耦合作用的影响因素包括偏心率、曲线斜率、覆冰偏心角、扭转向阻尼等，而扭转与平动频率的接近是惯性耦合发挥作用的前提。当时，模型中惯性耦合的来源还仅为覆冰偏心。随后，Nigol 和 Clarke[15]提出的失谐摆在输电导线防舞中得到有效的应用，而失谐摆对导线结构引入了显著的惯性耦合作用，因此引起了学界进一步研究惯性耦合作用的兴趣。Nigol 和 Buchan[2]在节段舞动试验中发现惯性耦合对舞动的促进作用。Yu 等[3-5]对竖向-扭转二自由度系统中惯性耦合的作用进行计算分析，发现惯性耦合可能使结构具有更高或更低的舞动风险，而舞动风险的相对高低与质量比(偏心率)、竖向-扭转频率比相关。自此，惯性耦合激发机理被我国学者认为是舞动激发机理的一种[6]。Yan 等[16]对考虑惯性耦合的三自由度系统推导幅值近似解，发现惯性耦合显著改变了系统的舞动稳定性，可能使舞动幅值变小甚至不舞动，形成舞动风速区间。He 和 Macdonald[12]采用数值方法研究了惯性耦合对三自由度结构舞动稳定性的影响，发现在某些情况下即使较为微小的偏心率也能显著改变结构的舞动稳定性，惯性耦合在不同风攻角下可能促进或抑制舞动；另外，针对三向严格重频结构，提出一种考虑惯性耦合的舞动稳定准则，为各模态舞动稳定性判断提供依据。伍川等[17]采用有限元方法研究导线舞动，发现偏心覆冰作用下的导线舞动幅值变大，舞动激发模态更为复杂。

可以看出，学界一直在关注惯性耦合在舞动中发挥的作用。以上这些研究陆续发现该作用与偏心程度、偏心角、风攻角、风速、气动力、结构频率等因素存在联系，但所得到的大多是基于数值算例、试验的有限结论，而无法阐明惯性耦合对三自由度系统舞动稳定性的一般影响机理。由于三自由度问题的复杂性与求解方法的限制，对惯性耦合作用的讨论基本局限于数值计算层面，难以在理论上给出明确的解析式准则。

气动刚度对舞动稳定的影响可能是较为显著的。在三自由度舞动模型中[12,18]，气动刚度一般会出现在运动方程里，然而过去在推导舞动稳定准则时，气动刚度往往被忽略。这种处理的解释是[12,19]，对于宽截面(wide section)，扭转向气动刚度可能造成静态失稳(static divergence)，这不属于舞动问题；对于密实截面(compact section)，扭转向气动刚度相比于结构扭转刚度可忽略。然而，对于导线舞动问题，气动刚度的作用可能是较为显著的，原因是：①大档距分裂导线结构整体频率较低。在准定常假定下，气动刚度线性项与风速平方成正比，其数值随风速增大而迅速增大，高风速下气动刚度的作用可能较为显著[20,21]，而在工程结构的设计中出于安全考虑，设计风速往往是比较高的。因此，扭转向气动刚度相比于结构扭转刚度不能忽略，甚至可能导致静态失稳。②气动刚度中，除了常提及的扭转向气动刚度，还有竖向-扭转耦合、水平-扭转耦合的气动刚度[18]。姜雄和楼文娟[18,21]等的研究表明，这两种耦合的气动刚度可能对舞动稳定性产生显著影响，其影响取决于扭转频率与平动频率接近程度，例如，竖向频率与扭转频率越接近，则影响越大。因此，在舞动问题的研究中，气动刚度的作用应当得到重视。相关研究忽略气动刚度的另一个考虑是，气动刚度的引入实际上使舞动稳定准则解析式的推导变得更加困难。因此，若要考虑气动刚度对三自由度系统舞动稳定的影响，则需在求解方法上做出创新。

表 4.1 列出了各学者提出的三自由度系统舞动稳定的显式解析解。表中仅列出那些给出显式解析式的研究，而采用数值方法判断舞动稳定性的研究不在此列。由表中文献可知，考虑气动阻尼、气动刚度、惯性耦合三自由度系统的舞动稳定准则问题相当复杂，其求解需要多种数学方法。因此，在研究舞动稳定解析解问题时，一种合理的做法是，仅考虑简单情形下的三自由度系统，研究其舞动稳定性，而先不涉及整档结构、荷载相关的多种夹角、雷诺数等因素。

表 4.1　三自由度系统舞动稳定的显式解析解

自由度设置	自由度方向	文献作者(年份)	气动阻尼	气动刚度	惯性耦合	频率关系	求解特点
1-DOF	V	Den Hartog (1932)[1]	√			—	直接求解
	T	Nigol 和 Buchan (1981)[2]	√			—	直接求解
2-DOF	V-H	Jones (1992)[22]	√			重频	直接求解
		Luongo 和 Piccardo (2005)[23]	√			近似重频	密集特征值的非亏损摄动法
	V-T	Chen 和 Li (2019)[24]	√			重频	直接求解；假定双向结构阻尼比相同
		Luongo 等(2020)[25]	√	√		近似重频	密集特征值的非亏损摄动法
3-DOF	V-H-T	姜雄和楼文娟 (2016)[18]	√	√		三向分离频率	孤立特征值的摄动法
		姜雄(2016)[21]	√	√		竖向-水平重频	重特征值的非亏损摄动法
		He 和 Macdonald (2016)[26]	√			三向重频	直接求解；假定三向结构阻尼比相同
		He 和 Macdonald (2017)[12]	√		√	三向重频	直接求解；假定三向结构阻尼比为零
		温作鹏等 (2022)[27]	√	√	√	三向分离频率；竖向-水平近似重频	分步摄动法；密集特征值的非亏损摄动法
		温作鹏等 (2022)[28]	√	√	√	竖向-扭转近似重频	密集特征值的亏损、非亏损摄动法
		温作鹏等(2023)[29]	√	√		三向近似重频	对代数方程的摄动法

注：V 表示竖向；H 表示水平向；T 表示扭转向；“近似重频”包含了严格的“重频”情况。

4.3　考虑气动刚度与惯性耦合的舞动激发机理

根据稳定性舞动机理，特征值表达式的求解是探明舞动激发机理的关键，而如 4.1 节所述，气动阻尼、气动刚度、惯性耦合、频率关系等是特征值求解最主要的因素。对于考虑气动阻尼、气动刚度、惯性耦合的具有不同频率特征的三自由度系统，作者团队在其舞动稳定解析解方面取得了一系列研究成果，下面对此展开介绍。

三自由度系统按照频率特征可以分为三向分离频率、竖向-水平密集频率、竖向-扭转密集频率、水平-扭转密集频率、三向密集频率。本节针对这 5 种不同频率特征的竖向-水平-扭转三自由度系统，采用矩阵摄动法进行推导，建立一套全面的舞动稳定准则框架，从理论上揭示舞动稳定与气动刚度、惯性耦合、频率关系等关键因素的联系。

4.3.1　三向分离频率系统

对于式(3.12)，系统参数的零阶项、一阶项可表示为

$$\text{(零阶项)}\ \boldsymbol{M}_0=\boldsymbol{M}_\text{s},\ \boldsymbol{C}_0=\boldsymbol{O}_{3\times3},\ \boldsymbol{K}_0=\boldsymbol{K}_\text{s}+\boldsymbol{K}_\text{a} \tag{4.1}$$

$$\text{(一阶项)}\ \boldsymbol{M}_1=\boldsymbol{M}_\text{e}/\varepsilon,\ \boldsymbol{C}_1=\left(\boldsymbol{C}_\text{s}+\boldsymbol{C}_\text{a}\right)/\varepsilon,\ \boldsymbol{K}_1=\boldsymbol{O}_{3\times3} \tag{4.2}$$

式中，$\boldsymbol{O}_{3\times3}$ 为 3×3 零矩阵；$\varepsilon\boldsymbol{M}_1$ 和 $\varepsilon\boldsymbol{C}_1$ 可视为系统参数的摄动量。

该系统特征值问题的零阶方程表示为

$$\begin{cases}\boldsymbol{s}_{i,0}^\text{T}\left(\boldsymbol{M}_0\lambda_{i,0}^2+\boldsymbol{C}_0\lambda_{i,0}+\boldsymbol{K}_0\right)=\boldsymbol{0}\\ \left(\boldsymbol{M}_0\lambda_{i,0}^2+\boldsymbol{C}_0\lambda_{i,0}+\boldsymbol{K}_0\right)\boldsymbol{t}_{i,0}=\boldsymbol{0}\end{cases} \tag{4.3}$$

根据零阶方程(4.3)，求得零阶特征值为

$$\lambda_{1,0}=\bar{\omega}_1\text{i},\ \lambda_{2,0}=-\bar{\omega}_1\text{i},\ \lambda_{3,0}=\bar{\omega}_2\text{i},\ \lambda_{4,0}=-\bar{\omega}_2\text{i},\ \lambda_{5,0}=\bar{\omega}_3'\text{i},\ \lambda_{6,0}=-\bar{\omega}_3'\text{i} \tag{4.4}$$

式中，λ 下角标的 1、2 对应竖向模态；3、4 对应水平向模态；5、6 对应扭转向模态；$\bar{\omega}_3'=\sqrt{\bar{\omega}_3^2+k_\text{a}^{33}}$；i 为虚数单位。

求得相应的零阶左特征向量 $\boldsymbol{s}_{i,0}$、右特征向量 $\boldsymbol{t}_{i,0}$ 为

$$\boldsymbol{s}_{1,0}=\begin{bmatrix}1 & 0 & -\dfrac{k_\text{a}^{13}}{\bar{\omega}_3'^2-\bar{\omega}_1^2}\end{bmatrix}^\text{T},\ \boldsymbol{t}_{1,0}=\begin{bmatrix}-\dfrac{\text{i}}{2\bar{\omega}_1} & 0 & 0\end{bmatrix}^\text{T}$$

$$
\begin{aligned}
&\boldsymbol{s}_{2,0}=\begin{bmatrix}1 & 0 & -\dfrac{k_{\mathrm{a}}^{13}}{\bar{\omega}_3'^2-\bar{\omega}_1^2}\end{bmatrix}^{\mathrm{T}}, \quad \boldsymbol{t}_{2,0}=\begin{bmatrix}\dfrac{\mathrm{i}}{2\bar{\omega}_1} & 0 & 0\end{bmatrix}^{\mathrm{T}} \\
&\boldsymbol{s}_{3,0}=\begin{bmatrix}0 & 1 & -\dfrac{k_{\mathrm{a}}^{23}}{\bar{\omega}_3'^2-\bar{\omega}_2^2}\end{bmatrix}^{\mathrm{T}}, \quad \boldsymbol{t}_{3,0}=\begin{bmatrix}0 & -\dfrac{\mathrm{i}}{2\bar{\omega}_2} & 0\end{bmatrix}^{\mathrm{T}} \\
&\boldsymbol{s}_{4,0}=\begin{bmatrix}0 & 1 & -\dfrac{k_{\mathrm{a}}^{23}}{\bar{\omega}_3'^2-\bar{\omega}_2^2}\end{bmatrix}^{\mathrm{T}}, \quad \boldsymbol{t}_{4,0}=\begin{bmatrix}0 & \dfrac{\mathrm{i}}{2\bar{\omega}_2} & 0\end{bmatrix}^{\mathrm{T}} \\
&\boldsymbol{s}_{5,0}=\begin{bmatrix}0 & 0 & -\dfrac{\mathrm{i}}{2\bar{\omega}_3'}\end{bmatrix}^{\mathrm{T}}, \quad \boldsymbol{t}_{5,0}=\begin{bmatrix}\dfrac{k_{\mathrm{a}}^{13}}{\bar{\omega}_3'^2-\bar{\omega}_1^2} & \dfrac{k_{\mathrm{a}}^{23}}{\bar{\omega}_3'^2-\bar{\omega}_2^2} & 1\end{bmatrix}^{\mathrm{T}} \\
&\boldsymbol{s}_{6,0}=\begin{bmatrix}0 & 0 & \dfrac{\mathrm{i}}{2\bar{\omega}_3'}\end{bmatrix}^{\mathrm{T}}, \quad \boldsymbol{t}_{6,0}=\begin{bmatrix}\dfrac{k_{\mathrm{a}}^{13}}{\bar{\omega}_3'^2-\bar{\omega}_1^2} & \dfrac{k_{\mathrm{a}}^{23}}{\bar{\omega}_3'^2-\bar{\omega}_2^2} & 1\end{bmatrix}^{\mathrm{T}}
\end{aligned} \tag{4.5}
$$

利用一阶摄动法表达式(3.51)计算可得特征值实部为

$$
\begin{aligned}
&\operatorname{Re}(\lambda_1)=\operatorname{Re}(\lambda_2)=-\frac{1}{2}\left(c_{11}-\frac{c_{31}k_{\mathrm{a}}^{13}}{\bar{\omega}_3'^2-\bar{\omega}_1^2}\right) \\
&\operatorname{Re}(\lambda_3)=\operatorname{Re}(\lambda_4)=-\frac{1}{2}\left(c_{22}-\frac{c_{32}k_{\mathrm{a}}^{23}}{\bar{\omega}_3'^2-\bar{\omega}_2^2}\right) \\
&\operatorname{Re}(\lambda_5)=\operatorname{Re}(\lambda_6)=-\frac{1}{2}\left(c_{33}+\frac{c_{31}k_{\mathrm{a}}^{13}}{\bar{\omega}_3'^2-\bar{\omega}_1^2}+\frac{c_{32}k_{\mathrm{a}}^{23}}{\bar{\omega}_3'^2-\bar{\omega}_2^2}\right)
\end{aligned} \tag{4.6}
$$

当$\operatorname{Re}(\lambda)>0$时可认为系统会发生舞动。式中，$-c_{11}/2$项即单自由度系统的特征值实部[1]。由$\operatorname{Re}(\lambda_1)$表达式可知，分离频率三自由度系统区别于单自由度系统的关键在于其中的气动刚度项k_{a}^{13}，而k_{a}^{13}的影响与竖向频率和扭转频率的接近程度正相关。

以竖向特征值λ_1为例，一阶摄动法给出的完整表达式为

$$
\lambda_1=-\frac{1}{2}\left(c_{11}-\frac{c_{31}k_{\mathrm{a}}^{13}}{\bar{\omega}_3'^2-\bar{\omega}_1^2}\right)+\mathrm{i}\bar{\omega}_1\left[1+\frac{m_{\mathrm{e}}^{31}k_{\mathrm{a}}^{13}}{2\left(\bar{\omega}_3'^2-\bar{\omega}_1^2\right)}\right] \tag{4.7}
$$

可以发现，惯性耦合项出现在λ_1的虚部，而λ_1的实部只有气动阻尼、气动刚度项，这说明该解未能体现惯性耦合对特征值实部的影响，即无法反映惯性耦合对舞动稳定性的影响。因此，一般的一阶摄动法已无法满足舞动稳定问题中考虑惯性耦合的需求。这里以竖向特征值为例，使用二阶摄动法求取特征值解。

首先，根据式(3.44)、式(3.54)、式(3.58)，利用零阶特征值、零阶特征向量可求出一阶特征向量 $\boldsymbol{x}_{1,1}$。然后，利用二阶特征值公式(3.62)，求得竖向特征值二阶项为

$$\varepsilon^2\lambda_{1,2}=a_0+a_1m_{\mathrm{e}}^{32}+a_2m_{\mathrm{e}}^{31}+a_3\left(m_{\mathrm{e}}^{31}\right)^2+a_4m_{\mathrm{e}}^{31}m_{\mathrm{e}}^{32} \tag{4.8}$$

式中，与特征值实部相关的 a_1、a_2 表达式如下，而虚部相关的 a_0、a_3、a_4 表达式见附录。

$$a_1=-\frac{k_{\mathrm{a}}^{13}\bar{\omega}_1^{\,2}}{2\left(\bar{\omega}_1^{\,2}-\bar{\omega}_2^{\,2}\right)\left(\bar{\omega}_3'^2-\bar{\omega}_1^2\right)}\left(c_{21}-\frac{c_{31}k_{\mathrm{a}}^{23}}{\bar{\omega}_3'^2-\bar{\omega}_1^2}\right) \tag{4.9}$$

$$\begin{aligned}a_2=&\frac{k_{\mathrm{a}}^{13}\left(c_{33}\bar{\omega}_1^{\,2}-c_{11}\bar{\omega}_3'^2\right)}{2\left(\bar{\omega}_3'^2-\bar{\omega}_1^2\right)^2}+\frac{c_{31}\left(k_{\mathrm{a}}^{13}\right)^2\left(\bar{\omega}_1^{\,2}+\bar{\omega}_3'^2\right)}{2\left(\bar{\omega}_3'^2-\bar{\omega}_1^2\right)^3}\\&+\frac{c_{32}k_{\mathrm{a}}^{13}k_{\mathrm{a}}^{23}\bar{\omega}_1^{\,2}}{2\left(\bar{\omega}_1^{\,2}-\bar{\omega}_2^{\,2}\right)\left(\bar{\omega}_3'^2-\bar{\omega}_1^2\right)^2}-\frac{c_{12}k_{\mathrm{a}}^{23}\bar{\omega}_1^{\,2}}{2\left(\bar{\omega}_1^{\,2}-\bar{\omega}_2^{\,2}\right)\left(\bar{\omega}_3'^2-\bar{\omega}_1^2\right)}-\frac{\left(c_{13}+c_{31}\right)\bar{\omega}_1^{\,2}}{2\left(\bar{\omega}_3'^2-\bar{\omega}_1^2\right)}\end{aligned} \tag{4.10}$$

进而可得竖向特征值 λ_1 的实部为

$$\mathrm{Re}\left(\lambda_1\right)\approx\mathrm{Re}\left(\lambda_{1,0}+\varepsilon\lambda_{1,1}+\varepsilon^2\lambda_{1,2}\right)=-\frac{1}{2}\left(c_{11}-c_{31}\frac{k_{\mathrm{a}}^{13}}{\bar{\omega}_3'^2-\bar{\omega}_1^2}\right)+a_1m_{\mathrm{e}}^{32}+a_2m_{\mathrm{e}}^{31} \tag{4.11}$$

式(4.11)即为反映惯性耦合舞动机理的二阶摄动解。观察 $\lambda_{1,2}$ 表达式(4.8)可知，出现在 $\lambda_{1,2}$ 实部的仅有惯性耦合项 m_{e}^{31}、m_{e}^{32} 的一次项，而在 $\lambda_{1,2}$ 虚部的有 m_{e}^{31} 的平方项、$m_{\mathrm{e}}^{31}\cdot m_{\mathrm{e}}^{32}$ 耦合项。可见在二阶摄动法的精度范围内，只有 m_{e}^{31}、m_{e}^{32} 的一次项对舞动稳定性产生影响，即 m_{e}^{31}、m_{e}^{32} 对 $\mathrm{Re}\left(\lambda_1\right)$ 的贡献可以线性叠加。

最后，给出二阶摄动法求得的水平向、扭转向特征值实部，分别为

$$\mathrm{Re}\left(\lambda_3\right)\approx-\frac{1}{2}\left(c_{22}-c_{32}\frac{k_{\mathrm{a}}^{23}}{\bar{\omega}_3'^2-\bar{\omega}_2^2}\right)+a_1'm_{\mathrm{e}}^{31}+a_2'm_{\mathrm{e}}^{32} \tag{4.12}$$

$$\begin{aligned}\mathrm{Re}\left(\lambda_5\right)=&\frac{1}{2}\mathrm{tr}\boldsymbol{A}-\mathrm{Re}\left(\lambda_1\right)-\mathrm{Re}\left(\lambda_3\right)\\\approx&-\frac{1}{2}\left(c_{33}+c_{31}\frac{k_{\mathrm{a}}^{13}}{\bar{\omega}_3'^2-\bar{\omega}_1^2}+c_{32}\frac{k_{\mathrm{a}}^{23}}{\bar{\omega}_3'^2-\bar{\omega}_2^2}\right)\\&+m_{\mathrm{e}}^{31}\left[\frac{1}{2}\left(c_{13}+c_{31}-a_2-a_1'\right)\right]+m_{\mathrm{e}}^{32}\left[\frac{1}{2}\left(c_{23}+c_{32}-a_1-a_2'\right)\right]\end{aligned} \tag{4.13}$$

式中，a_1'、a_2'系数表达式见附录。

4.3.2 竖向-水平密集频率系统

1. 特征值解

对于竖向-水平密集频率系统，假定气动刚度为非小量，系统参数的零阶项、一阶项可以表示为

$$(\text{零阶项})\ \boldsymbol{M}_0=\boldsymbol{M}_{\mathrm{s}},\quad \boldsymbol{C}_0=\boldsymbol{O}_{3\times3},\quad \boldsymbol{K}_0=\begin{bmatrix}1&0&k_{\mathrm{a}}^{13}\\0&1&k_{\mathrm{a}}^{23}\\0&0&\bar{\omega}_3^2+k_{\mathrm{a}}^{33}\end{bmatrix} \tag{4.14}$$

$$(\text{一阶项})\ \boldsymbol{M}_1=\boldsymbol{M}_{\mathrm{e}}/\varepsilon,\quad \boldsymbol{C}_1=\left(\boldsymbol{C}_{\mathrm{s}}+\boldsymbol{C}_{\mathrm{a}}\right)/\varepsilon,\quad \boldsymbol{K}_1=\begin{bmatrix}2\sigma_{\mathrm{VH}}&0&0\\0&0&0\\0&0&0\end{bmatrix}/\varepsilon \tag{4.15}$$

式中，$\sigma_{\mathrm{VH}}=\left(\bar{\omega}_1^2-\bar{\omega}_2^2\right)/2$为失谐参数。根据上述设定，零阶系统为非亏损系统，可采用非亏损系统的密集频率系统摄动法求解。

由式(3.79)可得

$$\begin{aligned}&\left|\lambda_{i,1}\boldsymbol{I}+\boldsymbol{Z}^{\mathrm{T}}\left(\widehat{\boldsymbol{M}}_1\lambda_{i,0}+\widehat{\boldsymbol{K}}_1\right)\boldsymbol{W}\right|\\&=\left|\lambda_{i,1}\boldsymbol{I}+\begin{bmatrix}\boldsymbol{s}_{1,0}^{\mathrm{T}}\left(\lambda_{i,0}^2\boldsymbol{M}_1+\lambda_{i,0}\boldsymbol{C}_1+\boldsymbol{K}_1\right)\boldsymbol{t}_{1,0}&\boldsymbol{s}_{1,0}^{\mathrm{T}}\left(\lambda_{i,0}^2\boldsymbol{M}_1+\lambda_{i,0}\boldsymbol{C}_1+\boldsymbol{K}_1\right)\boldsymbol{t}_{3,0}\\\boldsymbol{s}_{3,0}^{\mathrm{T}}\left(\lambda_{i,0}^2\boldsymbol{M}_1+\lambda_{i,0}\boldsymbol{C}_1+\boldsymbol{K}_1\right)\boldsymbol{t}_{1,0}&\boldsymbol{s}_{3,0}^{\mathrm{T}}\left(\lambda_{i,0}^2\boldsymbol{M}_1+\lambda_{i,0}\boldsymbol{C}_1+\boldsymbol{K}_1\right)\boldsymbol{t}_{3,0}\end{bmatrix}\right|\\&=0\end{aligned} \tag{4.16}$$

式中，$\boldsymbol{s}_{1,0}$、$\boldsymbol{t}_{1,0}$、$\boldsymbol{s}_{3,0}$、$\boldsymbol{t}_{3,0}$的表达式同式(4.5)；i=1,3。

由上可得关于一阶特征值$\lambda_{i,1}$的一元二次方程：

$$\left(\varepsilon\lambda_{i,1}\right)^2+\left[\mathrm{tr}\tilde{\boldsymbol{C}}+\left(\mathrm{tr}\tilde{\boldsymbol{M}}-\sigma_{\mathrm{VH}}\right)\mathrm{i}\right]\varepsilon\lambda_{i,1}-\det\tilde{\boldsymbol{M}}+\det\tilde{\boldsymbol{C}}+\sigma_{\mathrm{VH}}\tilde{m}_{22}+\left(\mathrm{MC}-\sigma_{\mathrm{VH}}\tilde{c}_{22}\right)\mathrm{i}=0 \tag{4.17}$$

式中，

$$\mathrm{tr}\tilde{\boldsymbol{C}}=\tilde{c}_{11}+\tilde{c}_{22},\quad \det\tilde{\boldsymbol{C}}=\tilde{c}_{11}\tilde{c}_{22}-\tilde{c}_{12}\tilde{c}_{21},\quad \mathrm{tr}\tilde{\boldsymbol{M}}=\tilde{m}_{11}+\tilde{m}_{22}$$

$$\det \tilde{\boldsymbol{M}}=\tilde{m}_{11}\tilde{m}_{22}-\tilde{m}_{12}\tilde{m}_{21},\quad \mathrm{MC}=\tilde{m}_{11}\tilde{c}_{22}+\tilde{m}_{22}\tilde{c}_{11}-\tilde{m}_{12}\tilde{c}_{21}-\tilde{m}_{21}\tilde{c}_{12}$$

$$\tilde{c}_{mn}=\frac{1}{2}\left(c_{mn}+\frac{-k_{\mathrm{a}}^{m3}c_{3n}}{\bar{\omega}_3'^2-\bar{\omega}_{\mathrm{m}}^2}\right),\quad \tilde{m}_{mn}=-\frac{1}{2}\frac{k_{\mathrm{a}}^{m3}m_{\mathrm{e}}^{3n}}{\bar{\omega}_3'^2-\bar{\omega}_{\mathrm{m}}^2} \tag{4.18}$$

$\tilde{c}_{mn}$ 和 $\tilde{m}_{mn}$ 中 m=1, 2，n=1, 2，且 $\mathrm{tr}\tilde{\boldsymbol{C}}$ 、$\det\tilde{\boldsymbol{C}}$ 、$\mathrm{tr}\tilde{\boldsymbol{M}}$ 、$\det\tilde{\boldsymbol{M}}$ 、MC 均为实数。

求解式(4.17)可得平动向模态特征值摄动解 λ^{VH} 的实部为

$$\begin{aligned}&\mathrm{Re}\left(\lambda^{\mathrm{VH}}\right)=\mathrm{Re}\left(\varepsilon\lambda_{i,1}\right)\\&=\frac{1}{2}\left\{-\mathrm{tr}\tilde{\boldsymbol{C}}\pm\mathrm{Re}\sqrt{\left[\mathrm{tr}\tilde{\boldsymbol{C}}+\left(\mathrm{tr}\tilde{\boldsymbol{M}}-\sigma_{\mathrm{VH}}\right)\mathrm{i}\right]^2-4\left[\det\tilde{\boldsymbol{C}}-\det\tilde{\boldsymbol{M}}+\sigma_{\mathrm{VH}}\tilde{m}_{22}+\left(\mathrm{MC}-\sigma_{\mathrm{VH}}\tilde{c}_{22}\right)\mathrm{i}\right]}\right\}\end{aligned} \tag{4.19}$$

式(4.19)完整地考虑了气动阻尼、气动刚度、惯性耦合、平动频率失谐。由式(4.18)中 $\tilde{m}_{mn}$ 表达式可知惯性耦合与气动刚度、频率的关系，可以预测惯性耦合对特征值的影响与这些参数正相关：风速、偏心率、竖向频率和扭转频率接近程度、扭转频率和水平频率接近程度。

忽略其中某些因素，式(4.19)可分别简化为

$$(\text{无惯性耦合})\ \mathrm{Re}\left(\lambda^{\mathrm{VH}}\right)\approx\frac{1}{2}\left[-\mathrm{tr}\tilde{\boldsymbol{C}}\pm\mathrm{Re}\sqrt{\left(\mathrm{tr}\tilde{\boldsymbol{C}}-\sigma_{\mathrm{VH}}\mathrm{i}\right)^2-4\det\tilde{\boldsymbol{C}}+4\sigma_{\mathrm{VH}}\mathrm{i}\tilde{c}_{22}}\right] \tag{4.20}$$

$$(\text{无失谐})\ \mathrm{Re}\left(\lambda^{\mathrm{VH}}\right)=\frac{1}{2}\left[-\mathrm{tr}\tilde{\boldsymbol{C}}\pm\mathrm{Re}\sqrt{\left(\mathrm{tr}\tilde{\boldsymbol{C}}+\mathrm{tr}\tilde{\boldsymbol{M}}\mathrm{i}\right)^2-4\left(\det\tilde{\boldsymbol{C}}-\det\tilde{\boldsymbol{M}}+\mathrm{MC}\cdot\mathrm{i}\right)}\right] \tag{4.21}$$

$$(\text{无惯性耦合、无失谐})\ \mathrm{Re}\left(\lambda^{\mathrm{VH}}\right)=\frac{1}{2}\left(-\mathrm{tr}\tilde{\boldsymbol{C}}\pm\mathrm{Re}\sqrt{\mathrm{tr}^2\tilde{\boldsymbol{C}}-4\det\tilde{\boldsymbol{C}}}\right) \tag{4.22}$$

求得扭转向特征值实部为

$$\mathrm{Re}\left(\lambda_5\right)\approx-\frac{1}{2}\left(c_{33}+c_{31}\frac{k_{\mathrm{a}}^{13}}{\bar{\omega}_3'^2-\bar{\omega}_1^2}+c_{32}\frac{k_{\mathrm{a}}^{23}}{\bar{\omega}_3'^2-\bar{\omega}_2^2}\right) \tag{4.23}$$

对于竖向-水平密集频率系统，若假定气动刚度为一阶小量，则特征值解与式(4.20)类似，只是其中气动刚度项消失。

2. 分离频率解与密集频率解的过渡关系

分离频率系统的解与平动密集频率解之间的过渡关系是一个值得探讨的问题。平动密集频率解式(4.20)含有失谐参数 σ_{VH}，其推导的假定是允许平动频率具有较小程度的失谐。但当平动频率逐渐互相远离时，式(4.20)是否还能适用，需要进一步研究。

在此先给出复数的平方根公式：

$$\sqrt{a+b\mathrm{i}}=\pm\sqrt{1/2}\left[\sqrt{\sqrt{a^2+b^2}+a}+\left(\sqrt{\sqrt{a^2+b^2}-a}\right)\mathrm{i}\right] \tag{4.24}$$

式中，a、b 为实数。

假定平动频率之间失谐程度较大，则 σ_{VH} 为零阶项，利用复数平方根公式，式(4.20)可近似为

$$\begin{aligned}\mathrm{Re}\left(\lambda^{\mathrm{VH}}\right)&\approx\frac{1}{2}\left\{-\mathrm{tr}\tilde{\boldsymbol{C}}\pm\sqrt{\frac{1}{2}}\cdot\sqrt{\sqrt{\left[\sigma_{\mathrm{VH}}{}^2-\mathrm{tr}^2\tilde{\boldsymbol{C}}+4\det\tilde{\boldsymbol{C}}+2\left(\tilde{c}_{yy}-\tilde{c}_{zz}\right)^2\right]^2}+\mathrm{tr}^2\tilde{\boldsymbol{C}}-\sigma_{\mathrm{VH}}^2-4\det\tilde{\boldsymbol{C}}}\right\}\\&=\frac{1}{2}\left[-\mathrm{tr}\tilde{\boldsymbol{C}}\pm\sqrt{\frac{1}{2}}\cdot\sqrt{\sigma_{\mathrm{VH}}{}^2-\mathrm{tr}^2\tilde{\boldsymbol{C}}+4\det\tilde{\boldsymbol{C}}+2\left(\tilde{c}_{yy}-\tilde{c}_{zz}\right)^2+\mathrm{tr}^2\tilde{\boldsymbol{C}}-\sigma_{\mathrm{VH}}^2-4\det\tilde{\boldsymbol{C}}}\right]\\&=\frac{1}{2}\left(-\mathrm{tr}\tilde{\boldsymbol{C}}\pm\left|\tilde{c}_{11}-\tilde{c}_{22}\right|\right)\\&=-\frac{1}{2}\tilde{c}_{11},-\frac{1}{2}\tilde{c}_{22}\end{aligned} \tag{4.25}$$

由以上推导可知，当平动频率相互远离时，σ_{VH} 从表达式中被自动消去，所得表达式与分离频率系统的解式(4.6)(即一阶摄动解)是相同的。更进一步地，若平动频率进一步分离，则式(4.25)趋近于单自由度解。由此可知，式(4.20)不仅适用于平动频率接近重合的情况，还适用于频率远离的情况以及单自由度系统。

4.3.3 竖向-扭转密集频率系统

1. 气动刚度小量条件下的特征值解

对于竖向-扭转密集频率系统，首先假定气动刚度为一阶小量，考察所推导的摄动解能否满足需求。具体推导过程如下。

令竖向与扭转刚度的差异为一阶项，则系统的零阶项、一阶项可表示为

$$
（零阶项）\boldsymbol{M}_0=\boldsymbol{M}_\mathrm{s}，\ \boldsymbol{C}_0=\boldsymbol{O}_{3\times3}，\ \boldsymbol{K}_0=\begin{bmatrix}\bar{\omega}_1^2 & 0 & 0\\ 0 & \bar{\omega}_2^2 & 0\\ 0 & 0 & \bar{\omega}_1^2\end{bmatrix} \tag{4.26}
$$

$$
（一阶项）\boldsymbol{M}_1=\boldsymbol{M}_\mathrm{e}/\varepsilon，\ \boldsymbol{C}_1=\left(\boldsymbol{C}_\mathrm{s}+\boldsymbol{C}_\mathrm{a}\right)/\varepsilon，\ \boldsymbol{K}_1=\boldsymbol{K}_\mathrm{a}=\begin{bmatrix}0 & 0 & k_\mathrm{a}^{13}\\ 0 & 0 & k_\mathrm{a}^{23}\\ 0 & 0 & 2\sigma_\mathrm{VT}\end{bmatrix} \tag{4.27}
$$

式中，$\sigma_\mathrm{VT}=\left(\bar{\omega}_3'^2-\bar{\omega}_1^2\right)/2$。以上设定确保零阶竖向、扭转向特征值相互重合，并且零阶系统为非亏损系统。

对零阶系统可求得竖向与扭转向零阶特征值为

$$
\lambda_{1,0}=\lambda_{5,0}=\bar{\omega}_1\mathrm{i} \tag{4.28}
$$

竖向、扭转向零阶线性无关向量取为

$$
\begin{aligned}
\boldsymbol{s}_{1,0}=\boldsymbol{t}_{1,0}&=\begin{bmatrix}\dfrac{1-\mathrm{i}}{2\sqrt{\bar{\omega}_1}} & 0 & 0\end{bmatrix}^\mathrm{T}\\
\boldsymbol{s}_{5,0}=\boldsymbol{t}_{5,0}&=\begin{bmatrix}0 & 0 & \dfrac{1-\mathrm{i}}{2\sqrt{\bar{\omega}_1}}\end{bmatrix}^\mathrm{T}
\end{aligned} \tag{4.29}
$$

由式(3.79)可列出竖向-扭转密集频率条件下需满足的方程为

$$
\left|\lambda_{i,1}\boldsymbol{I}+\begin{bmatrix}\boldsymbol{s}_{1,0}^\mathrm{T}\left(\left(\lambda_{i,0}\right)^2\boldsymbol{M}_1+\lambda_{i,0}\boldsymbol{C}_1+\boldsymbol{K}_1\right)\boldsymbol{t}_{1,0} & \boldsymbol{s}_{1,0}^\mathrm{T}\left(\left(\lambda_{i,0}\right)^2\boldsymbol{M}_1+\lambda_{i,0}\boldsymbol{C}_1+\boldsymbol{K}_1\right)\boldsymbol{t}_{5,0}\\ \boldsymbol{s}_{5,0}^\mathrm{T}\left(\left(\lambda_{i,0}\right)^2\boldsymbol{M}_1+\lambda_{i,0}\boldsymbol{C}_1+\boldsymbol{K}_1\right)\boldsymbol{t}_{1,0} & \boldsymbol{s}_{5,0}^\mathrm{T}\left(\left(\lambda_{i,0}\right)^2\boldsymbol{M}_1+\lambda_{i,0}\boldsymbol{C}_1+\boldsymbol{K}_1\right)\boldsymbol{t}_{5,0}\end{bmatrix}\right|=0 \tag{4.30}
$$

式中，$i=1,5$。

由式(4.30)可得

$$
\begin{vmatrix}\varepsilon\lambda_{i,1}+\eta^2 b_{11} & \eta^2 b_{13}\\ \eta^2 b_{31} & \varepsilon\lambda_{i,1}+\eta^2 b_{33}\end{vmatrix}=0 \tag{4.31}
$$

式中，$b_{11}=\bar{\omega}_1 c_{11}\mathrm{i}$；$b_{13}=-\bar{\omega}_1^2 m_\mathrm{e}^{13}+\bar{\omega}_1 c_{13}\mathrm{i}+k_\mathrm{a}^{13}$；$b_{31}=-\bar{\omega}_1^2 m_\mathrm{e}^{31}+\bar{\omega}_1 c_{31}\mathrm{i}$；$b_{33}=\bar{\omega}_1 c_{33}\mathrm{i}+2\sigma_\mathrm{VT}$；$\eta=(1-\mathrm{i})/\left(2\sqrt{\bar{\omega}_1}\right)$。

取 $\bar{\omega}_1=1$（令 $\bar{\omega}_{\rm r}=\bar{\omega}_y$），求得竖向、扭转向模态特征值摄动解 $\lambda^{\rm VT}$ 的实部为

$$\mathrm{Re}\left(\lambda^{\rm VT}\right)=-\frac{c_{11}+c_{33}}{4}$$
$$\pm\frac{1}{2}\mathrm{Re}\sqrt{\left(\frac{c_{11}-c_{33}}{2}+\sigma_{\rm VT}\mathrm{i}\right)^2+c_{13}c_{31}-c_{31}k_{\rm a}^{13}\mathrm{i}+m_{\rm e}^{31}\left[\left(c_{13}+c_{31}\right)\mathrm{i}+k_{\rm a}^{13}\right]-\left(m_{\rm e}^{31}\right)^2} \tag{4.32}$$

由相关项的角标易知，式(4.32)仅包含竖向、扭转向相关的气动阻尼、气动刚度、惯性耦合项。这表明在气动刚度一阶项假定下，竖向-扭转密集频率系统的舞动稳定性实质上取决于竖向-扭转二自由度的耦合，而水平向完全没发挥作用。从阶次判断，$\mathrm{Re}\left(\lambda^{\rm VT}\right)$的数值为 ε^1 阶次。

若不考虑惯性耦合，则 $\mathrm{Re}\left(\lambda^{\rm VT}\right)$简化为

$$\mathrm{Re}\left(\lambda^{\rm VT}\right)=-\frac{c_{11}+c_{33}}{4}\pm\frac{1}{2}\mathrm{Re}\sqrt{\left(\frac{c_{11}-c_{33}}{2}+\sigma_{\rm VT}\mathrm{i}\right)^2+c_{13}c_{31}-c_{31}k_{\rm a}^{13}\mathrm{i}} \tag{4.33}$$

2. 气动刚度非小量条件下的特征值解

上述推导表明，气动刚度小量(一阶项)假设下所推导的摄动解无法完整地反映系统中三个自由度的贡献。此处假设气动刚度为非小量，则气动刚度被纳入系统的零阶项，不再作为系统参数修改量。具体推导过程如下。

假定气动刚度为零阶项，竖向-扭转密集频率系统的零阶项、一阶项可以表示为

$$(\text{零阶项})\ \boldsymbol{M}_0=\boldsymbol{M}_{\rm s},\ \boldsymbol{C}_0=\boldsymbol{O}_{3\times3},\ \boldsymbol{K}_0=\boldsymbol{K}_{\rm s0}+\boldsymbol{K}_{\rm a} \tag{4.34}$$

$$(\text{一阶项})\ \boldsymbol{M}_1=\boldsymbol{M}_{\rm e}/\varepsilon,\ \boldsymbol{C}_1=\left(\boldsymbol{C}_{\rm s}+\boldsymbol{C}_{\rm a}\right)/\varepsilon,\ \boldsymbol{K}_1=\boldsymbol{K}_{\rm s1}/\varepsilon \tag{4.35}$$

该零阶系统具有两组二重根：

$$\lambda_{1,0}=\lambda_{5,0}=\bar{\omega}_1\mathrm{i},\quad \lambda_{2,0}=\lambda_{6,0}=-\bar{\omega}_1\mathrm{i} \tag{4.36}$$

零阶系统中线性无关特征向量的个数为4，特征值的总重数为6，几何重数(4)小于代数重数(6)，零阶系统不具备完备的特征向量系，因此该零阶系统为亏损系统，需用亏损系统摄动法求解。该亏损系统的特征值问题可表示为 $\boldsymbol{Ax}=\lambda\boldsymbol{x}$，其中系统参数矩阵 $\boldsymbol{A}$、初始参数矩阵 $\boldsymbol{A}_0$、参数矩阵的摄动 $\varepsilon\boldsymbol{A}_1$ 分别为

$$\boldsymbol{A}=-\begin{bmatrix}\boldsymbol{M}^{-1}\boldsymbol{C} & \boldsymbol{M}^{-1}\boldsymbol{K}\\ -\boldsymbol{I} & \boldsymbol{O}\end{bmatrix},\ \boldsymbol{A}_0=-\begin{bmatrix}\boldsymbol{M}_0{}^{-1}\boldsymbol{C}_0 & \boldsymbol{M}_0{}^{-1}\boldsymbol{K}_0\\ -\boldsymbol{I} & \boldsymbol{O}\end{bmatrix},\ \varepsilon\boldsymbol{A}_1=\boldsymbol{A}-\boldsymbol{A}_0 \tag{4.37}$$

由代数理论可知，存在可逆矩阵 $\boldsymbol{X}$ 和 $\boldsymbol{Y}$ 使得

$$\boldsymbol{A}_0\boldsymbol{X}=\boldsymbol{X}\boldsymbol{J},\quad \boldsymbol{Y}^{\mathrm{H}}\boldsymbol{X}=\boldsymbol{I} \tag{4.38}$$

式中，$\boldsymbol{J}$ 为 $\boldsymbol{A}_0$ 的若尔当标准型；$\boldsymbol{X}$ 为广义模态矩阵；上角标 H 表示矩阵的共轭转置。

系统特征值的近似解表示为

$$\lambda_k\approx\lambda_{k,0}+\left[\left(\boldsymbol{y}_m^{\mathrm{H}}\boldsymbol{A}_1\boldsymbol{x}_1\right)^{\frac{1}{m}}\mathrm{e}^{\frac{2k\pi\mathrm{i}}{m}}\right]\varepsilon^{\frac{1}{m}}+\left(\frac{1}{m}\sum_{j=1}^{m}\boldsymbol{y}_j^{\mathrm{H}}\boldsymbol{A}_1\boldsymbol{x}_j\right)\varepsilon,\quad k=1,2,\cdots,m \tag{4.39}$$

式中，$\boldsymbol{x}_j$、$\boldsymbol{y}_j$ 分别为矩阵 $\boldsymbol{X}$、$\boldsymbol{Y}$ 中的第 j 个向量；m 为重根的重数。

按照上述方法求解本问题，可得竖向-扭转向模态特征值摄动解 λ^{VT} 的实部为

$$\mathrm{Re}\left(\lambda^{\mathrm{VT}}\right)=\underbrace{-\frac{1}{4}(c_{11}+c_{33})-\frac{1}{4}c_{32}\frac{k_{\mathrm{a}}^{23}}{\bar{\omega}_1^2-\bar{\omega}_2^2}}_{\text{I-}O\left(\varepsilon^{1}\right)}\pm\underbrace{\frac{1}{2}\mathrm{Re}\sqrt{k_{\mathrm{a}}^{13}\left(m_{\mathrm{e}}^{31}-c_{31}\mathrm{i}\right)}}_{\text{II-}O\left(\varepsilon^{1/2}\right)} \tag{4.40}$$

式中并未出现失谐参数 σ，表明在竖向、扭转近似重频处，失谐参数 σ 的变化对于 $\mathrm{Re}(\lambda)$ 数值的影响很小。由阶次判断易知，项 I 对应阶次为 ε^1，项 II 对应阶次为 $\varepsilon^{1/2}$，故根号项起主导作用。由简单的导数知识易知，$\mathrm{Re}\sqrt{k_{\mathrm{a}}^{13}\left(m_{\mathrm{e}}^{31}-c_{31}\mathrm{i}\right)}$ 的数值与 $k_{\mathrm{a}}^{13}m_{\mathrm{e}}^{31}$ 存在正相关关系。因此，与无惯性耦合（$k_{\mathrm{a}}^{13}m_{\mathrm{e}}^{31}=0$）的情况相比，当 $k_{\mathrm{a}}^{13}m_{\mathrm{e}}^{31}>0$ 时，$k_{\mathrm{a}}^{13}m_{\mathrm{e}}^{31}$ 能够增大 $\mathrm{Re}(\lambda)$ 数值，促进舞动，反之抑制舞动。注意到 $k_{\mathrm{a}}^{13}=AUC_{\mathrm{L}}'/\left(mR_{\mathrm{g}}\bar{\omega}_{\mathrm{r}}^2\right)$，$m_{\mathrm{e}}^{31}=-L_{\mathrm{e}}\cos\alpha_{\mathrm{e}}/R_{\mathrm{g}}$，则有

$$k_{\mathrm{a}}^{13}m_{\mathrm{e}}^{31}=-\frac{AUL_{\mathrm{e}}}{mR_{\mathrm{g}}^2\bar{\omega}_{\mathrm{r}}^2}C_{\mathrm{L}}'\cos\alpha_{\mathrm{e}} \tag{4.41}$$

去掉常数项，则可将式(4.42)作为判断惯性耦合促进舞动的准则：

$$C_{\mathrm{L}}'(\alpha)\cos\alpha_{\mathrm{e}}<0 \tag{4.42}$$

若不考虑惯性耦合，λ^{VT} 的实部为

$$\operatorname{Re}\left(\lambda^{\mathrm{VT}}\right)=-\frac{1}{4}\left(c_{11}+c_{33}\right)-\frac{1}{4}c_{32}\frac{k_{\mathrm{a}}^{23}}{\bar{\omega}_1^2-\bar{\omega}_2^2}\pm\sqrt{\frac{\left|k_{\mathrm{a}}^{13}c_{31}\right|}{8}} \tag{4.43}$$

这表明不考虑惯性耦合时，在竖向-扭转向气动刚度（k_{a}^{13}）的作用下，竖向-扭转密集频率系统的 $\operatorname{Re}\left(\lambda^{\mathrm{VT}}\right)$ 达到 $\varepsilon^{1/2}$ 阶次，数值较大，预计会引起强烈的舞动失稳。这种现象与平动密集频率系统是不同的。

3. 通用近似解

本节在竖向-扭转重频的非亏损解、亏损解的基础上，对无惯性耦合情况提出以下通用近似解：

$$\operatorname{Re}\left(\lambda^{\mathrm{VT}}\right)=-\frac{1}{2}\left[\operatorname{tr}\tilde{\boldsymbol{C}}\pm\operatorname{Re}\sqrt{\left(\operatorname{tr}\tilde{\boldsymbol{C}}-\sigma_{\mathrm{VT}}\mathrm{i}\right)^2-4\det\tilde{\boldsymbol{C}}+4\sigma_{\mathrm{VT}}\mathrm{i}\tilde{c}_{11}}\right] \tag{4.44}$$

式中，$\operatorname{tr}\tilde{\boldsymbol{C}}=\frac{1}{2}\left(c_{11}+c_{33}+\frac{k_{\mathrm{a}}^{23}c_{32}}{\bar{\omega}_3'^2-\bar{\omega}_2^2}\right)$；$\det\tilde{\boldsymbol{C}}=\frac{1}{4}\left(c_{11}c_{33}-c_{13}c_{31}\right)$；$\tilde{c}_{11}=\frac{1}{2}\left(c_{11}-\frac{k_{\mathrm{a}}^{13}c_{31}}{\bar{\omega}_3'^2-\bar{\omega}_1^2}\right)$。

可以从公式本身证明，无论竖向频率与扭转频率接近还是远离，无论气动刚度为零阶项还是一阶项，该通用近似解均适用，是水平频率远离情况下三自由度系统 $\operatorname{Re}(\lambda)$ 的通用解。

4.3.4　水平-扭转密集频率系统

水平-扭转密集频率系统与竖向-扭转密集频率系统的求解过程类似，以下直接给出相关解表达式。

非亏损系统摄动法给出的水平向、扭转向模态特征值摄动解 λ^{HT} 的实部为

$$\operatorname{Re}\left(\lambda^{\mathrm{HT}}\right)=\frac{1}{2}\left[-\eta^2\left(b_{22}+b_{33}\right)\pm\operatorname{Re}\sqrt{\eta^4\left(b_{22}+b_{33}\right)^2-4\eta^4\left(b_{22}b_{33}-b_{23}b_{32}\right)}\right] \tag{4.45}$$

式中，$b_{22}=\bar{\omega}_2c_{22}\mathrm{i}$；$b_{23}=-\bar{\omega}_2^2m_{\mathrm{e}}^{23}+\bar{\omega}_2c_{23}\mathrm{i}+k_{\mathrm{a}}^{23}$；$b_{32}=-\bar{\omega}_2^2m_{\mathrm{e}}^{32}+\bar{\omega}_2c_{32}\mathrm{i}$；$b_{33}=\bar{\omega}_2c_{33}\mathrm{i}+2\sigma_{\mathrm{HT}}$；$\sigma_{\mathrm{HT}}=\left(\bar{\omega}_3'^2-\bar{\omega}_2^2\right)/2$；$\eta=(1-\mathrm{i})/\left(2\sqrt{\bar{\omega}_2}\right)$。

亏损系统摄动法给出的解为

$$\operatorname{Re}\left(\lambda^{\mathrm{HT}}\right)=-\frac{1}{4}\left(c_{22}+c_{33}\right)-\frac{1}{4}c_{31}\frac{k_{\mathrm{a}}^{13}}{\bar{\omega}_2^2-\bar{\omega}_1^2}\pm\frac{1}{2}\operatorname{Re}\sqrt{k_{\mathrm{a}}^{23}\left(m_{\mathrm{e}}^{32}-c_{32}\mathrm{i}\right)} \tag{4.46}$$

可以发现，以上各表达式与竖向-扭转密集频率系统的解均十分类似，只需在

表达式中将竖向、水平这两个方向的气动阻尼、气动刚度、频率等参数对调，即竖向-扭转密集频率近似解中对应竖向的上下角标1和水平向的上下角标2进行对调。

4.3.5　三向密集频率系统

1. 非亏损系统的特征值解(气动刚度小量假设)

1)完整解

对于三向密集频率的三自由度系统，假定气动刚度为一阶项，系统的零阶项、一阶项可表示为

$$(\text{零阶项})\ \boldsymbol{M}_0=\boldsymbol{M}_{\mathrm{s}},\quad \boldsymbol{C}_0=\boldsymbol{O}_{3\times3},\quad \boldsymbol{K}_0=\begin{bmatrix}1&0&0\\0&1&0\\0&0&1\end{bmatrix} \tag{4.47}$$

$$(\text{一阶项})\ \boldsymbol{M}_1=\boldsymbol{M}_{\mathrm{e}}/\varepsilon,\quad \boldsymbol{C}_1=\left(\boldsymbol{C}_{\mathrm{s}}+\boldsymbol{C}_{\mathrm{a}}\right)/\varepsilon,\quad \boldsymbol{K}_1=\begin{bmatrix}2\sigma_1&0&k_{\mathrm{a}}^{13}\\0&2\sigma_2&k_{\mathrm{a}}^{23}\\0&0&0\end{bmatrix}/\varepsilon \tag{4.48}$$

式中，$\sigma_1=\left(\bar{\omega}_1^2-\bar{\omega}_3'^2\right)/2$；$\sigma_2=\left(\bar{\omega}_2^2-\bar{\omega}_3'^2\right)/2$；参考圆频率$\bar{\omega}_{\mathrm{r}}=\bar{\omega}_\theta/\sqrt{1-k_{\mathrm{a}}^{33}}$。根据上述设定，零阶系统为非亏损系统，可采用非亏损系统摄动法求解。

根据密集频率非亏损系统摄动法的式(3.79)，三向密集频率条件下的特征值需满足以下方程：

$$\begin{aligned}&\left|\lambda_{1,1}\boldsymbol{I}+\boldsymbol{Z}^{\mathrm{T}}\left(\hat{\boldsymbol{M}}_1\lambda_{1,0}+\hat{\boldsymbol{K}}_1\right)\boldsymbol{W}\right|\\&=\left|\lambda_{1,1}\boldsymbol{I}+\begin{bmatrix}\boldsymbol{s}_{1,0}^{\mathrm{T}}\left(\lambda_{1,0}^2\boldsymbol{M}_1+\lambda_{1,0}\boldsymbol{C}_1+\boldsymbol{K}_1\right)\boldsymbol{t}_{1,0}&\boldsymbol{s}_{1,0}^{\mathrm{T}}\left(\lambda_{1,0}^2\boldsymbol{M}_1+\lambda_{1,0}\boldsymbol{C}_1+\boldsymbol{K}_1\right)\boldsymbol{t}_{3,0}&\boldsymbol{s}_{1,0}^{\mathrm{T}}\left(\lambda_{1,0}^2\boldsymbol{M}_1+\lambda_{1,0}\boldsymbol{C}_1+\boldsymbol{K}_1\right)\boldsymbol{t}_{5,0}\\\boldsymbol{s}_{3,0}^{\mathrm{T}}\left(\lambda_{1,0}^2\boldsymbol{M}_1+\lambda_{1,0}\boldsymbol{C}_1+\boldsymbol{K}_1\right)\boldsymbol{t}_{1,0}&\boldsymbol{s}_{3,0}^{\mathrm{T}}\left(\lambda_{1,0}^2\boldsymbol{M}_1+\lambda_{1,0}\boldsymbol{C}_1+\boldsymbol{K}_1\right)\boldsymbol{t}_{3,0}&\boldsymbol{s}_{3,0}^{\mathrm{T}}\left(\lambda_{1,0}^2\boldsymbol{M}_1+\lambda_{1,0}\boldsymbol{C}_1+\boldsymbol{K}_1\right)\boldsymbol{t}_{5,0}\\\boldsymbol{s}_{5,0}^{\mathrm{T}}\left(\lambda_{1,0}^2\boldsymbol{M}_1+\lambda_{1,0}\boldsymbol{C}_1+\boldsymbol{K}_1\right)\boldsymbol{t}_{1,0}&\boldsymbol{s}_{5,0}^{\mathrm{T}}\left(\lambda_{1,0}^2\boldsymbol{M}_1+\lambda_{1,0}\boldsymbol{C}_1+\boldsymbol{K}_1\right)\boldsymbol{t}_{3,0}&\boldsymbol{s}_{5,0}^{\mathrm{T}}\left(\lambda_{1,0}^2\boldsymbol{M}_1+\lambda_{1,0}\boldsymbol{C}_1+\boldsymbol{K}_1\right)\boldsymbol{t}_{5,0}\end{bmatrix}\right|\\&=0\end{aligned} \tag{4.49}$$

系统零阶线性无关向量取为

$$\boldsymbol{s}_{1,0}=\boldsymbol{t}_{1,0}=\begin{bmatrix}\dfrac{1-\mathrm{i}}{2}&0&0\end{bmatrix}^{\mathrm{T}},\quad \boldsymbol{s}_{3,0}=\boldsymbol{t}_{3,0}=\begin{bmatrix}0&\dfrac{1-\mathrm{i}}{2}&0\end{bmatrix}^{\mathrm{T}},\quad \boldsymbol{s}_{5,0}=\boldsymbol{t}_{5,0}=\begin{bmatrix}0&0&\dfrac{1-\mathrm{i}}{2}\end{bmatrix}^{\mathrm{T}} \tag{4.50}$$

记

$$\boldsymbol{b}=\begin{bmatrix} b_{11} & b_{12} & b_{13} \\ b_{21} & b_{22} & b_{23} \\ b_{31} & b_{32} & b_{33} \end{bmatrix}=\begin{bmatrix} c_{11}\mathrm{i}+2\sigma_1 & c_{12}\mathrm{i} & c_{13}\mathrm{i}+k_{\mathrm{a}}^{13}-m_{\mathrm{e}}^{13} \\ c_{21}\mathrm{i} & c_{22}\mathrm{i}+2\sigma_2 & c_{23}\mathrm{i}+k_{\mathrm{a}}^{23}-m_{\mathrm{e}}^{23} \\ c_{31}\mathrm{i}-m_{\mathrm{e}}^{31} & c_{32}\mathrm{i}-m_{\mathrm{e}}^{32} & c_{33}\mathrm{i} \end{bmatrix} \tag{4.51}$$

记$\eta=\dfrac{1-\mathrm{i}}{2}$，则有$\eta^2=-\dfrac{\mathrm{i}}{2}$，$\eta^4=-\dfrac{1}{4}$，$\eta^6=\dfrac{\mathrm{i}}{8}$。式(4.49)可写为

$$\begin{vmatrix} \varepsilon\lambda_{1,1}+\eta^2 b_{11} & \eta^2 b_{12} & \eta^2 b_{13} \\ \eta^2 b_{21} & \varepsilon\lambda_{1,1}+\eta^2 b_{22} & \eta^2 b_{23} \\ \eta^2 b_{31} & \eta^2 b_{32} & \varepsilon\lambda_{1,1}+\eta^2 b_{33} \end{vmatrix}=0 \tag{4.52}$$

式(4.52)展开为关于$\lambda_{1,1}$的三次方程：

$$\left(\varepsilon\lambda_{1,1}\right)^3+b\left(\varepsilon\lambda_{1,1}\right)^2+c\left(\varepsilon\lambda_{1,1}\right)+d=0 \tag{4.53}$$

式中，

$$\begin{aligned} &b=\eta^2\left(b_{11}+b_{22}+b_{33}\right) \\ &c=\eta^4\left(b_{11}b_{22}+b_{11}b_{33}+b_{22}b_{33}-b_{12}b_{21}-b_{13}b_{31}-b_{23}b_{32}\right) \\ &d=\eta^6\left|\boldsymbol{b}\right| \end{aligned} \tag{4.54}$$

对该三次方程求根可得特征值实部解为

$$\mathrm{Re}(\lambda)=\mathrm{Re}\left(\varepsilon\lambda_{1,1}\right)=-\frac{1}{3}\left(b+C^1+\frac{\varDelta_0}{C^1}\right) \tag{4.55}$$

式中，$C^1=\left[\left(\varDelta_1\pm\sqrt{\varDelta_1^2-4\varDelta_0^3}\right)/2\right]^{\frac{1}{3}}$，$\varDelta_0=b^2-3c$，$\varDelta_1=2b^3-9bc+27d$。

当不考虑惯性耦合、频率失谐，而仅考虑气动阻尼、气动刚度时，式(4.53)简化为

$$\left(\varepsilon\lambda_{1,1}\right)^3+\frac{1}{2}\mathrm{tr}\boldsymbol{C}\left(\varepsilon\lambda_{1,1}\right)^2+\left(\frac{1}{4}a_{CK}\mathrm{i}+\frac{1}{4}\det\boldsymbol{C}_2\right)\varepsilon\lambda_{1,1}+\frac{1}{8}\det\boldsymbol{C}-\frac{1}{8}a_{C2K}\mathrm{i}=0 \tag{4.56}$$

式中，符号含义为

$$
\begin{aligned}
&\mathrm{tr}\boldsymbol{C}=c_{11}+c_{22}+c_{33}\\
&\det\boldsymbol{C}=|\boldsymbol{C}|\\
&\det\boldsymbol{C}_2=c_{11}c_{22}-c_{12}c_{21}+c_{11}c_{33}-c_{13}c_{31}+c_{22}c_{33}-c_{23}c_{32}\\
&a_{CK}=k_{\mathrm{a}}^{13}c_{31}+k_{\mathrm{a}}^{23}c_{32}\\
&a_{C2K}=k_{\mathrm{a}}^{23}\left(c_{12}c_{31}-c_{11}c_{32}\right)+k_{\mathrm{a}}^{13}\left(c_{21}c_{32}-c_{22}c_{31}\right)
\end{aligned}
\tag{4.57}
$$

以上符号在本章将多次用到。式(4.56)的求解同样遵循求根公式(4.55)。通过观察可知，式(4.56)虽然已经简化，但其根的表达式依然较为复杂，难以用于分析。

2) 仅考虑气动阻尼

假定仅考虑气动阻尼，则一元三次方程(4.56)舍去气动刚度相关项，可简化为

$$
8\left(\varepsilon\lambda_{1,1}\right)^3+4\mathrm{tr}\boldsymbol{C}\left(\varepsilon\lambda_{1,1}\right)^2+2\det\boldsymbol{C}_2\varepsilon\lambda_{1,1}+\det\boldsymbol{C}=0 \tag{4.58}
$$

考虑到分裂导线、单导线的气动力模型有所不同(见 3.4 节运动方程)，以下分别针对单导线模型、分裂导线模型两种情况进行讨论。

基于单导线模型，若认为结构阻尼相比于气动阻尼可忽略，则在数学上有 $\det\boldsymbol{C}=0$ ①恒成立[26]，此时也相当于考察无结构阻尼情况下的舞动稳定性，则式(4.58)变为

$$
\varepsilon\lambda_{1,1}\left[4\left(\varepsilon\lambda_{1,1}\right)^2+2\mathrm{tr}\boldsymbol{C}\varepsilon\lambda_{1,1}+\det\boldsymbol{C}_2\right]=0 \tag{4.59}
$$

解得 $\mathrm{Re}(\lambda)$ 的三个根为

$$
\mathrm{Re}(\lambda)\approx\mathrm{Re}\left(\varepsilon\lambda_{1,1}\right)=0,\ \frac{-\mathrm{tr}\boldsymbol{C}\pm\mathrm{Re}\sqrt{\mathrm{tr}^2\boldsymbol{C}-4\det\boldsymbol{C}_2}}{4} \tag{4.60}
$$

式(4.60)给出的特征值实部 $\mathrm{Re}(\lambda)$ 与气动阻尼项处于同一量级，由此可以推断式(4.60)预测的 $\mathrm{Re}(\lambda)$ 与单自由度解处于同一量级，但两者的表达式具有明显差异。另外可以发现，式(4.60)与 He 和 Macdonald[26]求得的解的临界阻尼比解具有相近的形式，但后者需要假定三向结构阻尼比相同。而式(4.60)的优点在于，允许三向结构阻尼比任意取值，前提是结构阻尼弱于气动阻尼。这个前提对于未加装阻尼器的桥梁拉索、输电线等结构是成立的。

对于分裂导线模型，$\det\boldsymbol{C}=0$ 不再成立。为使理论分析可行，此处进行较为简化的假定：一般而言，各子导线之间气动力差距较小，可假定 $c_{13}\approx c_{23}\approx 0$；另

① $\det\boldsymbol{C}=0$ 是个有趣的发现，由 He 和 Macdonald 在 2016 年的文章[26]中首次提出，并给出了机理上的解释。

外，假定$c_{11}c_{22} \gg c_{12}c_{21}$（即$C_L'$比$C_D'$显著），则有

$$\det \boldsymbol{C} \approx c_{11}c_{22}c_{33} - c_{12}c_{21}c_{33} \approx c_{11}c_{22}c_{33} \tag{4.61}$$

$$\det \boldsymbol{C}_2 \approx c_{11}c_{22} + c_{22}c_{33} + c_{11}c_{33} - c_{12}c_{21} \approx c_{11}c_{22} + c_{22}c_{33} + c_{11}c_{33} \tag{4.62}$$

式(4.58)可化为

$$\begin{aligned} &8\left(\varepsilon\lambda_{1,1}\right)^3 + 4\left(c_{11}+c_{22}+c_{33}\right)\left(\varepsilon\lambda_{1,1}\right)^2 + 2\left(c_{11}c_{22}+c_{22}c_{33}+c_{11}c_{33}\right)\varepsilon\lambda_{1,1} + c_{11}c_{22}c_{33} \\ &= \left(2\varepsilon\lambda_{1,1}+c_{11}\right)\left(2\varepsilon\lambda_{1,1}+c_{22}\right)\left(2\varepsilon\lambda_{1,1}+c_{33}\right) \\ &= 0 \end{aligned} \tag{4.63}$$

解得

$$\mathrm{Re}(\lambda) \approx \mathrm{Re}\left(\varepsilon\lambda_{1,1}\right) = -\frac{1}{2}c_{ii},\quad i = 1,2,3 \tag{4.64}$$

可以发现，$\mathrm{Re}(\lambda)$表达式与单自由度系统一致。故从理论上可以预测，对于分裂导线，其三向重频系统在低风速下的舞动稳定性与单自由度系统是相近的。需注意，仅考虑气动阻尼时，数值解与单自由度解接近，这不能归因于低风速下三向耦合较弱。两种解之所以接近，是因为分裂导线的$\boldsymbol{C}_a$矩阵第三列元素具有特殊的、不同于单导线的表达式。

综上所述，对三向重频系统仅考虑气动阻尼时，单导线的舞动稳定性特征与单自由度系统有明显差别；分裂导线的舞动稳定性特征与单自由度系统较为接近。

2. 亏损系统的特征值解(气动刚度非小量假设)

1)完整解

对于三向密集频率的三自由度系统，假定气动刚度为零阶项，则零阶系统为亏损系统。由于该系统的复杂性，用亏损系统摄动法完全求解存在一定困难，因而本节采用摄动法对系统特征方程进行直接求解。取参考频率$\bar{\omega}_r = \bar{\omega}_\theta^2 \Big/ \left(1 - k_a^{33}\right)$，运动方程对应的系统特征方程可写为

$$\begin{aligned} &\left|\lambda_i^2 \boldsymbol{M} + \lambda_i \boldsymbol{C} + \boldsymbol{K}\right| \\ &= \begin{vmatrix} \lambda_i^2 + \lambda_i c_{11} + 1 + 2\sigma_1 & \lambda_i c_{12} & \lambda_i^2 m_e^{13} + \lambda_i c_{13} + k_a^{13} \\ \lambda_i c_{21} & \lambda_i^2 + \lambda_i c_{22} + 1 + 2\sigma_2 & \lambda_i^2 m_e^{23} + \lambda_i c_{23} + k_a^{23} \\ \lambda_i^2 m_e^{31} + \lambda_i c_{31} & \lambda_i^2 m_e^{32} + \lambda_i c_{32} & \lambda_i^2 + \lambda_i c_{33} + 1 \end{vmatrix} = 0 \end{aligned} \tag{4.65}$$

式中，$\sigma_1=\left(\bar{\omega}_1^2-\bar{\omega}_3'^2\right)/2$；$\sigma_2=\left(\bar{\omega}_2^2-\bar{\omega}_3'^2\right)/2$。特征方程(4.65)的零阶特征方程为

$$\left|\lambda^2\boldsymbol{M}_0+\lambda\boldsymbol{C}_0+\boldsymbol{K}_0\right|=0 \tag{4.66}$$

该零阶特征方程具有两组三重根：

$$\lambda_{1,0}=\lambda_{2,0}=\lambda_{3,0}=\mathrm{i},\ \ \lambda_{4,0}=\lambda_{5,0}=\lambda_{6,0}=-\mathrm{i} \tag{4.67}$$

特征方程(4.65)特征值以共轭复数的形式成对出现，因此对于特征值实部的求解问题，仅需考虑零阶三重根 $\lambda_{i,0}=\mathrm{i}$ 即可。设 $\lambda_i=\mathrm{i}+\Delta_\lambda$，$\Delta_\lambda$ 的表达式为

$$\Delta_\lambda=\varepsilon^{a_1}\lambda_{1,1}+\varepsilon^{a_2}\lambda_{2,1}+\cdots \tag{4.68}$$

式中，$a_2>a_1>0$。

将 $\lambda=\mathrm{i}+\Delta_\lambda$ 代入式(4.65)可得关于 Δ_λ 的一元六次方程(为便于展示计算思路，此处给出的方程仅以不考虑频率失谐、惯性耦合的情况为例)：

$$\begin{aligned}&\Delta_\lambda^6+(\underline{\mathrm{tr}\boldsymbol{C}}+6\mathrm{i})\Delta_\lambda^5+\left(\underline{\underline{\det\boldsymbol{C}_2}}-12+5\underline{\mathrm{tr}\boldsymbol{C}}\mathrm{i}\right)\Delta_\lambda^4+\left(\underline{\underline{\underline{\det\boldsymbol{C}}}}-8\underline{\mathrm{tr}\boldsymbol{C}}-\underline{a_{CK}}+4\underline{\underline{\det\boldsymbol{C}_2}}\mathrm{i}-8\mathrm{i}\right)\Delta_\lambda^3\\&+\left(\underline{\underline{a_{C2K}}}-5\underline{\underline{\det\boldsymbol{C}_2}}-4\underline{\mathrm{tr}\boldsymbol{C}}\mathrm{i}-3\underline{a_{CK}}\mathrm{i}+3\underline{\underline{\underline{\det\boldsymbol{C}}}}\mathrm{i}\right)\Delta_\lambda^2\\&+\left(2\underline{a_{CK}}-3\underline{\underline{\underline{\det\boldsymbol{C}}}}-2\underline{\underline{\det\boldsymbol{C}_2}}\mathrm{i}+2\underline{\underline{a_{C2K}}}\mathrm{i}\right)\Delta_\lambda-\underline{\underline{\underline{\det\boldsymbol{C}}}}\mathrm{i}-\underline{a_{C2K}}=0\end{aligned} \tag{4.69}$$

相关符号定义参见符号表。式中，使用下划线的数量表示对应项的阶次，其中一、=、≡下划线分别表示一阶、二阶和三阶。

对式(4.69)分析阶次可知，各幂次 Δ_λ 相关项的主导阶次为

$$\begin{aligned}&\Delta_\lambda^6:O\left(\varepsilon^{6a_1}\right),\ \Delta_\lambda^5:O\left(\varepsilon^{5a_1}\right),\ \Delta_\lambda^4:O\left(\varepsilon^{4a_1}\right),\\&\Delta_\lambda^3:O\left(\varepsilon^{3a_1}\right),\ \Delta_\lambda^2:O\left(\varepsilon^{2a_1+1}\right),\ \Delta_\lambda^1:O\left(\varepsilon^{a_1+1}\right),\ \Delta_\lambda^0:O\left(\varepsilon^2\right)\end{aligned} \tag{4.70}$$

根据摄动法原理，方程各阶相关项需各自满足协调关系，即同阶项内部相加为零。由简单的代数关系易知

$$\begin{aligned}&6a_1>5a_1>4a_1>3a_1\\&2a_1+1>a_1+1\end{aligned} \tag{4.71}$$

因此，式(4.70)中潜在的最低阶的阶次可能为 $3a_1$、a_1+1、2。其中，必有两个阶次是相等的，如此才能满足最低阶的协调关系。可能的关系及结果如下：

$$\begin{cases} 3a_1 = a_1 + 1 \\ 3a_1 = 2 \qquad \Rightarrow a_1 = \dfrac{1}{2},\ \dfrac{2}{3},\ 1 \\ a_1 + 1 = 2 \end{cases} \tag{4.72}$$

式中，$a_1 = 2/3$ 时，$3a_1 = 2 > a_1 + 1$，不满足最低阶假定。因此，排除 $a_1 = 2/3$，a_1 的允许取值为 1/2 和 1。采用类似的方法，分析方程次低阶的协调关系，可求得相应的 a_2 取值。

根据求出的 a_1 和 a_2 数值，$\varDelta_\lambda$ 可能的表达式为(截取至一阶项)

$$\begin{aligned} \varDelta_{\lambda\mathrm{A}} &= \varepsilon^{1/2}\lambda_{\mathrm{A1}} + \varepsilon\lambda_{\mathrm{A2}} + \cdots \\ \varDelta_{\lambda\mathrm{B}} &= \varepsilon\lambda_{\mathrm{B1}} + \cdots \end{aligned} \tag{4.73}$$

式中，$\varDelta_{\lambda\mathrm{A}}$ 具有两个未知系数 λ_{A1} 和 λ_{A2}，故需对式(4.69)分别提取最低阶、次低阶建立两方程进行求解；$\varDelta_{\lambda\mathrm{B}}$ 具有一个未知系数 λ_{B1}，故需对式(4.69)提取最低阶建立一个方程求解。

采用以上方法，便可推导得到完整考虑气动刚度、惯性耦合、频率失谐的特征值实部为

$$\mathrm{Re}(\lambda) \approx \begin{cases} \mathrm{Re}\left(\sqrt{\dfrac{a_{MK} - a_{CK}\mathrm{i}}{4}}\right) - \dfrac{1}{4}\mathrm{tr}\boldsymbol{C} - \dfrac{a_{C2K}a_{CK} + a_{CMK}a_{MK} - 2a_{CK}a_{\sigma MK} + 2a_{MK}a_{\sigma CK}}{4\left(a_{CK}^2 + a_{MK}^2\right)} \\ \dfrac{a_{C2K}a_{CK} + a_{CMK}a_{MK} - 2a_{CK}a_{\sigma MK} + 2a_{MK}a_{\sigma CK}}{2\left(a_{CK}^2 + a_{MK}^2\right)} \end{cases} \tag{4.74}$$

相关符号定义参见符号表。

2)考虑气动阻尼、气动刚度、频率失谐的解

忽略惯性耦合时，特征值实部(4.74)简化为

$$\mathrm{Re}(\lambda) \approx \begin{cases} \overbrace{\pm\sqrt{\dfrac{|a_{CK}|}{8}}}^{\text{I-}O\left(\varepsilon^{1/2}\right)} \overbrace{-\dfrac{1}{4}\left(\mathrm{tr}\boldsymbol{C} + \dfrac{a_{C2K}}{a_{CK}}\right)}^{\text{II-}O\left(\varepsilon^{1}\right)} & (4.75\mathrm{a}) \\ \underbrace{\dfrac{a_{C2K}}{2a_{CK}}}_{\text{III-}O\left(\varepsilon^{1}\right)} & (4.75\mathrm{b}) \end{cases}$$

式中，$a_{CK}=k_{\mathrm{a}}^{13}c_{31}+k_{\mathrm{a}}^{23}c_{32}$；$a_{C2K}=k_{\mathrm{a}}^{13}\left(c_{21}c_{32}-c_{22}c_{31}\right)+k_{\mathrm{a}}^{23}\left(c_{12}c_{31}-c_{11}c_{32}\right)$；$\mathrm{tr}\boldsymbol{C}=c_{11}+c_{22}+c_{33}$。

式(4.75a)的正根号项(项Ⅰ)对应$\varepsilon^{1/2}$阶次，对系统稳定起主导作用，且其数值较大，预计会引起强烈的舞动失稳。这表明气动刚度对于三向重频系统有显著促进舞动的作用。另外，式(4.75)是三向密集频率系统推导的结果，当然也适用于三向重频的情况。这表明当三向频率密集时，三向密集频率系统的舞动稳定性与三向重频系统几乎相同。

需注意的是，式(4.75)是依据给定的阶次假定推得的，适用前提为

$$O\left(a_{C2K}/a_{CK}\right)=O\left(\varepsilon^{1}\right) \tag{4.76}$$

$$O\left(\sqrt{a_{CK}}\right)=O\left(\varepsilon^{1/2}\right) \tag{4.77}$$

分析$a_{CK}=k_{\mathrm{a}}^{13}c_{31}+k_{\mathrm{a}}^{23}c_{32}$可知，$k_{\mathrm{a}}^{13}c_{31}$、$k_{\mathrm{a}}^{23}c_{32}$均为一阶项，但在少数风攻角下两者可能出现异号且绝对值相近的情况，a_{CK}势必会弱于一阶项，甚至出现接近 0 的情况，此时$\sqrt{a_{CK}}$不满足$\varepsilon^{1/2}$阶假定，a_{C2K}/a_{CK}不满足ε^{1}阶假定，式(4.76)失效。因此，需对a_{CK}较弱的情况进行单独的修正。注意，若系统含惯性耦合，对应的式(4.74)的适用性不受a_{CK}阶次的影响，不必修正。

首先为a_{CK}是否较弱定义一个简单的无量纲化判断条件[①]：

$$\frac{\left|a_{CK}\right|}{a_{CK}^{\max}}<\varepsilon_{\mathrm{s}} \tag{4.78}$$

式中，$a_{CK}^{\max}=\left(\left|k_{\mathrm{a}}^{13}c_{31}\right|,\ \left|k_{\mathrm{a}}^{23}c_{32}\right|\right)_{\max}$；$\varepsilon_{\mathrm{s}}$为根据实际情况确定的参数。该条件与具体风攻角的气动力参数有关，与风速大小无关。

当a_{CK}较弱时，再次将式(4.68)的Δ_λ表达式代入式(4.69)，分析阶次可知，各幂次Δ_λ相关项的主导阶次为

$$\begin{aligned}&\Delta_\lambda^6:O\left(\varepsilon^{6a_1}\right),\ \Delta_\lambda^5:O\left(\varepsilon^{5a_1}\right),\ \Delta_\lambda^4:O\left(\varepsilon^{4a_1}\right),\\&\Delta_\lambda^3:O\left(\varepsilon^{3a_1}\right),\ \Delta_\lambda^2:O\left(\varepsilon^{2a_1+1}\right),\ \Delta_\lambda^1:O\left(\varepsilon^{a_1+2}\right),\ \Delta_\lambda^0:O\left(\varepsilon^{2}\right)\end{aligned} \tag{4.79}$$

根据前述方法，分析式(4.79)最低阶的幂次可知$a_1=2/3$，$a_2=1$。从而Δ_λ的表达式为

$$\Delta_{\lambda\mathrm{C}}=\varepsilon^{2/3}\lambda_{\mathrm{C}1}+\varepsilon\lambda_{\mathrm{C}2}+\cdots \tag{4.80}$$

① 判断条件不是唯一的，此处仅选择较简单的一种。

为求解 $\Delta_{\lambda C}$ 中两个未知系数 λ_{C1} 和 λ_{C2}，需对式(4.69)提取最低阶、次低阶建立两个方程进行求解。结合 $\lambda = \mathrm{i} + \Delta_\lambda$，求解得到特征值实部为

$$\mathrm{Re}(\lambda) \approx \underbrace{\frac{1}{2}\mathrm{Re}\left[\left(a_{C2K}\mathrm{i}+2a_{\sigma CK}\right)^{1/3}\right]}_{\text{I-}O\left(\varepsilon^{2/3}\right)} - \underbrace{\frac{1}{6}\mathrm{tr}\boldsymbol{C}}_{\text{II-}O\left(\varepsilon^{1}\right)} \tag{4.81}$$

式中，$a_{\sigma CK} = c_{32}k_{\mathrm{a}}^{23}\sigma_1 + c_{31}k_{\mathrm{a}}^{13}\sigma_2$。由式(4.81)可知，项 I 对应 $\varepsilon^{2/3}$ 阶次，对系统稳定起主导作用，且其数值较大，预计会引起强烈的舞动失稳。这表明气动刚度对于三向重频系统依然有显著促进舞动的作用。

综合上述结果，给出修正后的表达式：

$$\begin{cases} \mathrm{Re}(\lambda) \approx \begin{cases} \boxed{\pm\sqrt{\dfrac{\left|a_{CK}\right|}{8}}} - \dfrac{1}{4}\left(\mathrm{tr}\boldsymbol{C} + \dfrac{a_{C2K}}{a_{CK}}\right) \\ \dfrac{a_{C2K}}{2a_{CK}} \end{cases}, \quad \left|a_{CK}\right| \geqslant \varepsilon_{\mathrm{s}} & (4.82\mathrm{a}) \\ \mathrm{Re}(\lambda) \approx \boxed{\dfrac{1}{2}\left(a_{C2K}\mathrm{i}+a_{CK\sigma 2}\right)^{1/3}} - \dfrac{1}{6}\mathrm{tr}\boldsymbol{C}, \quad \left|a_{CK}\right| < \varepsilon_{\mathrm{s}} & (4.82\mathrm{b}) \end{cases}$$

式中，ε_{s} 为某小参数；虚线框出的部分便是主导项，表明气动刚度对舞动稳定性的主导作用。

式(4.82)中，当 $\left|a_{CK}\right| \geqslant \varepsilon_{\mathrm{s}}$ 时，$\mathrm{Re}(\lambda)$ 最低阶为 $\varepsilon^{1/2}$ 阶次，而当 $\left|a_{CK}\right| < \varepsilon_{\mathrm{s}}$ 时，$\mathrm{Re}(\lambda)$ 最低阶为 $\varepsilon^{2/3}$ 阶次，这表明在 a_{CK} 较弱时，气动刚度对舞动的促进作用有所减弱，但依然比纯气动阻尼的情况显著。完整解式(4.82)形式较为简单，揭示了三向重频系统的舞动稳定机理，反映了气动刚度对于舞动激发的无条件促进作用，这种促进作用与具体的风攻角无关。

4.4 结果验证

4.4.1 试验验证

相比于其他冰形，D 形覆冰升力曲线变化更为剧烈，容易产生更多的失稳风攻角，因而 D 形覆冰导线适合用于舞动研究。分裂导线在输电线路中得到广泛应用，相比于单导线更容易发生舞动，舞动的危害较大，因而分裂导线是本节的重点研究对象。

下面通过一个D形覆冰八分裂导线节段模型风洞舞动试验[30]对舞动准则进行验证。该试验利用作者团队自行设计的覆冰分裂导线舞动风洞试验装置，如图 4.2

和图 4.3 所示，在浙江大学土木水利工程实验中心的风洞中进行。

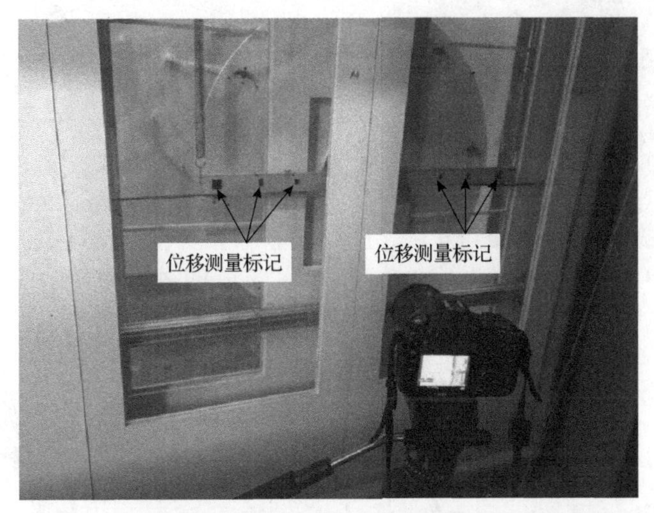

图 4.2　覆冰分裂导线气弹模型舞动风洞试验位移测量

(a) 顺流方向视角

(b) 逆流方向视角

图 4.3　覆冰分裂导线气弹模型舞动风洞试验装置

D 形覆冰八分裂导线模型实物和截面形状如图 4.4 所示。分裂导线模型长度为 2.48m，质量为 37.9kg，转动惯量为 5.3kg·m^2，导线分裂半径为 0.523m。分裂导线气动三分力系数见图 4.5。节段模型动力特性见表 4.2。试验工况的风速为 2.8～6.6m/s，风攻角选取为 75°、85°、165°。

对于给定的风速和风攻角，图 4.6 给出了试验的舞动状态结果，以及分别根据分裂导线气动力模型、单导体气动力模型计算的 $\mathrm{Re}(\lambda)_{\max}$ 数值解(即所有模态的最大值)。可以发现，在不同的风速、风攻角和频率比下，分裂导线模型可以正确预测各工况舞动的激发状态，而在 85°攻角下，单导线模型无法与试验结果匹配。这表明，使用简化的单导线模型来模拟分裂导线的舞动可能会导致显著误差。

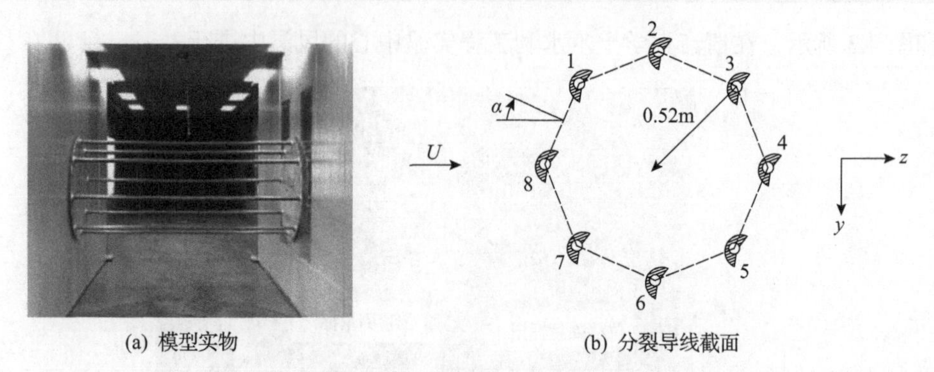

(a) 模型实物　　(b) 分裂导线截面

图 4.4　D 形覆冰八分裂导线

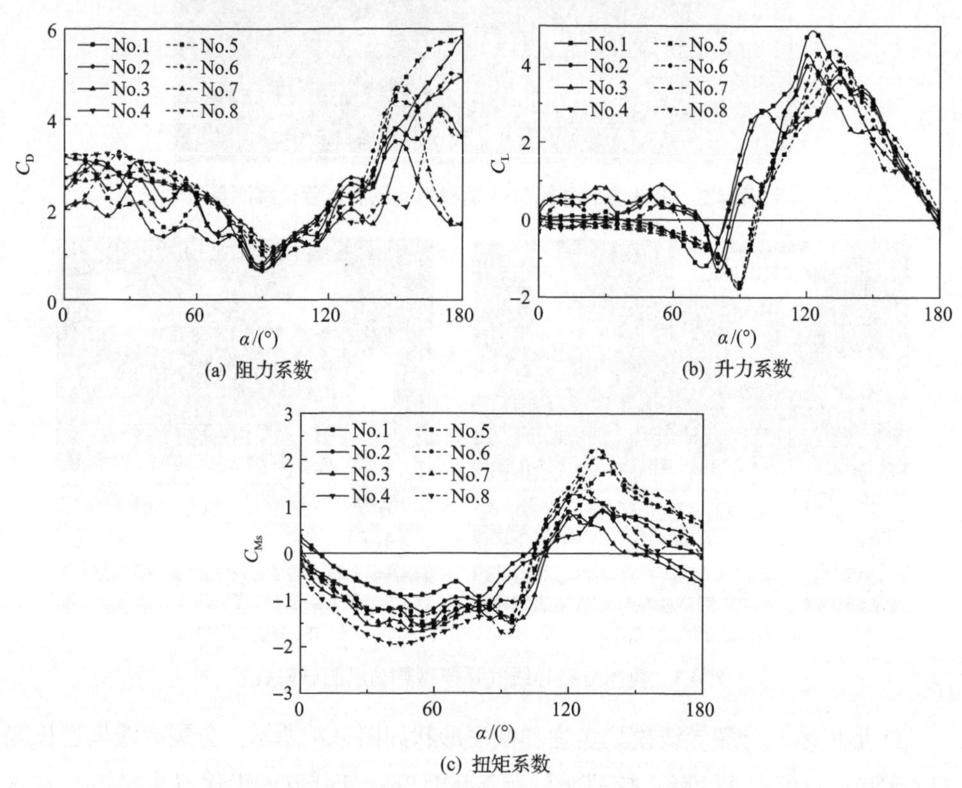

(a) 阻力系数　　(b) 升力系数

(c) 扭矩系数

图 4.5　D 形覆冰八分裂导线各子导线气动三分力系数

表 4.2　八分裂导线节段模型动力特性

f_y/Hz	f_θ/Hz	f_z/Hz	ξ_y/%	ξ_θ/%	ξ_z/%
	0.45		0.24	0.94	0.25
0.58	0.60	0.57	0.37	0.64	0.25
	0.81		0.27	0.46	0.25

注：f_y为竖向频率，f_z为水平频率，f_θ为扭转频率。

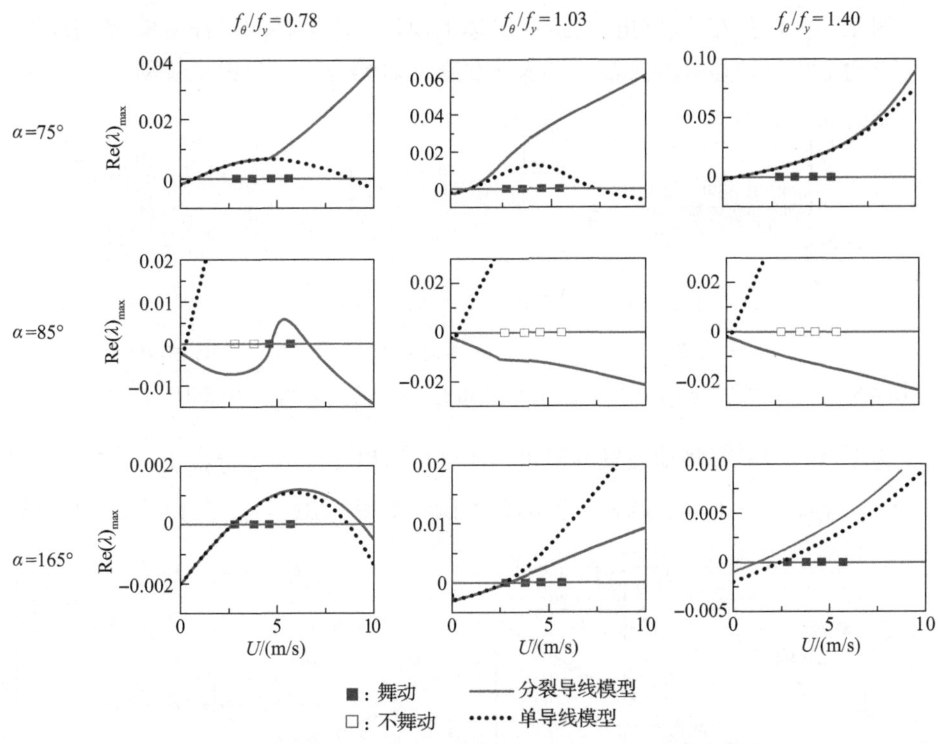

图 4.6 各风攻角、频率比条件下 $\mathrm{Re}(\lambda)_{\max}$ 随风速的变化

Matsumiya 等[31]对四分裂导线的舞动试验也表明了这一问题。

对于 75°风攻角，有 $\bar{C}_\mathrm{D}+\bar{C}'_\mathrm{L}<0$ 、$\tilde{\xi}_{\mathrm{M}\dot{\theta}}>0$，则竖向为负气动阻尼、扭转向为正气动阻尼，因此舞动可能由竖向主导。图 4.7 给出的三个方向位移响应结果证实了这一点，即 75°风攻角下该模型仅竖向具有显著振幅。对于 85°风攻角，有 $\bar{C}_\mathrm{D}+\bar{C}'_\mathrm{L}>0$ 、$\tilde{\xi}_{\mathrm{M}\dot{\theta}}>0$，即竖向、扭转向均为气动正阻尼，这意味着不太可能出现舞动。然而，在 $f_\theta/f_y=0.78$ 工况中，4.6m/s、5.7m/s 风速下观察到了舞动，这可能是由不同自由度的耦合引起的，而不是单纯的竖向或扭转向振动。

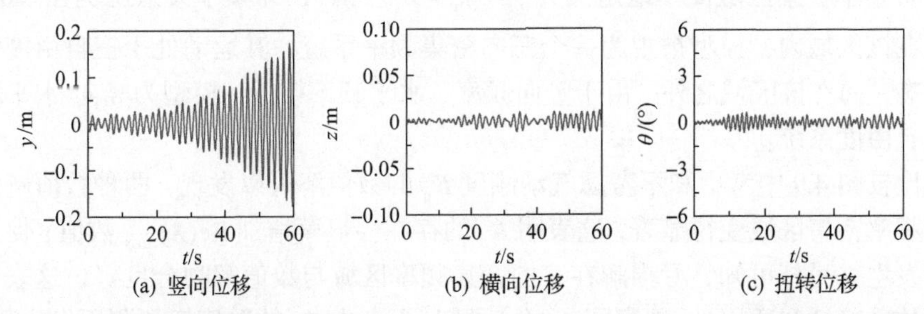

图 4.7 三向位移时程结果（$\alpha=75°$, $U=4.7\mathrm{m/s}$； $f_\theta/f_y=1.40$, f_y=0.58Hz, f_z=0.57Hz）

图 4.8 给出了 85°风攻角、4.6m/s 风速下模型三向位移的时程结果。结果表明，三个方向上均有较显著的振幅，这表明存在显著耦合的三自由度舞动。

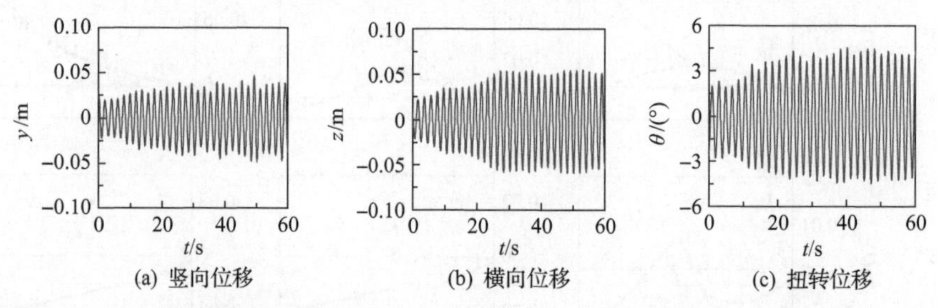

图 4.8 三向位移时程结果（$\alpha = 85°$, $U = 4.6$m/s； $f_\theta / f_y = 0.78$, f_y =0.58Hz, f_z =0.57Hz）

为了进一步解释舞动激发的机理，图 4.9 给出 $\alpha = 75°$ 、 $f_\theta / f_y = 1.40$ ，以及 $\alpha = 85°$ 、$f_\theta / f_y = 0.78$ 这两种配置的舞动试验结果和 $\mathrm{Re}(\lambda)_{\max}$ 的数值解、解析解。

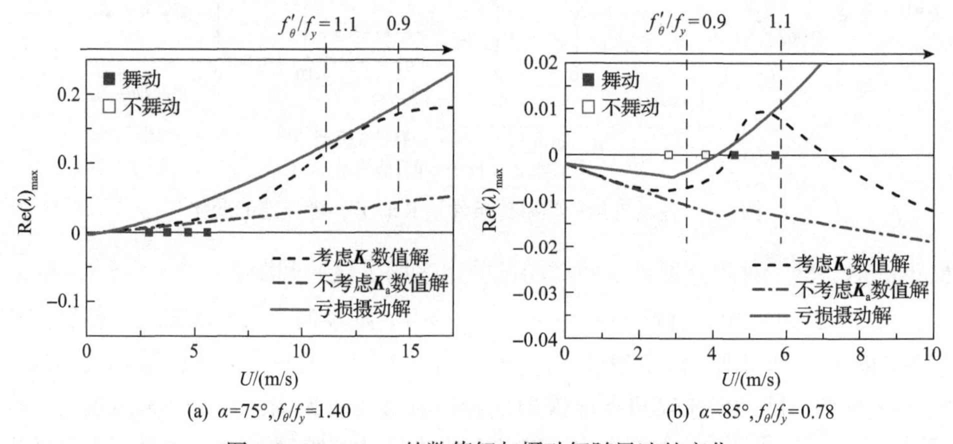

图 4.9 $\mathrm{Re}(\lambda)_{\max}$ 的数值解与摄动解随风速的变化

考虑到扭转向气动刚度（k_a^{33}）的影响，扭转频率 f'_θ 会随着风速的增加而变化，这里将频率密集区域简单地定义为 $f'_\theta / f_y = 0.9 \sim 1.1$，即频率失谐比例在 10%以内。在该区域内，模型被视为一个三向密集频率系统，其运动处于三自由度强耦合状态，而在该区域之外，由于竖向频率、水平频率接近，模型为竖向-水平耦合的三自由度系统。

比较图 4.9 中考虑和不考虑气动刚度 $\boldsymbol{K}_a$ 的数值解可以发现，两种数值解的差异在频率密集区域变得显著，这表明 $\boldsymbol{K}_a$ 的存在会显著增加 $\mathrm{Re}(\lambda)_{\max}$ 数值、促进舞动的发生。另外可知，亏损解在三向密集频率区域与数值解吻合良好，这表明亏损解的准确性和适用性。观察图 4.9(b)可知，不考虑 $\boldsymbol{K}_a$ 的数值解预测不发生舞动，而考虑 $\boldsymbol{K}_a$ 的数值解预测了一段发生舞动的风速区间，该风速区间与试验结果是相符的，即风速在 4.6m/s、5.7m/s 时试验模型发生了舞动，在更低风速下不舞动。因此，这表明在数值模拟中考虑 $\boldsymbol{K}_{\mathrm{a}}$ 是必要的。另外，亏损解曲线成功模拟了 4.6m/s、5.7m/s 风速下的舞动状态，这进一步验证了亏损解的有效性。

4.4.2　数值算例

本节采用 4.4.1 节的 D 形覆冰八分裂导线[30]模型，通过数值算例对各频率系统的舞动稳定准则进行验证。模型各向结构阻尼比默认取 1%。算例中考虑偏心时，偏心率 $L_{\mathrm{e}} / R_{\mathrm{g}}$ 默认设置为 0.05。需要说明的是，本节算例所用扭转频率默认为考虑扭转向气动刚度（k_{a}^{33}）的非耦合扭转频率，用 $f_\theta' = \sqrt{f_\theta^2 + k_{\mathrm{a}}^{33} / \left(4\pi^2\right)}$ 表示。

1. 分离频率系统

图 4.10 给出了竖向特征值实部 $\mathrm{Re}(\lambda_1)$ 数值解与一阶摄动解在 0°～180°全风攻角范围内的曲线。由图可知，一阶摄动解在绝大部分风攻角范围内精度都相当高。

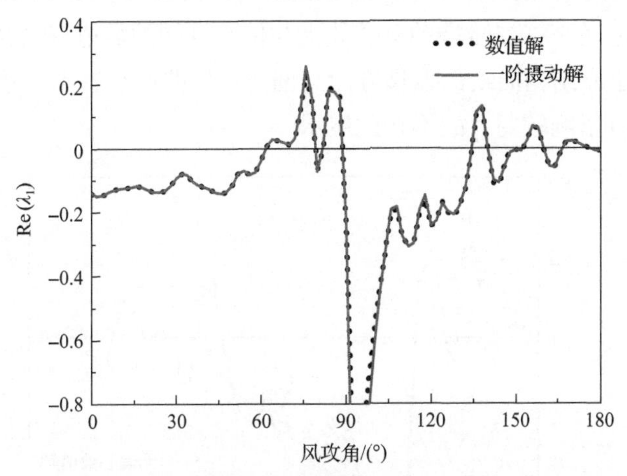

图 4.10　$\mathrm{Re}(\lambda_1)$ 数值解与近似解随风攻角的变化（15m/s 风速；$f_y = 0.57\mathrm{Hz}, f_z = 0.3\mathrm{Hz}, f_\theta' = 0.9\mathrm{Hz}$；一阶摄动解：式(4.6)）

图 4.11 给出了 0°偏心角下竖向特征值实部 $\mathrm{Re}(\lambda_1)$ 数值解与一阶摄动解、二阶摄动解随风速的变化。其中，二阶摄动解是针对偏心结构（而非原结构）的近似解。由图可知，未考虑偏心的一阶摄动解与无偏心数值解较为接近，而考虑偏心的二阶摄动解与考虑偏心的数值解较为接近，表明了两种近似解的准确性。另外可以发现，惯性耦合的影响随着风速的增大而增大，这是由于惯性耦合项与气动阻尼、气动刚度相乘，只有气动阻尼、气动刚度足够显著时，惯性耦合才能发挥显著作用。

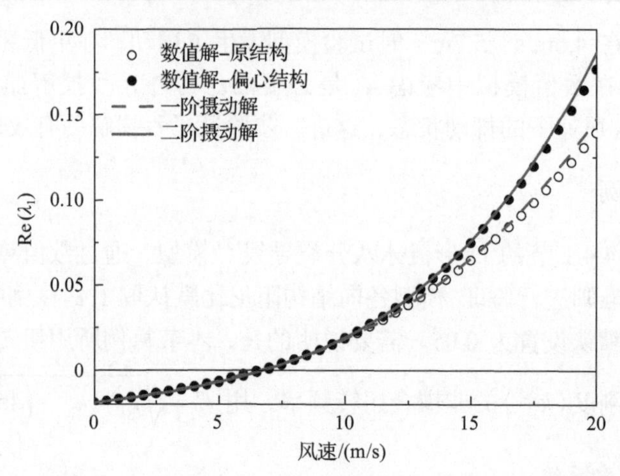

图 4.11　0°偏心角下 $\mathrm{Re}(\lambda_1)$ 数值解与近似解随风速的变化(73°风攻角，0°偏心角；$f_y = 0.57\mathrm{Hz}, f_z = 0.3\mathrm{Hz}, f_\theta' = 0.9\mathrm{Hz}$；一阶摄动解：式(4.6)；二阶摄动解：式(4.11))

图 4.12 给出了 0°偏心角下 $\mathrm{Re}(\lambda_1)$ 数值解与二阶摄动解随风攻角的变化。由图可知，在 0°偏心角下，二阶摄动解总体上与偏心结构的数值解吻合良好；二阶摄动解曲线相较于原结构曲线的偏移方向与偏心结构曲线是基本一致的。90°偏心角下偏心对 $\mathrm{Re}(\lambda_1)$ 影响较弱，故不在此展示。

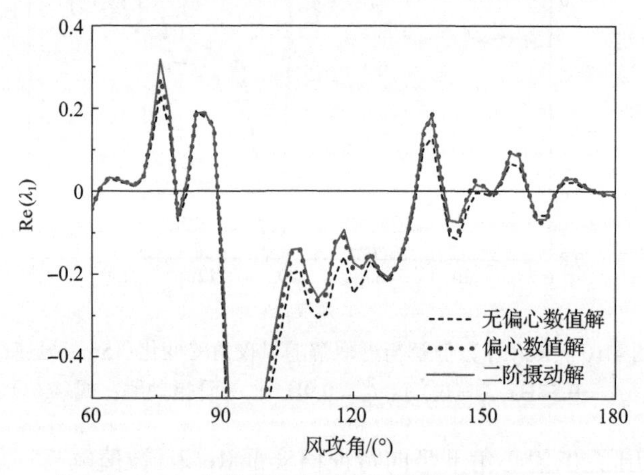

图 4.12　0°偏心角下 $\mathrm{Re}(\lambda_1)$ 数值解与近似解随风攻角的变化(15m/s 风速；$f_y = 0.57\mathrm{Hz}, f_z = 0.3\mathrm{Hz}, f_\theta' = 0.9\mathrm{Hz}$；二阶摄动解：式(4.11))

图 4.13 给出了 0.05 偏心率下 $\mathrm{Re}(\lambda_1)$ 的数值解与二阶摄动解在 360°偏心角范围变化的结果。由图可知，在偏心作用下，偏心结构的数值圆朝 120°偏心角方向整体偏移，且二阶摄动解与偏心数值解吻合良好。

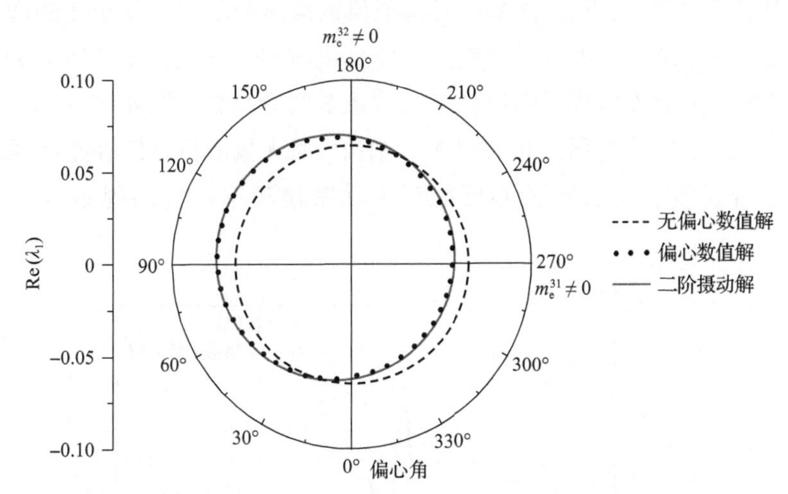

图 4.13　在 360°偏心角范围内 $\mathrm{Re}(\lambda_1)$ 的数值解与二阶摄动解的变化(73°风攻角，15m/s 风速；$f_y = 0.57\mathrm{Hz}, f_z = 0.3\mathrm{Hz}, f'_\theta = 0.9\mathrm{Hz}$ ；二阶摄动解：式(4.11))

2. 平动密集频率系统

图 4.14 给出了偏心、无偏心(惯性耦合)的两种 $\mathrm{Re}(\lambda^{\mathrm{VH}})_{\max}$ 近似解的结果对比。由图可知，随着风速的增大，偏心平动密集频率解(4.19)与偏心数值解始终吻合良好，而无偏心平动密集频率解(4.20)则与无偏心数值解基本重合，且有偏心、无偏心曲线的差距逐渐增大。由式(4.18)中 $\tilde{m}_{mn}$ 表达式可知，惯性耦合项是

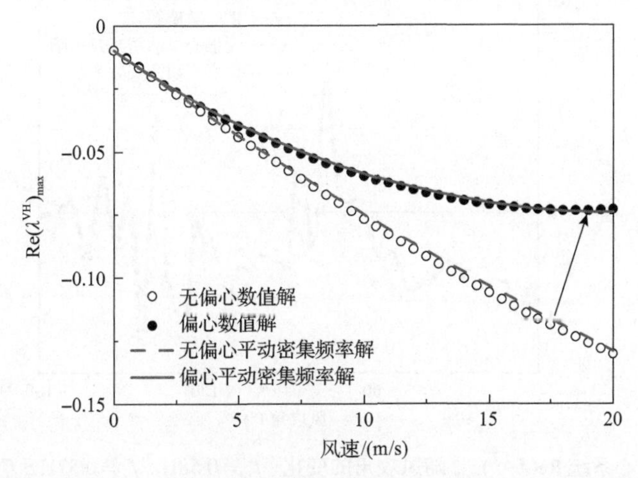

图 4.14　平动向特征值实部 $\mathrm{Re}(\lambda^{\mathrm{VH}})_{\max}$ 随风速的变化($f_y = 0.58\mathrm{Hz}, f_z = 0.57\mathrm{Hz}, f'_\theta = 0.9\mathrm{Hz}$；110°风攻角，45°偏心角；无偏心平动密集频率解：式(4.20)，偏心平动密集频率解：式(4.19))

与气动刚度项相乘的，即惯性耦合对特征值的影响会随着气动刚度的增大而增大，因此随着风速的增大，惯性耦合会发挥出较强的作用。图 4.15 表明，对于无偏心系统，在全攻角范围内摄动解与数值解吻合良好。图 4.16 表明，偏心摄动解总体上能较准确地预测 $\mathrm{Re}(\lambda^{\mathrm{VH}})_{\max}$ 数值，而无偏心摄动解在某些风攻角下呈现出显著误差。这表明偏心可能对平动密集频率系统的稳定性产生显著影响。

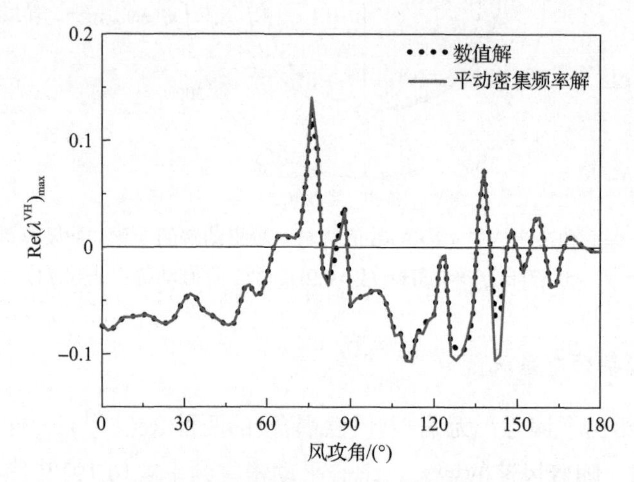

图 4.15 无偏心系统 $\mathrm{Re}(\lambda^{\mathrm{VH}})_{\max}$ 随风攻角的变化（$f_y = 0.58\mathrm{Hz}, f_z = 0.57\mathrm{Hz}, f'_\theta = 0.9\mathrm{Hz}$；无偏心平动密集频率解：式(4.20)）

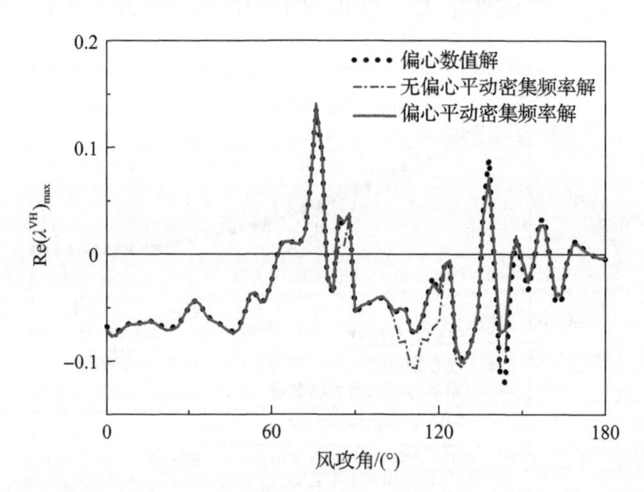

图 4.16 偏心系统 $\mathrm{Re}(\lambda^{\mathrm{VH}})_{\max}$ 随风攻角的变化（$f_y = 0.58\mathrm{Hz}, f_z = 0.57\mathrm{Hz}, f'_\theta = 0.9\mathrm{Hz}$；无偏心平动密集频率解：式(4.20)；偏心平动密集频率解：式(4.19)）

3. 竖向-扭转密集频率系统

给定算例参数 f_y= 0.57Hz，f_z= 0.1Hz，零风速下扭转频率设为 f_θ=0.1Hz，风攻角设为 90°。90°风攻角下，$C'_{\mathrm{M}}<0$，$k_{\mathrm{a}}^{33}>0$，在正的扭转向气动刚度作用下，非耦合扭转频率 f'_θ 会随着风速的增大而增大，从而接近乃至超过竖向频率，其间可得到竖向-扭转密集频率的工况。

图 4.17 给出了频率分离解(式(4.7))、非亏损解(式(4.33))、亏损解(式(4.40))、通用近似解(式(4.44))预测的竖向、扭转向相关特征值实部沿风速的变化，并与数值解进行对比。在图中约 12.7m/s 风速处竖向频率、扭转频率发生重合，而在该风速处增大或减小风速，则竖向频率、扭转频率在扭转向气动刚度作用下逐渐互相远离。

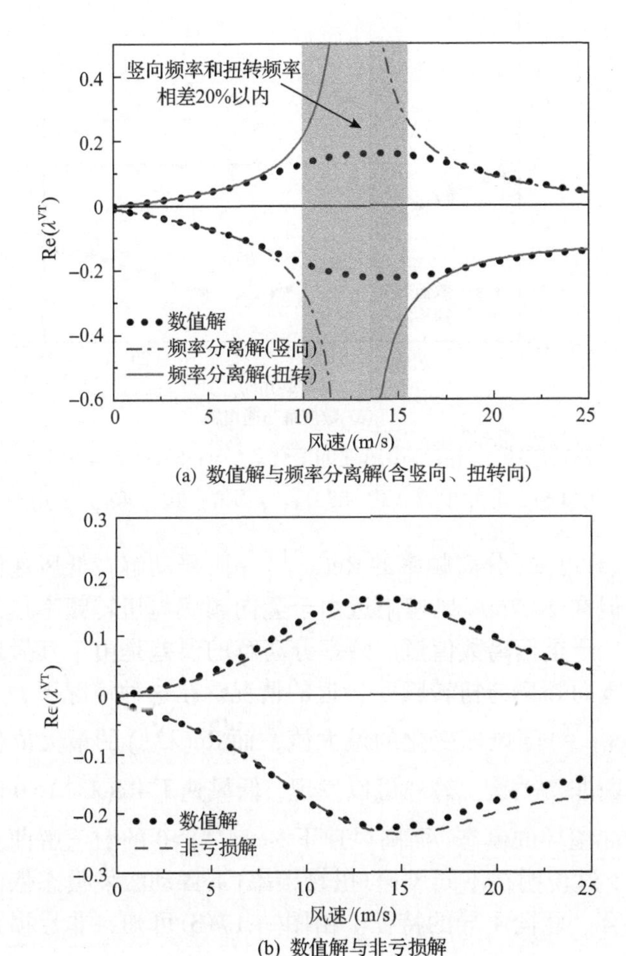

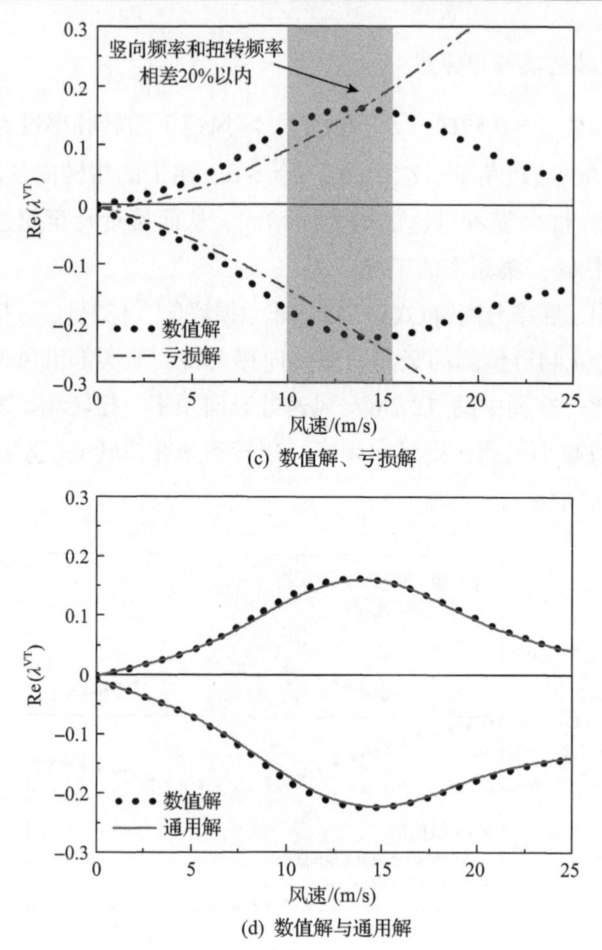

(c) 数值解、亏损解

(d) 数值解与通用解

图 4.17　竖向、扭转向特征值实部沿风速的变化（$f_y = 0.57\text{Hz}, f_z = 0.1\text{Hz}$；90°风攻角；频率分离解：式(4.6)，非亏损解：式(4.33)，亏损解：式(4.40)，通用解：式(4.44)）

由图 4.17(a)可知，分离频率的 Re(λ^{VT}) 一阶摄动解在低风速区域均与数值解吻合良好，但在 12.7m/s 风速附近由于竖向频率与扭转频率接近，其数值呈现爆炸式增长，严重偏离数值解。频率分离解的误差是由于其假定三向频率分离，未能考虑竖向频率与扭转频率接近的情况。在这种情况下，无法通过一阶摄动解预测 Re(λ^{VT}) 随风速变化的最大值，而 Re(λ^{VT}) 的最大值作为上限值对于舞动稳定判断非常关键。另外可以发现，低风速下 Re(λ^{VT}) >0 的数值解曲线对应的是扭转向主导的模态，而高风速下 Re(λ^{VT}) >0 的数值解曲线对应的是竖向主导的模态，这说明在不同风速(扭转频率)下舞动激发模态依次出现了扭转主导、竖扭耦合、竖向主导的特征。由图 4.17(b)可知，非亏损系统摄动法给出的 Re(λ^{VT}) 近似解在低风速下与数值解吻合良好，而高风速下略微偏离数值解。这是由于非亏损解未考虑水平-扭转向气动刚度（k_{a}^{23}）的作用，在高风速下气动刚度效应显著时产生一定误差。由图 4.17(c)可知，在竖向频率和扭转频率接近处的区域，亏损系统摄动法的亏损解能够较准确地模拟 $\mathrm{Re}(\lambda^{\mathrm{VT}})$ 数值。图 4.17(d)表明，所构造的通用近似解式(4.44)在 0～25m/s 风速范围内，无论是竖向频率与扭转频率的相近处还是远离处，均与数值解吻合良好。

为便于比较，将数值解、非亏损解、亏损解、通用解、频率分离解绘制在一起，如图 4.18 所示。由图可知，在低风速下，除亏损解外，各个解均与数值解吻合良好；在竖向频率与扭转频率接近区域，频率分离解误差很大，非亏损解、亏损解、通用解则误差较小。需强调的是，各向频率的接近与远离并没有统一的标准，与具体气动力大小关系紧密，本节案例仅供定性说明。

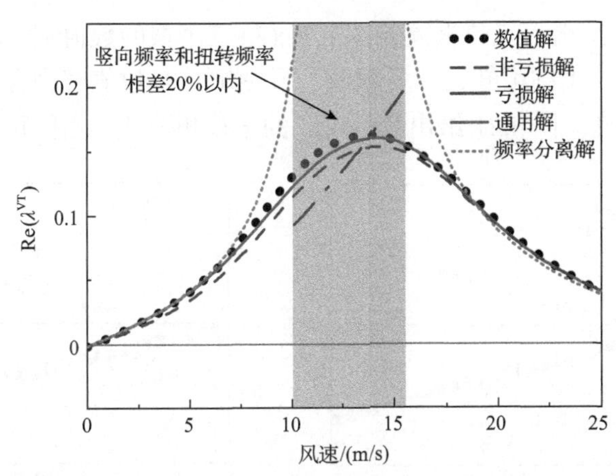

图 4.18　竖向-扭转向特征值实部较大值沿风速的变化（$f_y = 0.57\mathrm{Hz}, f_z = 0.1\mathrm{Hz}$；90°风攻角；频率分离解：式(4.6)，非亏损解：式(4.33)，亏损解：式(4.40)，通用解：式(4.44)）

接下来选取固定风速 15m/s，研究竖向-扭转重频系统几种 $\mathrm{Re}(\lambda^{\mathrm{VT}})_{\max}$ 解的全攻角曲线。这里将非耦合扭转频率设置为与竖向频率重合，即 $f_y = f'_\theta = 0.57\mathrm{Hz}$。图 4.19 给出了 $\mathrm{Re}(\lambda^{\mathrm{VT}})_{\max}$ 的数值解、非亏损解、亏损解、通用解的全攻角曲线。由图可知，通用解在全风攻角范围内均与数值解吻合良好，这验证了通用解的准确性。非亏损解、亏损解在大部分风攻角下与数值解吻合良好，而在小部分风攻角区域有明显误差。由各近似解表达式的比较易知，亏损解相比于通用解在根号内缺失了气动阻尼相关项，因而在气动刚度相对不显著、气动阻尼相对显著时误差偏大；非亏损解相比于通用解在一阶项中缺失了气动刚度项，故在气动刚度显著时误差较大。

4. 三向密集频率系统

以下计算默认取系统三向频率 $f_y = f_z = f'_\theta = 0.57\mathrm{Hz}$。

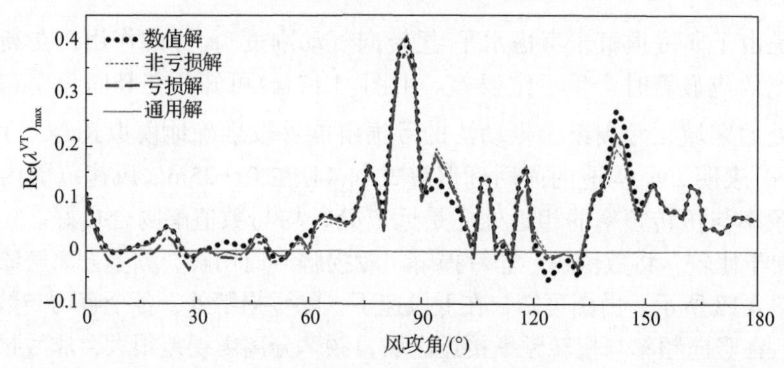

图 4.19　全攻角范围内竖向-扭转向特征值实部最大值（$f_y = f_\theta' = 0.57\mathrm{Hz}, f_z = 0.1\mathrm{Hz}$；15m/s 风速）

图 4.20 分别给出了三向重频条件下 $\mathrm{Re}(\lambda)$ 三个根的数值解、非亏损解、亏损解随风速的变化。由图可知，非亏损解、亏损解均与数值解吻合良好，表明了两种近似解的准确性。图 4.21 给出 $\mathrm{Re}(\lambda)_{\max}$ 的全攻角曲线。由图可知，在全攻角范

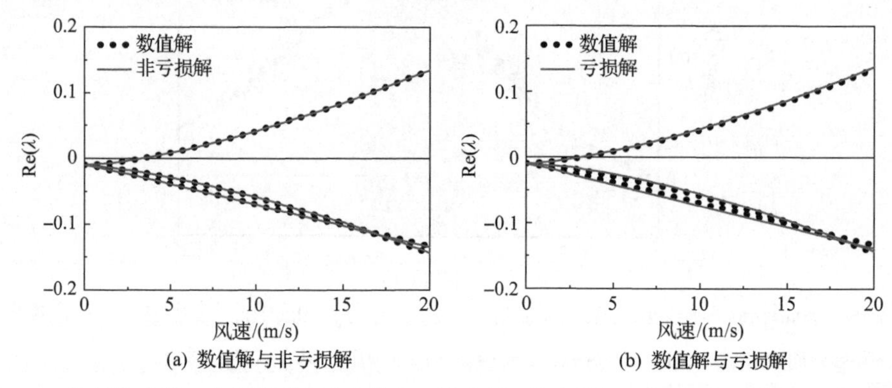

图 4.20　特征值实部三个根随风速的变化（73°风攻角；非亏损解：式（4.55），亏损解：式（4.82））

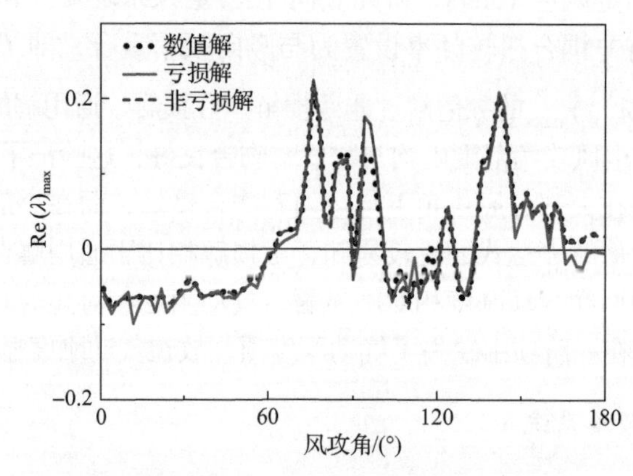

图 4.21　全攻角范围内特征值实部最大值（15m/s 风速；非亏损解：式（4.55），亏损解：式（4.82））

围内，非亏损解、亏损解与数值解基本吻合，其中非亏损解精度更高，而表达式更简单的亏损解在小部分风攻角下出现一些偏差。

图 4.22 给出了三向重频条件下全风攻角范围内有无考虑气动刚度 $\boldsymbol{K}_a$ 的数值解对比。由图可知，在大部分风攻角范围内，考虑 $\boldsymbol{K}_a$ 的数值解均高于不考虑 $\boldsymbol{K}_a$ 的数值解，这表明 $\boldsymbol{K}_a$ 的作用为增大 $\mathrm{Re}(\lambda)_{\max}$ 数值，使得系统相比于纯气动阻尼情况更容易发生舞动。

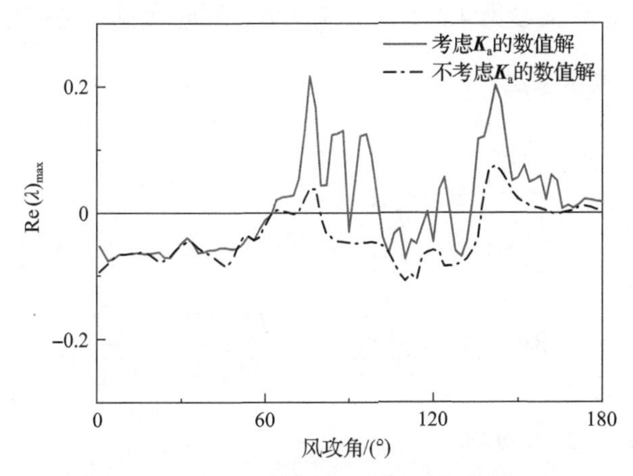

图 4.22 全风攻角范围内是否考虑气动刚度的数值解对比（15m/s 风速）

图 4.23 针对三向重频系统、单自由度系统、三向分离频率系统分别给出了 $\mathrm{Re}(\lambda)_{\max}$ 的全风攻角曲线。其中，单自由度系统的结果指的是分别考虑频率为 0.57Hz 的竖向、水平、扭转单自由度系统，取其 $\mathrm{Re}(\lambda)$ 的最大值。由图可知，单自由度系统与三向分离频率系统的结果互有高低，而在大部分区域两者结果均

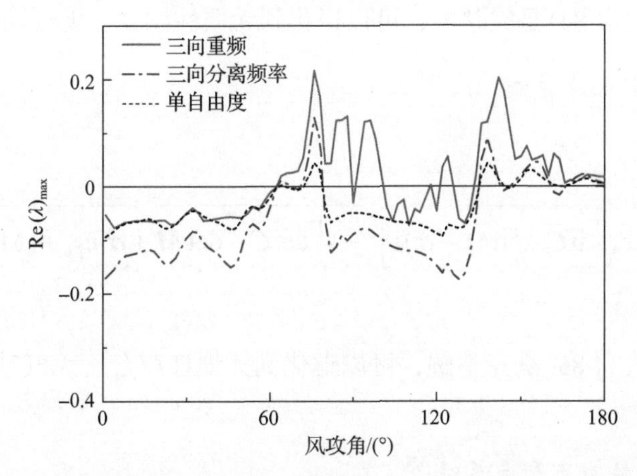

图 4.23 全风攻角范围不同系统的数值解对比（15m/s 风速；三向分离频率：$f_y = 0.57\text{Hz}, f_z = 0.3\text{Hz}, f_\theta = 1.5\text{Hz}$）

低于三向重频结果。这再度表明，由于三向频率密集，气动刚度发挥了显著作用，三向重频系统具有比其余频率特征系统更高的舞动风险。

4.5 舞动稳定准则统一框架

根据各频率系统的推导结果，本节列出统一的舞动稳定准则框架。下方表达式中各符号的具体含义参见 4.3 节的对应部分，同时参见本书符号表。

1. 三向分离频率系统

无惯性耦合：

$$\begin{gathered}\operatorname{Re}(\lambda_1)=-\frac{1}{2}\left(c_{11}-c_{31}\frac{k_{\mathrm{a}}^{13}}{\Delta\bar{\omega}_{31}'^{2}}\right),\quad \operatorname{Re}(\lambda_3)=-\frac{1}{2}\left(c_{22}-c_{32}\frac{k_{\mathrm{a}}^{23}}{\Delta\bar{\omega}_{32}'^{2}}\right)\\ \operatorname{Re}(\lambda_5)=-\frac{1}{2}\left(c_{33}+c_{31}\frac{k_{\mathrm{a}}^{13}}{\Delta\bar{\omega}_{31}'^{2}}+c_{32}\frac{k_{\mathrm{a}}^{23}}{\Delta\bar{\omega}_{32}'^{2}}\right)\end{gathered}\tag{4.83}$$

含惯性耦合(以竖向为例)：

$$\begin{gathered}\operatorname{Re}(\lambda_1)=-\frac{1}{2}\left(c_{11}-c_{31}\frac{k_{\mathrm{a}}^{13}}{\Delta\bar{\omega}_{31}'^{2}}\right)+a_1 m_{\mathrm{e}}^{32}+a_2 m_{\mathrm{e}}^{31}\\ a_1=-\frac{k_{\mathrm{a}}^{13}\bar{\omega}_1^{\,2}}{2\left(\bar{\omega}_1^{\,2}-\bar{\omega}_2^{\,2}\right)\left(\bar{\omega}_3'^{2}-\bar{\omega}_1^{2}\right)}\left(c_{21}-\frac{c_{31}k_{\mathrm{a}}^{23}}{\bar{\omega}_3'^{2}-\bar{\omega}_1^{2}}\right)\end{gathered}\tag{4.84}$$

需注意，式(4.84)是完整解，可以退化到无惯性耦合、无气动刚度的情况。

2. 平动密集频率系统

$$\begin{aligned}&\operatorname{Re}\left(\lambda^{\mathrm{VH}}\right)\\&=\frac{1}{2}\left\{-\operatorname{tr}\tilde{\boldsymbol{C}}\pm\operatorname{Re}\sqrt{\left[\operatorname{tr}\tilde{\boldsymbol{C}}+\left(\operatorname{tr}\tilde{\boldsymbol{M}}-\sigma\right)\mathrm{i}\right]^2-4\left[\det\tilde{\boldsymbol{C}}-\det\tilde{\boldsymbol{M}}+\sigma\tilde{m}_{22}+\left(\mathrm{MC}-\sigma\tilde{c}_{22}\right)\mathrm{i}\right]}\right\}\end{aligned}\tag{4.85}$$

需注意，式(4.85)是完整解，可以退化到无惯性耦合、无气动刚度、无频率失谐的情况。

3. 竖向-扭转密集频率系统

对于气动刚度小量、非小量情况，舞动稳定准则分别为

$$
\begin{aligned}
&\operatorname{Re}\left(\lambda^{\mathrm{VT}}\right)\\
&=-\frac{1}{2}\left\{\operatorname{tr}\tilde{\boldsymbol{C}}\pm\operatorname{Re}\sqrt{\left(\operatorname{tr}\tilde{\boldsymbol{C}}-\sigma\mathrm{i}\right)^{2}-4\det\tilde{\boldsymbol{C}}+\left(2\sigma c_{11}-c_{31}k_{\mathrm{a}}^{13}\right)\mathrm{i}+m_{\mathrm{e}}^{31}\left[\left(c_{13}+c_{31}\right)\mathrm{i}+k_{\mathrm{a}}^{13}\right]-\left(m_{\mathrm{e}}^{31}\right)^{2}}\right\}
\end{aligned}
\tag{4.86}
$$

$$
\operatorname{Re}\left(\lambda^{\mathrm{VT}}\right)=-\frac{1}{4}\left(c_{11}+c_{33}\right)-\frac{1}{4}c_{32}\frac{k_{\mathrm{a}}^{23}}{\bar{\omega}_1^2-\bar{\omega}_2^2}\pm\operatorname{Re}\sqrt{\frac{k_{\mathrm{a}}^{13}\left(m_{\mathrm{e}}^{31}-c_{31}\mathrm{i}\right)}{4}}
\tag{4.87}
$$

4. 三向密集频率系统

对于气动刚度小量情况，完整考虑气动刚度、惯性耦合、频率失谐的舞动稳定准则为

$$
\operatorname{Re}(\lambda)=\operatorname{Re}\left[-\frac{1}{3a}\left(b+C^{1}+\frac{\Delta_0}{C^{1}}\right)\right]
\tag{4.88}
$$

式中，相关符号参见式(4.55)。

对于气动刚度非小量情况，完整考虑气动刚度、惯性耦合、频率失谐的舞动稳定准则为

$$
\operatorname{Re}(\lambda)\approx\begin{cases}\pm\operatorname{Re}\left(\sqrt{\dfrac{a_{MK}-a_{CK}\mathrm{i}}{4}}\right)-\dfrac{1}{4}\operatorname{tr}\boldsymbol{C}-\dfrac{a_{C2K}a_{CK}+a_{CMK}a_{MK}-2a_{CK}a_{\sigma MK}+2a_{MK}a_{\sigma CK}}{4\left(a_{CK}^2+a_{MK}^2\right)}\\[2ex]\dfrac{a_{C2K}a_{CK}+a_{CMK}a_{MK}-2a_{CK}a_{\sigma MK}+2a_{MK}a_{\sigma CK}}{2\left(a_{CK}^2+a_{MK}^2\right)}\end{cases}
\tag{4.89}
$$

式中，对于无惯性耦合情况，准则退化并修正为

$$
\operatorname{Re}(\lambda)\approx\begin{cases}\begin{cases}\pm\sqrt{\dfrac{\left|a_{CK}\right|}{8}}-\dfrac{1}{4}\left(\operatorname{tr}\boldsymbol{C}+\dfrac{a_{C2K}}{a_{CK}}\right)\\[2ex]\dfrac{a_{C2K}}{2a_{CK}}\end{cases}, & \left|a_{CK}\right|\geqslant\varepsilon_{\mathrm{s}} \quad (4.90\mathrm{a})\\[4ex]\dfrac{1}{2}\operatorname{Re}\left[\left(a_{C2K}\mathrm{i}+2a_{\sigma CK}\right)^{1/3}\right]-\dfrac{1}{6}\operatorname{tr}\boldsymbol{C}, & \left|a_{CK}\right|<\varepsilon_{\mathrm{s}} \quad (4.90\mathrm{b})\end{cases}
$$

需特别注意，上述系统的划分标准是各向频率是否密集，但是在数学上，很难对密集给出统一的标准。

举个极端的例子，假设无惯性耦合，且气动阻尼、气动刚度为零，那么即使三向频率完全相同，三个自由度的运动也是完全解耦的，互不相关，显然不能用密集频率系统的稳定准则判断稳定性；反之，假设气动力效应较强，那么即使不同方向的频率相差较大，各向的运动依然可能强烈耦合。

再以分离频率系统准则式(4.83)为例。气动刚度附加项 $c_{31}\,k_{\mathrm{a}}^{13}\big/\Delta\bar{\omega}_{31}'^{2}$ 的量级与竖向频率和扭转频率的分离程度($\Delta\bar{\omega}_{31}'^{2}$)、气动力效应($c_{31}k_{\mathrm{a}}^{13}$)大小有关，假如气动力效应($c_{31}k_{\mathrm{a}}^{13}$)较弱，那么即使竖向频率和扭转频率较接近，该附加项仍然可能属于一阶小量，分离频率准则依然成立；假如气动力效应($c_{31}k_{\mathrm{a}}^{13}$)较强，那么即使竖向频率和扭转频率分离，该附加项仍然可能比一阶项显著，分离频率准则不适用。

上述舞动稳定准则，从理论上揭示了各因素对舞动稳定的作用机理。尽管有些准则形式上较为复杂，但仍然可从中发现气动刚度、惯性耦合等因素对舞动的影响机理，从而为防舞措施研究、实际工程的防舞设计提供一定的指导和参考。

关于各因素对舞动稳定性影响机理的具体分析，参见第 5 章的介绍。

参 考 文 献

[1] Den Hartog J P. Transmission line vibration due to sleet[J]. Transactions of the American Institute of Electrical Engineers, 1932, 51(4): 1074-1076.

[2] Nigol O, Buchan P G. Conductor galloping, part Ⅱ: Torsional mechanism[J]. IEEE Transactions on Power Apparatus and Systems, 1981, PAS-100(2): 708-720.

[3] Yu P, Shah A H, Popplewell N. Inertially coupled galloping of iced conductors[J]. Journal of Applied Mechanics, 1992, 59(1): 140-145.

[4] Yu P, Popplewell N, Shah A H. Instability trends of inertially coupled galloping, part Ⅰ: Initiation[J]. Journal of Sound and Vibration, 1995, 183(4): 663-678.

[5] Yu P, Popplewell N, Shah A H. Instability trends of inertially coupled galloping, part Ⅱ: Periodic vibrations[J]. Journal of Sound and Vibration, 1995, 183(4): 679-691.

[6] 郭应龙, 李国兴, 尤传永. 输电线路舞动[M]. 北京: 中国电力出版社, 2003.

[7] Keutgen R, Lilien J L. Benchmark cases for galloping with results obtained from wind tunnel facilities validation of a finite element model[J]. IEEE Transactions on Power Delivery, 2000, 15(1): 367-374.

[8] Chen Z S, Tse K T, Hu G, et al. Experimental and theoretical investigation of galloping of transversely inclined slender prisms[J]. Nonlinear Dynamics, 2018, 91(2): 1023-1040.

[9] Jafari M, Sarkar P P. Parameter identification of wind-induced buffeting loads and onset criteria for dry-cable galloping of yawed/inclined cables[J]. Engineering Structures, 2019, 180: 685-699.

[10] Demartino C, Ricciardelli F. Aerodynamic stability of ice-accreted bridge cables[J]. Journal of

Fluids and Structures, 2015, 52: 81-100.

[11] Ma W Y, Macdonald J H G, Liu Q K, et al. Galloping of an elliptical cylinder at the critical Reynolds number and its quasi-steady prediction[J]. Journal of Wind Engineering and Industrial Aerodynamics, 2017, 168: 110-122.

[12] He M Z, Macdonald J H G. Aeroelastic stability of a 3DOF system based on quasi-steady theory with reference to inertial coupling[J]. Journal of Wind Engineering and Industrial Aerodynamics, 2017, 171: 319-329.

[13] Nikitas N, Macdonald J H G. Misconceptions and generalizations of the Den Hartog galloping criterion[J]. Journal of Engineering Mechanics, 2014, 140(4): 4013005.

[14] Chadha J, Jaster W. Influence of turbulence on the galloping instability of iced conductors[J]. IEEE Transactions on Power Apparatus and Systems, 1975, 94(5): 1489-1499.

[15] Nigol O, Clarke G J. Conductor galloping and control based on torsional mechanism[J]. IEEE Transactions on Power Apparatus and Systems, 1974, PA93(6): 1729.

[16] Yan Z M, Yan Z T, Li Z L, et al. Nonlinear galloping of internally resonant iced transmission lines considering eccentricity[J]. Journal of Sound and Vibration, 2012, 331(15): 3599-3616.

[17] 伍川，叶中飞，严波，等. 考虑导线偏心覆冰对四分裂导线舞动的影响[J]. 振动与冲击，2020, 39(1): 29-36.

[18] 姜雄，楼文娟. 三自由度体系覆冰导线舞动激发机理分析的矩阵摄动法[J]. 振动工程学报，2016,(6): 1070-1078.

[19] Gjelstrup H, Georgakis C T. A quasi-steady 3 degree-of-freedom model for the determination of the onset of bluff body galloping instability[J]. Journal of Fluids and Structures, 2011, 27(7): 1021-1034.

[20] Yu P, Desai Y M, Shah A H, et al. Three-degree-of-freedom model for galloping, part Ⅰ: Formulation[J]. Journal of Engineering Mechanics, 1993, 119(12): 2404-2425.

[21] 姜雄. 覆冰输电导线舞动特性矩阵摄动法研究[D]. 杭州：浙江大学，2016.

[22] Jones K F. Coupled vertical and horizontal galloping[J]. Journal of Engineering Mechanics—ASCE, 1992, 118(1): 92-107.

[23] Luongo A, Piccardo G. Linear instability mechanisms for coupled translational galloping[J]. Journal of Sound and Vibration, 2005, 288(4-5): 1027-1047.

[24] Chen J, Li Q S. Evaluations of coupled transverse-rotational galloping of slender structures with nonlinear effect[J]. International Journal of Structural Stability and Dynamics, 2019, 19(11): 1950143.

[25] Luongo A, Pancella F, Piccardo G. Flexural-torsional galloping of prismatic structures with double-symmetric cross-section[J]. Journal of Applied and Computational Mechanics, 2020, 1(7): 1049-1069.

[26] He M Z, Macdonald J H G. An analytical solution for the galloping stability of a 3 degree-of-freedom system based on quasi-steady theory[J]. Journal of Fluids and Structures, 2016, 60: 23-36.

[27] Wen Z P, Xu H W, Lou W J. Galloping stability criterion for a 3-DOF system considering aerodynamic stiffness and inertial coupling[J]. Journal of Structural Engineering, 2022, 148(6): 4022048.

[28] Wen Z P, Xu H W, Lou W J. Eccentricity-induced galloping mechanism of a vertical-torsional coupled 3-DOF system[J]. Journal of Wind Engineering and Industrial Aerodynamics, 2022, 229: 105174.

[29] Wen Z P, Lou W J, Yu J, et al. Galloping mechanism of a closely tuned 3-DOF system considering aerodynamic stiffness[J]. Journal of Structural Engineering, 2023, 149(4): 04023014.

[30] 余江. 超特高压输电线路覆冰舞动机理及其防治技术研究[D]. 杭州: 浙江大学, 2018.

[31] Matsumiya H, Nishihara T, Yagi T. Aerodynamic modeling for large-amplitude galloping of four-bundled conductors[J]. Journal of Fluids and Structures, 2018, 82: 559-576.

第 5 章　舞动稳定的影响因素分析

从舞动稳定准则角度考虑，结构自由度、结构动力特性、气动阻尼、惯性耦合、气动刚度等是影响舞动的重要因素。如第 4 章所述，相关学者对不同自由度、不同频率关系的舞动稳定性做了大量研究，发现各向频率对舞动稳定存在重要影响。然而，由于多向耦合的复杂性，仅有少部分情况得到了显式的解析解，得以解释频率变化时各因素的耦合机理；而对于更一般的情况，之前并未得到解析解，便难以解释频率变化时的耦合机理。第 4 章借助矩阵摄动法推导得到各系统的特征值解析解，使得进一步分析各因素对舞动稳定的影响机理成为可能。

基于第 4 章推导给出的舞动稳定准则框架，本章就气动阻尼、气动刚度、质量偏心、结构动力特性等关键因素对舞动稳定影响机理进行分析，并给出相关结论。这些结论有助于加深对舞动激发机理的理解，为防舞设计提供相应的指导。

5.1　气动阻尼的影响

对于低风速下的无偏心导线，不存在惯性耦合作用，且气动刚度作用较弱，此时气动阻尼起主导作用。

仅考虑气动阻尼时，各频率系统的稳定准则如表 5.1 所示。

表 5.1　仅考虑气动阻尼的舞动稳定准则

系统分类	稳定准则
分离频率	$\mathrm{Re}(\lambda)=-\dfrac{1}{2}c_{ii}$，$i=1,2,3$
平动密集频率	$\mathrm{Re}\left(\lambda^{\mathrm{VH}}\right)=-\dfrac{1}{2}\left(\mathrm{tr}\tilde{\boldsymbol{C}}\pm\mathrm{Re}\sqrt{\mathrm{tr}^2\tilde{\boldsymbol{C}}-4\det\tilde{\boldsymbol{C}}}\right)$ $\mathrm{tr}\tilde{\boldsymbol{C}}=\dfrac{1}{2}(c_{11}+c_{22})$，$\det\tilde{\boldsymbol{C}}=\dfrac{1}{4}\left(c_{11}c_{22}-c_{12}c_{21}\right)$
竖向-扭转密集频率	$\mathrm{Re}\left(\lambda^{\mathrm{VT}}\right)=-\dfrac{1}{2}\left(\mathrm{tr}\tilde{\boldsymbol{C}}\pm\mathrm{Re}\sqrt{\mathrm{tr}^2\tilde{\boldsymbol{C}}-4\det\tilde{\boldsymbol{C}}}\right)$ $\mathrm{tr}\tilde{\boldsymbol{C}}=\dfrac{1}{2}(c_{11}+c_{33}),\det\tilde{\boldsymbol{C}}=\dfrac{1}{4}\left(c_{11}c_{33}-c_{13}c_{31}\right)$
三向密集频率	单导线：$\mathrm{Re}(\lambda)=0,\ \dfrac{-\mathrm{tr}\boldsymbol{C}\pm\mathrm{Re}\sqrt{\mathrm{tr}^2\boldsymbol{C}-4\det\boldsymbol{C}_2}}{4}$ $\mathrm{tr}\boldsymbol{C}=c_{11}+c_{22}+c_{33}$ $\det\boldsymbol{C}_2=c_{11}c_{22}-c_{12}c_{21}+c_{11}c_{33}-c_{13}c_{31}+c_{22}c_{33}-c_{23}c_{32}$ 分裂导线：$\mathrm{Re}(\lambda)=-\dfrac{1}{2}c_{ii}$，$i=1,2,3$

由表 5.1 可知，对于分离频率系统，仅考虑气动阻尼时，由于缺乏各向运动的耦合，稳定准则与单自由度系统相同。对于各密集频率系统，其 $\mathrm{Re}(\lambda)_{\max}$ 数值可能比单自由度系统大或者小，但均与气动阻尼处于同一量级。

在单导线上，Den Hartog 准则和 Nigol 准则是广泛采用的失稳判断准则。对于常见冰形，$C_{\mathrm{D}}+C_{\mathrm{L}}'<0$ 的概率较低，仅有少数风攻角会出现竖向失稳；$C_{\mathrm{M}}'<0$ 比较容易满足，理论上有约一半的风攻角可能出现扭转向气动负阻尼，但由于扭转向结构阻尼的存在，实际发生扭转舞动的风攻角显著小于一半的范围。因此，对于竖向-扭转密集频率系统、三向密集频率系统，由于 $C_{\mathrm{M}}'(c_{33})$ 对 $\mathrm{Re}(\lambda)_{\max}$ 的贡献，其发生扭转向耦合舞动的概率较高；对于分离频率系统，出现竖向激发舞动的概率较低，但有可能出现扭转向激发舞动；对于平动向密集频率系统，其舞动特征与分离频率系统类似。

对于分裂导线，其舞动稳定准则的表达式与单自由度系统相同，竖向舞动的 Den Hartog 准则依然适用；而扭转向气动阻尼表达式（c_{33} 项）与单导线不同，Nigol 准则不再适用。因此，分裂导线扭转向气动失稳很少出现，各频率系统的舞动概率均比较低。

注意，以上关于舞动概率高低的讨论，均基于低风速气动阻尼主导的情况，在高风速下，上述分析并不适用。

5.2　气动刚度的影响

目前，有些舞动研究忽略了气动刚度的影响，但对于导线这种小尺寸截面的结构，气动刚度不应被忽略，尤其是在高风速下。气动刚度的作用实际上分为两类：扭转向气动刚度（k_{a}^{33}）、平动向-扭转向耦合的气动刚度（$k_{\mathrm{a}}^{13},k_{\mathrm{a}}^{23}$）。目前，对气动刚度的关注一般在扭转向气动刚度，而对平动向-扭转向耦合的气动刚度缺乏研究。

不考虑惯性耦合，假设气动刚度较为显著(零阶项)，则各频率系统的舞动稳定准则如表 5.2 所示。

表 5.2　考虑气动阻尼、气动刚度的舞动稳定准则

系统分类	稳定准则
分离频率	$\mathrm{Re}(\lambda)=-\frac{1}{2}\left(c_{11}-\frac{c_{31}k_{\mathrm{a}}^{13}}{\Delta\bar{\omega}_{31}'^{2}}\right),-\frac{1}{2}\left(c_{22}-\frac{c_{32}k_{\mathrm{a}}^{23}}{\Delta\bar{\omega}_{32}'^{2}}\right),-\frac{1}{2}\left(c_{33}+\frac{c_{31}k_{\mathrm{a}}^{13}}{\Delta\bar{\omega}_{31}'^{2}}+\frac{c_{32}k_{\mathrm{a}}^{23}}{\Delta\bar{\omega}_{32}'^{2}}\right)$
平动密集频率	$\mathrm{Re}(\lambda^{\mathrm{VH}})\approx\frac{1}{2}\left[-\mathrm{tr}\tilde{\boldsymbol{C}}\pm\mathrm{Re}\sqrt{\left(\mathrm{tr}\tilde{\boldsymbol{C}}-\sigma\mathrm{i}\right)^{2}-4\det\tilde{\boldsymbol{C}}+4\sigma\mathrm{i}\tilde{c}_{22}}\right]$

续表

系统分类	稳定准则
平动密集频率	$\mathrm{tr}\tilde{\boldsymbol{C}} = \tilde{c}_{11} + \tilde{c}_{22}$，$\det\tilde{\boldsymbol{C}} = \tilde{c}_{11}\tilde{c}_{22} - \tilde{c}_{12}\tilde{c}_{21}$ $\tilde{c}_{mn} = \dfrac{1}{2}\left(c_{mn} + \dfrac{-k_{\mathrm{a}}^{m3}c_{3n}}{\Delta\bar{\omega}_{3m}'^{2}}\right)$
竖向-扭转密集频率	$\mathrm{Re}(\lambda^{\mathrm{VT}}) = -\dfrac{1}{4}(c_{11}+c_{33}) - \dfrac{1}{4}c_{32}\dfrac{k_{\mathrm{a}}^{23}}{\bar{\omega}_1^2 - \bar{\omega}_2^2} \pm \sqrt{\dfrac{\lvert k_{\mathrm{a}}^{13}c_{31}\rvert}{8}}$
三向密集频率	$\mathrm{Re}(\lambda) \approx \begin{cases} \pm\sqrt{\dfrac{\lvert a_{CK}\rvert}{8}} - \dfrac{1}{4}\left(\mathrm{tr}\boldsymbol{C} + \dfrac{a_{C2K}}{a_{CK}}\right) \\ \dfrac{a_{C2K}}{2a_{CK}} \end{cases}$

注：记 $\Delta\bar{\omega}_{3m}^{2} = \bar{\omega}_3'^{2} - \bar{\omega}_m^2 (m=1,2)$。

由表 5.2 可知，在气动刚度显著时，对于分离频率系统、平动密集频率系统，气动刚度的影响与具体的气动力参数正负相关，可能促进或抑制舞动；气动刚度相关项属于一阶项，与气动阻尼同阶；气动刚度的影响与扭转频率和平动频率的接近程度呈正相关关系。

对于竖向-扭转密集频率系统、三向密集频率系统，气动刚度必定促进舞动的发生(因 $\mathrm{Re}(\lambda)$ 表达式含正根号项)，与具体的气动力参数正负、风攻角无关；气动刚度相关项属于 1/2 阶次，数值较大，其作用比气动阻尼更显著。

另外，扭转向气动刚度(k_{a}^{33})会显著改变扭转频率，可能使原本的分离频率系统变为密集频率系统，也可能使原本的密集频率系统转变为分离频率系统。扭转向气动刚度与风速平方成正比，因此风速的变化对系统的各向耦合情况影响显著，从而引发不同的舞动特征。

实际工程中，大档距分裂导线高阶模态的各向频率可能比较接近，即出现竖向-扭转密集频率、三向密集频率模态。由以上分析可知，气动刚度会对分裂导线舞动产生较强的促进作用，这可能是分裂导线容易舞动的一个原因。

5.3　质量偏心的影响

本节介绍质量偏心引起的惯性耦合作用对舞动激发的促进/抑制机理，并提出一项简单实用的惯性耦合舞动激发准则，以此对偏心导线的舞动特征做出预测。

假设气动刚度为零阶项，各频率系统的舞动稳定准则如表 5.3 所示。

表 5.3 考虑气动阻尼、气动刚度、惯性耦合的舞动稳定准则

系统分类	稳定准则
分离频率	$\operatorname{Re}(\lambda_1) \approx -\frac{1}{2}\left(c_{11} - c_{31}\frac{k_{\mathrm{a}}^{13}}{\Delta\bar{\omega}_{31}'^2}\right) + a_1 m_{\mathrm{e}}^{32} + a_2 m_{\mathrm{e}}^{31}$ $a_1 = \frac{\bar{\omega}_1^2 k_{\mathrm{a}}^{13}}{\Delta\bar{\omega}_{31}'^2}\left[-\frac{c_{21}}{2\Delta\bar{\omega}_{12}^2} + \frac{c_{31}k_{\mathrm{a}}^{23}}{\Delta\bar{\omega}_{32}'^2}\left(\frac{1}{2\Delta\bar{\omega}_{12}^2} - \frac{1}{4\bar{\omega}_3(\bar{\omega}_1 - \bar{\omega}_3)}\right)\right]$
平动密集频率	$\operatorname{Re}(\lambda^{\mathrm{VH}}) = \frac{1}{2}\left(-\operatorname{tr}\tilde{\boldsymbol{C}} \pm \operatorname{Re}\sqrt{(\operatorname{tr}\tilde{\boldsymbol{C}} + \operatorname{tr}\tilde{\boldsymbol{M}}\mathrm{i})^2 - 4(\det\tilde{\boldsymbol{C}} - \det\tilde{\boldsymbol{M}} + \mathrm{MC}\cdot\mathrm{i})}\right)$
竖向-扭转密集频率	$\operatorname{Re}(\lambda^{\mathrm{VT}}) = -\frac{1}{4}(c_{11} + c_{33}) - \frac{1}{4}c_{32}\frac{k_{\mathrm{a}}^{23}}{\bar{\omega}_1^2 - \bar{\omega}_2^2} \pm \frac{1}{2}\operatorname{Re}\sqrt{k_{\mathrm{a}}^{13}\left(m_{\mathrm{e}}^{31} - c_{31}\mathrm{i}\right)}$
三向密集频率	$\operatorname{Re}(\lambda) = \operatorname{Re}\left(\sqrt{\frac{a_{MK} - a_{CK}\mathrm{i}}{4}}\right) - \frac{1}{4}\left[\operatorname{tr}\boldsymbol{C} + \frac{(a_{C2K}a_{CK} + a_{CMK}a_{MK})}{a_{CK}^2 + a_{MK}^2}\right]$

注：记 $\Delta\bar{\omega}_{3i}^2 = \bar{\omega}_3'^2 - \bar{\omega}_i^2 (i = 1, 2)$; $\Delta\bar{\omega}_{12}^2 = \bar{\omega}_1^2 - \bar{\omega}_2^2$。

观察不同频率系统 $\operatorname{Re}(\lambda)$ 表达式中惯性耦合项的阶次可知，分离频率系统的惯性耦合相关项属于二阶项，平动密集频率系统的属于一阶项，竖向-扭转密集频率系统、三向密集频率系统的属于 1/2 阶项。此外，惯性耦合项始终与气动刚度项一同出现。因此，在同等偏心程度条件下，惯性耦合对舞动稳定影响的强弱顺序为：三向密集频率系统、竖向-扭转密集频率系统 > 平动密集频率系统 > 分离频率系统。可以预见，当扭转频率接近平动频率时，惯性耦合与气动刚度的耦合作用会对舞动稳定性产生强烈影响。

根据 4.3.3 节的推导，可将式(5.1)作为判断竖向-扭转密集频率系统中惯性耦合促进舞动的准则：

$$C_{\mathrm{L}}' \cos\alpha_{\mathrm{e}} < 0 \tag{5.1}$$

式中，C_{L}' 为风攻角 α 处升力系数的导数；α_{e} 为偏心角。

进一步地，对于偏心覆冰的导线，覆冰的偏心角与风攻角实质上是绑定的，因为在覆冰导线截面绕轴线旋转的过程中，偏心角与风攻角的变化是完全同步的。故可通过人为定义的方式使得 0°风攻角正好对应 0°偏心角，即 $\alpha_{\mathrm{e}} = \alpha$，由此该准则可等价写为

$$C_{\mathrm{L}}' \cos\alpha < 0 \tag{5.2}$$

这个简单的准则从理论上揭示了惯性耦合对舞动稳定的影响机理，可以非常方便地预测惯性耦合项对舞动是否有促进作用。

对于三向密集频率系统，类似地，惯性耦合促进舞动准则的推导结果为

$$C_{\mathrm{L}}'\cos\alpha_{\mathrm{e}} - C_{\mathrm{D}}'\sin\alpha_{\mathrm{e}} < 0 \tag{5.3}$$

下面以 Lilien 试验模型为例演示在竖向频率与扭转频率接近的情况下，惯性耦合对舞动激发的强烈促进作用。

Lilien 等[1,2]进行了导线三自由度节段模型舞动的基准试验，本节通过 Lilien 舞动试验验证本节数值模拟方法、近似解的准确性。该试验在比利时列日大学的风洞中进行，通过弹簧系统悬挂导线节段模型，使模型具有竖向、水平、扭转三个自由度，如图 5.1 所示。该节段模型以某新月形覆冰导线为原型，如图 5.2 所示，该覆冰导线的气动三分力系数曲线如图 5.3 所示。

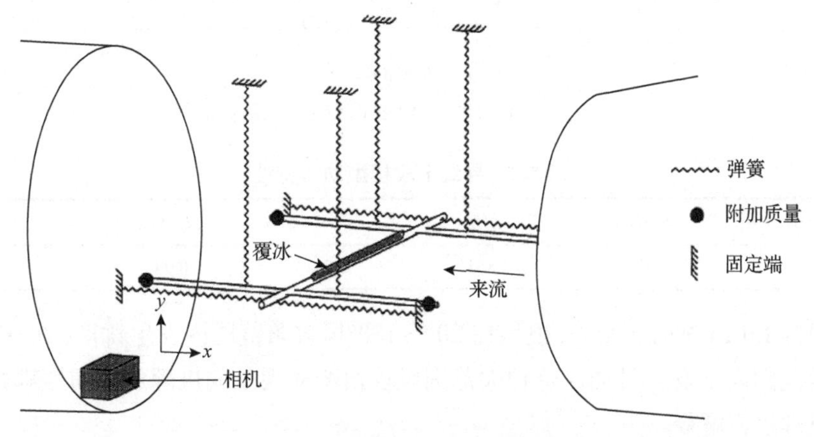

图 5.1 风洞舞动试验节段模型

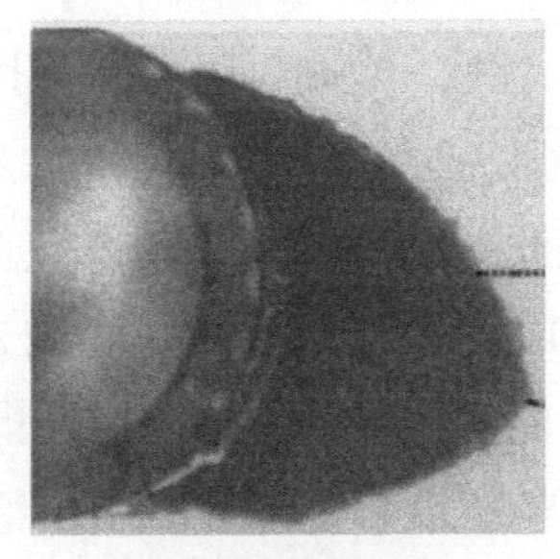

(a) 导线截面形状

(b) 导线外观

图 5.2 新月形覆冰导线

模型中裸导线直径为 32.5mm，覆冰导线的线密度为 3.3kg/m，单位长度转动惯量为 0.037kg·m²/m。定义偏心率为 $L_{\mathrm{e}}/R_{\mathrm{g}}$，即偏心距与回转半径之比，该模型的偏心率为 0.035①。节段模型的动力特性见表 5.4。

① 尽管该新月形覆冰对该导线截面而言是很强的偏心，但由于弹簧悬挂系统中金属支架与导线节段刚性连接，对节段模型转动惯量的贡献较大，故模型的实际偏心率 $L_{\mathrm{e}}/R_{\mathrm{g}}$ 较低，仅为 0.035。

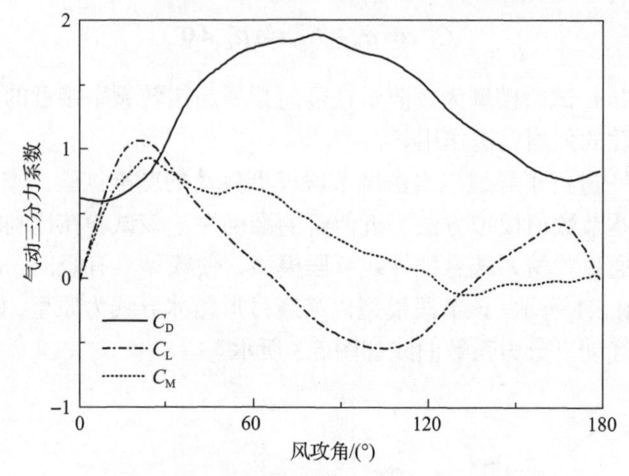

图 5.3 新月形覆冰导线的气动三分力系数曲线

表 5.4 导线节段模型动力特性

f_y/Hz	f_z/Hz	f_θ/Hz	ξ_y/%	ξ_z/%	ξ_θ/%
0.845	0.995	0.865	0.08	0.08	0.3

根据 Lilien 试验结果[1]，模型在 20°～180°风攻角范围内发生舞动，在 0°～20°风攻角范围内不发生舞动。这种大范围风攻角舞动现象的机理可用惯性耦合舞动激发机理进行解释。

图 5.4 分别绘制了 C_L'、$\cos\alpha$、$k_a^{13}m_e^{31}$、$\mathrm{Re}(\lambda)_{\max}$ 数值解的曲线，其中 $C_L'\cos\alpha<0$ 的风攻角区域以色块显示。图 5.4(a) 和 (b) 表明，$k_a^{13}m_e^{31}$ 与 $-C_L'\cos\alpha$ 成正比，因此 $k_a^{13}m_e^{31}>0$ 的风攻角区域恰好对应了 $C_L'\cos\alpha<0$ 区域；结合图 5.4(c) 可知，$k_a^{13}m_e^{31}$ 数值越大，则偏心作用下的 $\mathrm{Re}(\lambda)$ 数值提升越多。因此，$C_L'\cos\alpha<0$ 时，偏心的引入能够增大 $\mathrm{Re}(\lambda)$ 数值，促进舞动发生；$C_L'\cos\alpha>0$ 时，偏心的引入会降低 $\mathrm{Re}(\lambda)$ 数值，抑制舞动发生。由此可见，$C_L'\cos\alpha<0$ 准则能够较准确地预测惯性耦合促进舞动发生的风攻角。根据该准则，Lilien 试验中竖扭耦合覆冰导线出现绝大部分风攻角舞动的现象得到了理论上的解释。

为进一步检验惯性耦合舞动激发准则，这里另外研究扇形、D 形覆冰截面的结果。扇形覆冰导线气动力参数来自文献[3]，D 形覆冰导线气动力参数来自文献[4]。图 5.5 给出了扇形、D 形覆冰导线截面形状，图 5.6 分别给出了相应的气动三分力系数。

图 5.7 与图 5.8 分别给出了扇形覆冰导线、D 形覆冰导线的计算结果。其中，$\Delta\mathrm{Re}(\lambda)$ 表示偏心与无偏心系统 $\mathrm{Re}(\lambda)$ 的差值。需要说明的是，这里的探讨重点是

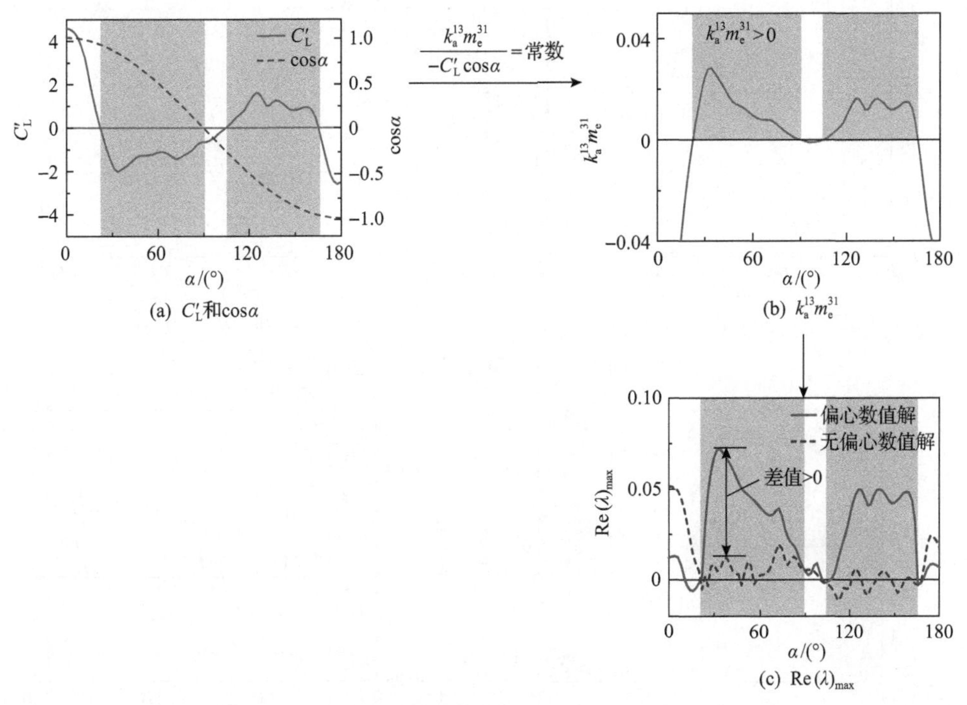

图 5.4　惯性耦合相关项的作用原理(新月形覆冰；$f_y = f'_\theta$=0.845Hz, f_z =1.2Hz；20m/s 风速；阴影部分表示 $C'_L\cos\alpha < 0$)

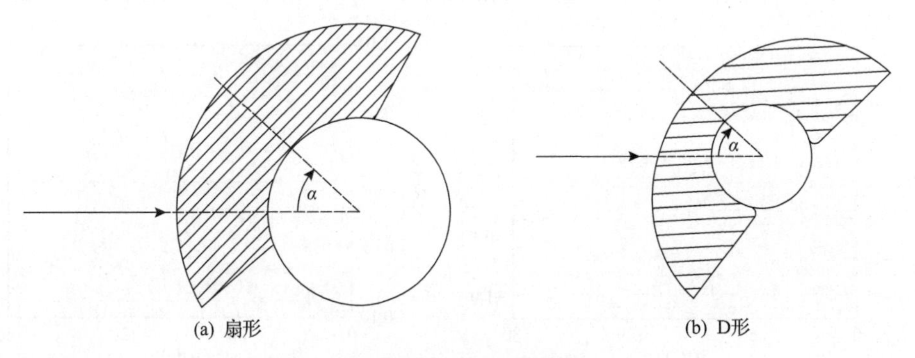

图 5.5　扇形与 D 形覆冰导线截面形状

气动力特征，因此导线的结构参数依然采用 Lilien 试验模型。由图 5.7、图 5.8 可知，在 $C'_L\cos\alpha < 0$ 的风攻角区域(阴影部分)，偏心数值解相比于无偏心状态的 $\mathrm{Re}(\lambda)$ 有显著提升；在 $C'_L\cos\alpha > 0$ 的风攻角区域，偏心数值解 $\mathrm{Re}(\lambda)$ 显著下降。上述三种常见的舞动冰形(新月形、D 形、扇形)结果验证了，对于竖扭耦合覆冰导线，$C'_L\cos\alpha < 0$ 准则能够较准确地预测惯性耦合促进舞动发生的风攻角。

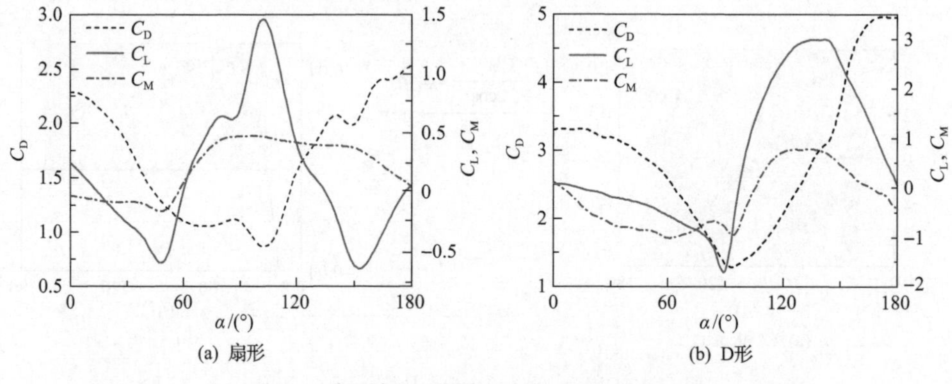

图 5.6 扇形与 D 形覆冰导线气动三分力系数

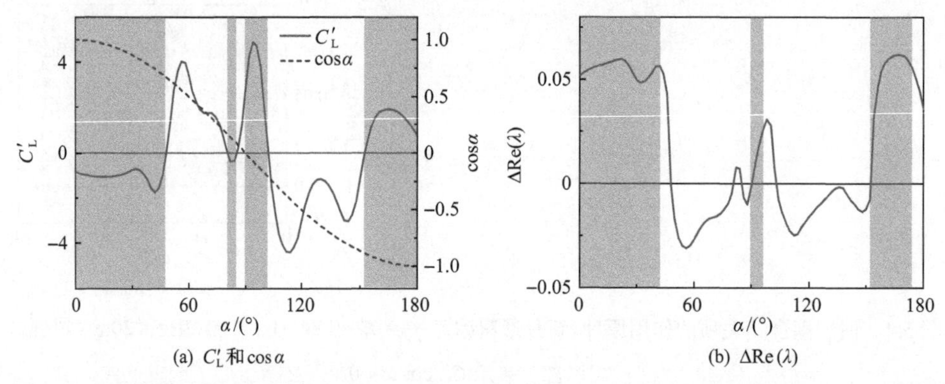

图 5.7 惯性耦合相关项的作用原理（$f_y = f'_\theta$=0.845Hz, f_z=0.995Hz；扇形覆冰；20m/s 风速）

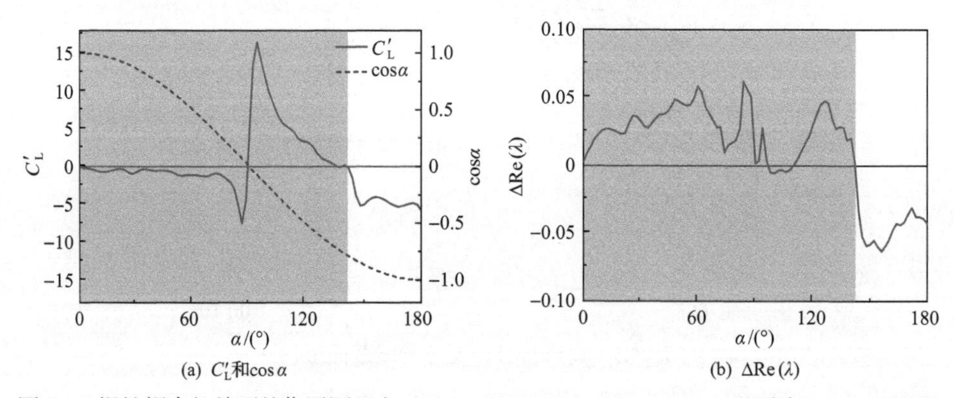

图 5.8 惯性耦合相关项的作用原理（$f_y = f'_\theta$=0.845Hz, f_z=0.995Hz；D 形覆冰；20m/s 风速）

由图 5.4、图 5.7、图 5.8 可知，对于常见的舞动冰形(新月形、D 形、扇形)，在覆冰的迎风面（$\cos\alpha > 0$）有较大的风攻角区域 $C'_L < 0$，而覆冰的背风面（$\cos\alpha < 0$）有较大的风攻角区域 $C'_L > 0$，因此在全风攻角范围内，覆冰偏心会在相当大的风攻角区域发挥促进舞动的作用。尽管单导线由于扭转刚度较小易扭转，产生的覆冰形状较为均匀，单导线的舞动风险并不高，但是对于扭转刚度较大的分裂导线，其覆冰形状比较不规则，且竖向频率与扭转频率往往较为接近，可以预测其在覆冰作用下具有较高的舞动风险，这也正是现实中所观察到的情况。

根据惯性耦合促进舞动的 $C_L'\cos\alpha<0$ 准则，在覆冰的迎风面，$C_L'<0$ 能促进舞动，尽管这个条件与 Den Hartog 竖向舞动机理的 $C_D+C_L'<0$ 准则是类似的，但由于阻力系数 $C_D>0$，显然 $C_L'<0$ 远比 $C_D+C_L'<0$ 更容易满足，因此覆冰偏心会引起比 Den Hartog 失稳模式更多的舞动风攻角。并且，偏心引起的气动负阻尼数值更大，舞动将更为剧烈。另外，根据该准则，在覆冰的背风面，$C_L'>0$ 也能促进舞动。这给出了一种警示，即不应只关注 $C_L'<0$ 的风攻角，背风面 $C_L'>0$ 的风攻角同样可能引发舞动。

5.4　结构动力特性的影响

结构动力特性包括结构频率、结构振型、结构阻尼。本书讨论的是导线三自由度模型而非导线连续模型，因此不涉及振型的影响。下面分别介绍结构动力特性各因素的影响。

1. 结构频率与气动阻尼

由 4.3 节的推导结果可知，仅考虑气动阻尼时，舞动稳定准则表达式不含结构频率，但当各向结构频率接近时，舞动稳定准则中气动阻尼相关表达式会发生变化。这表明随着各向频率的接近，各向气动阻尼的耦合变得更加显著，从而改变了舞动稳定特征。

2. 结构频率与气动刚度

气动刚度 k_a^{13}、k_a^{23} 来自平动向与扭转向运动的耦合，而平动频率与扭转频率的接近程度决定了这种耦合的强弱。观察分离频率系统 $\mathrm{Re}(\lambda_1)$ 表达式可知，频率的平方差位于分母，当竖向频率与扭转频率逐渐接近时，气动刚度附加项不断变大，直到违背一阶小量假定，成为竖向-扭转密集频率系统，即

$$\frac{k_a^{13}c_{31}}{2\Delta\bar{\omega}_{31}'^2}=\frac{k_a^{13}c_{31}}{2\left(\bar{\omega}_3'^2-\bar{\omega}_1^2\right)}\Rightarrow\sqrt{\frac{\left|k_a^{13}c_{31}\right|}{8}} \tag{5.4}$$

可见随着频率的互相接近，气动刚度的作用不会无限变大，而是成为 1/2 阶项(恒大于 0)，从而发挥气动刚度促进舞动的作用。

3. 结构频率与惯性耦合

惯性耦合项 m_e^{31} 和 m_e^{32} 来自平动向与扭转向运动的耦合。在各种频率的三自由度系统舞动稳定准则中，惯性耦合项始终与气动刚度项一同出现，因此平动频率与扭转频率的接近程度决定了惯性耦合对舞动稳定的影响程度。从准则表达式来看，分离频率系统中惯性耦合相关项属于二阶项，平动密集频率系统中属于一阶项，竖向-扭转密集频率系统、三向密集频率系统中属于 1/2 阶项。因此，当扭转频率接近平动频率时，惯性耦合与气动刚度的耦合作用对舞动稳定性具有强烈影响。

4. 结构阻尼

根据各种频率的三自由度系统舞动稳定准则，结构阻尼越大，$\mathrm{Re}(\lambda)_{\max}$ 数值越小，越不容易发生舞动。

5.5 舞动稳定机理总结

本章就气动阻尼、气动刚度、质量偏心、结构动力特性等关键因素对舞动稳定影响机理进行分析，主要结论如下。

(1) 低风速下气动阻尼起主导作用时，分离频率的单导线与分裂导线均适用 Den Hartog 竖向舞动机理；对于竖向-扭转密集频率系统、三向密集频率系统，分裂导线的舞动风险比单导线更低，因为分裂导线的扭转向主导模态具有较强的气动稳定性。

(2) 与分离频率系统、单自由度系统相比，竖向-扭转密集频率系统、三向密集频率系统具有更高的舞动风险。这种高风险来自气动刚度、惯性耦合两个因素，而这两个因素均来源于各向运动的耦合。

(3) 对于密集频率系统，当系统无偏心时，气动刚度与气动阻尼的耦合必然促进舞动；当系统具有质量偏心时，气动刚度与惯性耦合的共同作用可能促进或抑制舞动，可通过简单的惯性耦合舞动激发准则，即 $C_L'\cos\alpha<0$ 促进舞动、$C_L'\cos\alpha>0$ 抑制舞动进行判断。

(4) 惯性耦合舞动激发准则表明，导线覆冰偏心会引发比传统 Den Hartog 竖向舞动模式更高频次、更剧烈的舞动，且背风面 $C_L'>0$ 这样的传统意义上不舞动的风攻角也可能出现舞动。这些结论亟须引起舞动治理工作者的重视。

(5) 对于扭转刚度较大的分裂导线，其覆冰形状比较不均匀，具有一定的质量偏心，且竖向频率与扭转频率往往较为接近。因此，气动刚度、惯性耦合这两个因素可能显著促进分裂导线的舞动，可以预测分裂导线在覆冰作用下具有较高的舞动风险，这也正是现实中所观察到的情况。

参 考 文 献

[1] Chabart O, Lilien J L. Galloping of electrical lines in wind tunnel facilities[J]. Journal of Wind Engineering and Industrial Aerodynamics, 1998, 74-76: 967-976.

[2] Keutgen R, Lilien J L. Benchmark cases for galloping with results obtained from wind tunnel facilities validation of a finite element model[J]. IEEE Transactions on Power Delivery, 2000, 15(1): 367-374.

[3] Li J X, Sun J, Ma Y, et al. Study on the aerodynamic characteristics and galloping instability of conductors covered with sector-shaped ice by a wind tunnel test[J]. International Journal of Structural Stability and Dynamics, 2020, 20(6): 2040016.

[4] Lou W J, Lv J, Huang M F, et al. Aerodynamic force characteristics and galloping analysis of iced bundled conductors[J]. Wind and Structures, 2014, 18(2): 135-154.

第 6 章　覆冰导线舞动响应特征

覆冰导线舞动的响应大小直接决定了舞动所造成的危害程度，因此这是一个需要重点关注的问题。与舞动稳定性问题相比，舞动响应问题在原理上更加复杂，并且涉及更多的影响因素。覆冰导线舞动属于小应变、大位移问题，具有明显的非线性特征，并且可能出现多阶模态的耦合作用。尽管节段模型能够满足舞动机理研究的需要，但是其舞动响应特征与连续体导线模型存在显著的区别。因此，在研究舞动响应时，有必要采用连续体导线模型，从而可以更准确地描述覆冰导线的舞动响应特征，并为预测和评估舞动造成的影响提供更可靠的依据。

本章介绍舞动响应的几种计算方法、连续体导线简化计算模型的建立，总结现有舞动研究中对于影响因素的论述，并分析单导线与分裂导线的舞动响应特征区别。

6.1　舞动响应计算方法

舞动响应研究方法的分类如图 6.1 所示。对舞动响应的研究可分为理论研究与试验研究两大类。由于试验的周期长、成本高，难以重现复杂的舞动模式，舞动响应的研究以理论研究为主。

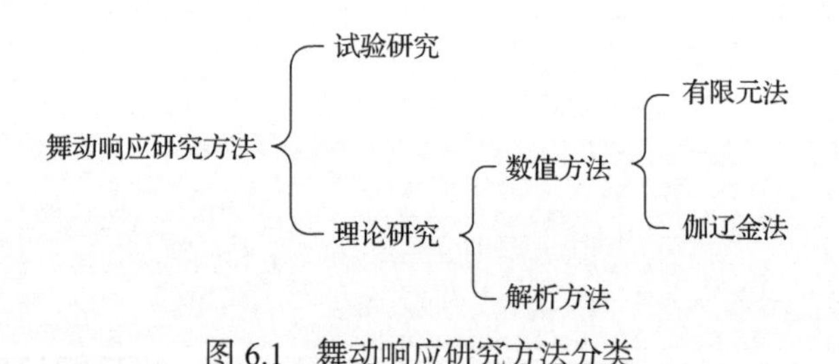

图 6.1　舞动响应研究方法分类

下面对舞动响应的理论研究进展进行分类介绍。

1. 数值方法

1）有限元法

国外在舞动的有限元研究方面起步较早。Desai 等[1,2]提出了一种带有扭转自由度的三节点抛物线索单元，这种单元考虑了导线的几何非线性、覆冰偏心和覆冰刚度，并且可以有效模拟导线舞动时因幅值过大而产生的松弛现象。这种单元在后续舞动有限元研究中得到较多应用。Zhang 等[3]提出一种混合模型，描述了将分裂导线等效为单导线的有限元建模方式，但在对气动力进行描述时忽略了整体截面旋转引起的子导线相对风速差异。Foti 和 Martinelli[4]比较了梁单元与索单元在模拟覆冰导线舞动中的差别，发现梁单元的扭转特性对于舞动初始稳定性影响较小，但是扭转特性显然会对平均风作用下的截面转角产生影响，改变相对风攻角，从而影响舞动幅值响应。

近年来，我国学者在有限元数值仿真方面做了大量工作。李黎等提出了一种带有扭转自由度的二节点索单元用于舞动计算，并结合有限元法研究了多档距覆冰输电导线的舞动响应特征[5]；基于 ANSYS/LS-DYNA 软件提出了输电导线覆冰舞动的简化计算方法，并对实际输电线路的覆冰舞动进行了仿真计算[6]。张栋梁等[7]提出了一种含三个平动自由度和一个扭转自由度的模型，并考虑几何非线性刚度与非线性气动力。刘操兰[8]、王冬[9]、叶文娟[10]等基于 ANSYS 的 LINK 类索单元展开对覆冰导线舞动的研究，范孜[11]、冯海茂[12]、汪澜惠[13]等基于 ANSYS 的 BEAM 类梁单元进行舞动有限元研究。然而，ANSYS 的索单元无法考虑扭转特性，梁单元则过多地引入了弯曲自由度，且截面能受压(实际情况应为仅受拉)，因此直接采用商用有限元软件进行舞动仿真的方法仍存在一定局限。严波团队对导线舞动的有限元分析做了一系列研究：分别采用三节点等参单元和欧拉梁单元对覆冰导线和间隔棒进行离散并建立分裂导线覆冰舞动方程，探索出一种分裂导线覆冰舞动的非线性有限元方法，并分析初始风攻角、风速和档距等因素对四分裂导线舞动的影响规律[14-16]；随后，他们基于 ABAQUS 软件及其 UEL 子程序对梁单元释放弯曲自由度，建立了分裂导线舞动的有限元法，借此研究风速、冰厚、档距、随机风场、覆冰偏心对舞动的影响，以及导线舞动对输电铁塔的影响[17-20]，并对 ABAQUS 软件进行二次开发建立输电线路舞动仿真平台。楼文娟团队也对舞动的有限元仿真持续进行研究：对三节点抛物线索单元考虑几何非线性，建立覆冰输电导线舞动的非线性有限元模型，并研究了相邻跨、分裂数、覆冰厚度、三维瞬态风场等因素对舞动的影响[21,22]；随后，基于 ANSYS 平台建立分裂导线舞动仿真方法，对梁单元释放端部弯曲自由度以模拟索单元，并对失谐间隔棒、可扭转子导线、相间间隔棒(interphase spacer, IPS)、拉线式阻尼器等防舞装置展开仿真研究[23-25]。

2) 伽辽金法

有限元法虽然能够较为准确地模拟舞动响应，但计算效率较低，难以应用于大规模工况的计算。通过伽辽金法可将导线整体连续模型转化为具有少数自由度的离散化模型，然后进行数值积分得到舞动时程响应，如此便可提高效率[26]。对于分裂导线，应用伽辽金法的一个难点在于如何考虑间隔棒对子导线的约束作用；单纯地假定各子导线完全同步运动会高估导线的扭转频率。对此，严波等利用罚函数法对运动方程引入子导线上间隔棒连接点的运动约束条件，研究了尾流影响下各子导线的运动轨迹[27]。

2. 解析方法

相比于数值方法，解析方法对舞动幅值的计算效率有显著提升，一定程度上能从理论层面分析舞动响应与系统参数的关系。目前，求解舞动微分方程的常用解析方法包括平均法、中心流形理论、Lindstedt-Poincaré 摄动法和多尺度摄动法。一般来说，它们只适用于对弱非线性振动问题的求解。对舞动响应的解析方法研究按照自由度的个数，可大致分为单自由度、二自由度、三自由度。

竖向单自由度结构的舞动响应是最先受到关注的。Kazakevych 和 Vasylenko[28]针对覆冰导线舞动模型，在仅考虑竖向单自由度的情况下，推导得到了舞动竖向幅值随风速变化的近似解析解。Barrero-Gil 等[29-31]采用渐近法求得导线竖向单自由度体系的舞动响应，研究了气动力系数-风攻角的曲线拐点对舞动幅值滞后效应的影响，并分析了导线舞动模型与空气流体间的能量传递机制。李果[32]对竖向单自由度系统采用 Lindstedt-Poincare 方法研究了几何非线性、环境温度等因素对舞动幅值的影响。

随着研究的推进，学界逐渐意识到输电线路舞动通常伴随着至少两个自由度的运动，仅考虑竖向自由度的舞动模型是有局限的。Luongo 和 Piccardo[33,34]提出了一种考虑悬索结构几何非线性的竖向和水平向耦合的二自由度运动模型，并采用伽辽金法和多尺度法研究了假定相关线性频率比为 1∶2 条件下发生内共振时的覆冰导线舞动激发条件与响应幅值。李欣业等[35]采用多尺度摄动法和数值方法对覆冰导线竖向-扭转二自由度模型的舞动方程求解，研究系统和环境参数对临界起舞风速和振幅的影响以及扭转向振动中存在的复杂动力学行为。霍冰[36]建立面内与轴向耦合的非线性动力学模型，采用多尺度法分析了近椭圆形非圆截面柔长结构在来流风场和轴向激励作用下的 1/2 亚谐共振行为，得到了系统在不同参数下的幅频响应曲线。

现实中的导线舞动一定程度上存在竖向-水平-扭转三向耦合的特征，因此二自由度模型不足以充分反映导线舞动特性，亟须对三自由度模型展开研究。Yu 等[37,38]运用 Hamilton 原理推导获得了竖向、水平向和扭转向耦合的舞动数学模型，并在采用伽辽金法积分离散化此模型后，进一步采用摄动法获得了系统的分岔方程以及舞动周期解和准周期解的解析表达式。Luongo 等[26,39]建立三自由度曲梁模型，在假定扭转频率远高于竖向频率的前提下，采用多尺度摄动法分析了 1∶1 和 2∶1 内共振条件下舞动的稳定性和分岔。蔡君艳[40]构造了覆冰四分裂导线三自由度舞动模型，运用平均法研究了非内共振以及内共振情形下的系统振动。Yan 等[41]建立考虑覆冰偏心的导线三自由度模型，假定扭转频率远高于竖向频率，采用多尺度摄动法分析舞动响应，并研究偏心的影响。楼文娟和杨伦等[21,42]构造了三自由度耦合的覆冰分裂导线舞动模型，基于 Hurwitz 稳定性判定法则研究了系统在参数空间内的稳定域与非稳定域，借助中心流形理论对系统进行降维分析并求解舞动幅值；将风速、初始风向角和阻尼比作为分岔参数，讨论双参数同时改变对导线舞动的影响。

6.2　基于 ANSYS 的导线舞动有限元仿真方法

6.2.1　舞动的 ANSYS 有限元仿真方法

覆冰输电导线在风场中受阻力、升力和扭矩三项气动力作用，且其抗弯刚度较小，故宜采用具有扭转自由度的索单元来模拟。然而，现有的大型通用有限元软件单元库中，欧拉梁单元可以实现自由度缩聚却无法实现单元刚度矩阵的双线性化(即只受拉或只受压)，杆单元可以用来模拟索单元却无法考虑绕导线轴向的扭转自由度。为克服上述缺陷，这里介绍一种基于 ANSYS 平台的导线舞动仿真方法。该方法通过编制 ANSYS 参数化设计语言(ANSYS parametric design language, APDL)进行有限元建模和计算，采用欧拉梁单元模拟导线结构，并通过对梁单元进行应力监控的方式以避免导线的受压状态。

1. 导线单元的模拟

在每个子导线单元局部坐标系下利用 Endrelease 命令释放 BEAM188 欧拉梁单元的弯曲自由度，使其仅有图 6.2 所示的 x、y、z 和 θ 四个自由度。通过 Inistate 命令施加初始张拉力，在舞动计算过程中对每根子导线单元进行应力监控，若产生压应力则终止计算。覆冰导线的初始张拉力通常为其最大拉断力的 30%～70%，

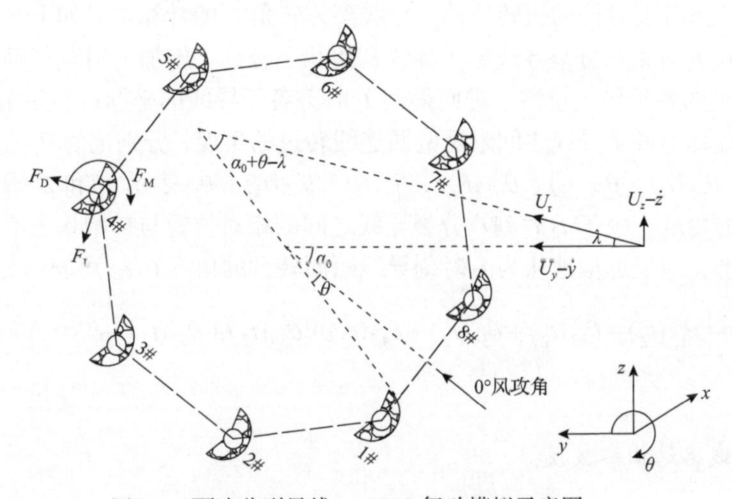

图 6.2　覆冰分裂导线 ANSYS 舞动模拟示意图

结合数值模拟发现，在易诱发舞动的 3～15m/s 风速范围内基本不会出现压应力(后续有算例说明)。间隔棒直接采用 BEAM188 欧拉梁单元模拟，六自由度的间隔棒单元与四自由度的子导线单元在 ANSYS 软件中可以自动实现自由度缩聚，进而耦合 x、y、z 和 θ 四个方向的运动状态。

2. 导线气动加载及运动方程求解

经过上述处理，每根子导线都包含如图 6.2 所示的 y、z 和 θ 向自由度，此时便可在各子导线上同步施加子导线阻力、升力和扭转向气动荷载，而导线整体所受扭转向气动荷载将在运算过程中自动合成。在 ANSYS 软件中可以定义数组用以实时存储每个时刻下各子导线单元节点的位移计算结果，结合 Newmark-β 法实现气动荷载随运动状态改变的迭代加载，每个时刻各子导线单元所受气动荷载为(图 6.2)

$$\begin{cases} F_y = 0.5\rho U_{\mathrm{r}}^2 D\left[C_{\mathrm{D}}(\alpha)\cos\lambda + C_{\mathrm{L}}(\alpha)\sin\lambda\right] \\ F_z = 0.5\rho U_{\mathrm{r}}^2 D\left[C_{\mathrm{D}}(\alpha)\sin\lambda - C_{\mathrm{L}}(\alpha)\cos\lambda\right] \\ F_{\mathrm{M}} = 0.5\rho U_{\mathrm{r}}^2 D^2 C_{\mathrm{M}} \end{cases} \tag{6.1}$$

式中，相对风速的平方 $U_{\mathrm{r}}^2=\left(U_z-\dot{z}\right)^2+\left(U_y-\dot{y}\right)^2$；升力系数 C_{L}、阻力系数 C_{D}、扭矩系数 C_{M} 与风攻角 α 相关，且均由相应的气动力试验测得；$\alpha=\alpha_0+\theta-\lambda$；$\theta$ 表示导线整体转角；$\lambda=\arctan\left[\left(U_z-\dot{z}\right)/\left(U_y-\dot{y}\right)\right]$；$D$ 为导线直径；ρ 为空气密度，取 1.25kg/m^3。各子导线在全风攻角下的气动三分力系数将通过覆冰分裂气动力特性风洞试验精准地获取，并保存在指定的数组中，以便在舞动模拟过程中进行实时调取。

为衡量分裂导线的扭转位移，导线整体转角 θ 的计算定义如下：对于某一断面，已知 t_1 时刻八分裂导线各子导线初始状态坐标；施加 t_1 时刻气动荷载后，得到 t_2 时刻的各子导线位移，进而得到 t_2 时刻各子导线的坐标；利用 t_1、t_2 时刻坐标可以计算出各子导线之间最短两两连线转过的角度，分别记为 $\theta_{12}(t_2)$、$\theta_{23}(t_2)$、$\theta_{34}(t_2)$、$\theta_{45}(t_2)$、$\theta_{56}(t_2)$、$\theta_{67}(t_2)$、$\theta_{78}(t_2)$、$\theta_{81}(t_2)$，θ_{12} 表示 1#和 2#子导线之间连线转过的角度。由于 t_2 时刻八分裂导线之间的相对位置与初始状态不同，不再是正八边形，这里近似地认为 t_2 时刻导线断面转过的角度 $\theta(t_2)$ 可表示为

$$\theta(t_2)=\left[\theta_{12}(t_2)+\theta_{23}(t_2)+\theta_{34}(t_2)+\theta_{45}(t_2)+\theta_{56}(t_2)+\theta_{67}(t_2)+\theta_{78}(t_2)+\theta_{81}(t_2)\right]/8 \tag{6.2}$$

3. 线路结构参数模拟

自重作用下导线的初始形状为悬链线，当跨中垂度与跨度之比小于 0.1 时，

导线的形状可近似用抛物线描述。在如图 6.2 所示的坐标系内，导线某点纵坐标为

$$Z = -\frac{4f_{\mathrm{M}}X\left(L_{\mathrm{S}} - X\right)}{L_{\mathrm{S}}^2} + \frac{\Delta Z}{L_{\mathrm{S}}}X \tag{6.3}$$

式中，Z 为导线纵坐标；高差 $\Delta Z = Z_{\mathrm{e}} - Z_{\mathrm{s}}$，$Z_{\mathrm{s}}$ 为起点纵坐标，Z_{e} 为终点纵坐标；X 为导线横坐标；L_{S} 为导线档距；f_{M} 为导线跨中弧垂，可按式(6.4)计算：

$$f_{\mathrm{M}} = qL_{\mathrm{S}}/(8H_0) \tag{6.4}$$

式中，q 为导线线荷载；H_0 为导线初始张力。

对结构进行有限元瞬态求解时，一般采用将质量和刚度矩阵组合的方式计算阻尼矩阵。但是对于覆冰导线，其平动方向上的阻尼和扭转向有一定的差别。为区别对待，基于瑞利阻尼模式，对阻尼矩阵中不同自由度对应的元素采用式(6.5)计算：

$$C_{ij} = \alpha_k M_{ij} + \beta_k K_{T,ij} \tag{6.5}$$

式中，M_{ij} 和 $K_{T,ij}$ 分别是导线单元质量和初始切线刚度矩阵中的元素；α_k 和 β_k 为与结构自身动力特性和阻尼相关的系数：

$$\alpha_k = \frac{2\xi_{k1}\omega_{k1}\omega_{k2}}{\omega_{k1} + \omega_{k2}},\quad \beta_k = \frac{2(\xi_{k2}\omega_{k2} - \xi_{k1}\omega_{k1})}{\omega_{k2}^2 - \omega_{k1}^2} \tag{6.6}$$

式中，ξ_{k1} 和 ξ_{k2} 分别为线路第 k 个方向(共有竖向、水平、扭转三个方向)的第一阶与第二阶结构模态阻尼比；ω_{k1} 和 ω_{k2} 分别是线路第 k 个方向的第一阶与第二阶模态自振频率，通过输电线路有限元模型找形后获得。

覆冰输电导线有限元模型的找形需要额外注意覆冰后导线形态会发生剧变，故建议施加覆冰荷载后先提取线路坐标和导线张力并对原模型做相应更改，再通过循环 Upgeom 命令实现快速找形。本节着重针对单跨线路进行舞动研究分析，故可以利用式(6.7)迭代求得导线覆冰后的张力：

$$H - H_0 = \frac{EAL_{\mathrm{s}}^2}{24}\left(\frac{q^2}{H^2} - \frac{q_0^2}{H_0^2}\right) \tag{6.7}$$

式中，H_0 和 H 分别为覆冰前后的导线初始张力；E 为导线弹性模量；A 为导线截面积；q_0 和 q 分别为覆冰前后的导线竖向(z 向)均布荷载。

6.2.2　算例分析

以某工程的单跨八分裂导线为例，采用上述有限元法进行舞动仿真计算。单

跨八分裂导线跨度恒定为500m，两端支座高差为0m，共布置9组间隔棒，两端支座附近各留26m，其余位置每隔56m等间距设置一组间隔棒，各子导线单元以约6.5m的长度将各次档距均分。假设导线具有D形覆冰，各子导线物理参数列于表6.1。间隔棒采用直径为0.03m的圆截面梁单元模拟，其弹性模量设定为2×10^{11}Pa，密度设定为7.8×10^{3}kg/m^3，泊松比设定为0.3。各子导线的气动三分力系数见图4.5。

表6.1　D形覆冰八分裂子导线物理参数表

参数	单位	数值
轴向刚度	10^6N	34.56
单位长度扭转刚度	N·m^2/rad	265.16
额定拉断力	10^3N	128.10
裸导线直径	10^{-3}m	30.00
覆冰导线截面积	10^{-4}m^2	14.26
泊松比	1	0.25
平动阻尼比	10^{-2}	0.44
转动阻尼比	10^{-2}	1.42
单位长度质量	kg/m	1.69
覆冰单位长度质量	kg/m	1.28
导线单位长度转动惯量	10^{-4}kg·m^2/m	6.46
覆冰单位长度转动惯量	10^{-4}kg·m^2/m	9.43
覆冰导线单位长度y轴质量静矩	10^{-3}kg·m/m	0.00
覆冰导线单位长度z轴质量静矩	10^{-3}kg·m/m	3.50
导线间距	10^{-2}m	40
导线至分裂中心距离	10^{-2}m	52.26

GB 50545—2010《110kV～750kV架空输电线路设计规范》[43]中规定：①不考虑稀有覆冰气象条件导线，最低点的设计安全系数不应小于2.5；②稀有覆冰气象条件，弧垂最低点的最大张力不应超过其导线、地线拉断力的70%；③无论档距大小，平均运行张力上限为拉断力的25%。综合考虑规范要求，这里着重分析导线覆冰前初张力为10%～25%拉断力的情况，以上述D型覆冰八分裂导线为例，子导线初张力与覆冰后张力的变化关系如图6.3所示。其中，覆冰后导线张力的计算方法见式(6.7)。下面着重针对覆冰导线初张力/拉断力为0.4的工况展开仿真计算。

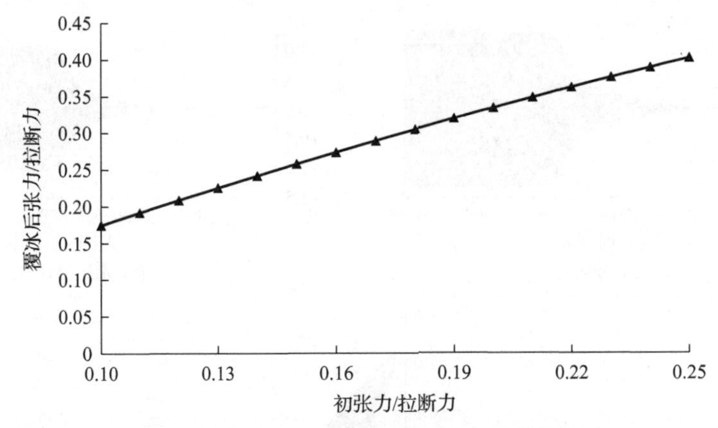

图 6.3　子导线初张力与覆冰后张力的变化关系

表 6.2 给出通过 ANSYS 有限元法计算所得的该单跨 D 形覆冰八分裂导线的自振频率。其中，振型所在列 $z1$、$y1$、$\theta1$ 即分别表示竖向、水平和扭转一阶模态振型，高阶项依次类推，坐标系以图 6.2 所示为准。

表 6.2　D 形覆冰八分裂导线自振频率

阶次	ANSYS 有限元法	
	频率/Hz	振型
1	0.131	$y1$
2	0.233	$\theta1$
3	0.261	$z2$
4	0.262	$y2$
5	0.290	$z1$
6	0.314	$\theta2$
7	0.393	$y3$
8	0.412	$z3$
9	0.413	$\theta3$
10	0.524	$z4$

由 ANSYS 的舞动仿真计算结果可知，在 75°、165°风攻角下导线舞动以平动运动为主，且舞动幅值较大。下面分别给出 75°和 165°这两个风攻角下的舞动计算结果。

图 6.4～图 6.7 分别给出了 75°、165°风攻角下 7m/s 风速时 1/2 跨位置和 1/4 跨位置的导线运动时程和运动轨迹。

由图 6.4～图 6.7 可知，75°风攻角 7m/s 风速激发出了二阶竖向舞动，表现为覆冰分裂导线在 1/4 跨位置有明显的舞动极限环，而待舞动极限环稳定后 1/2 跨位

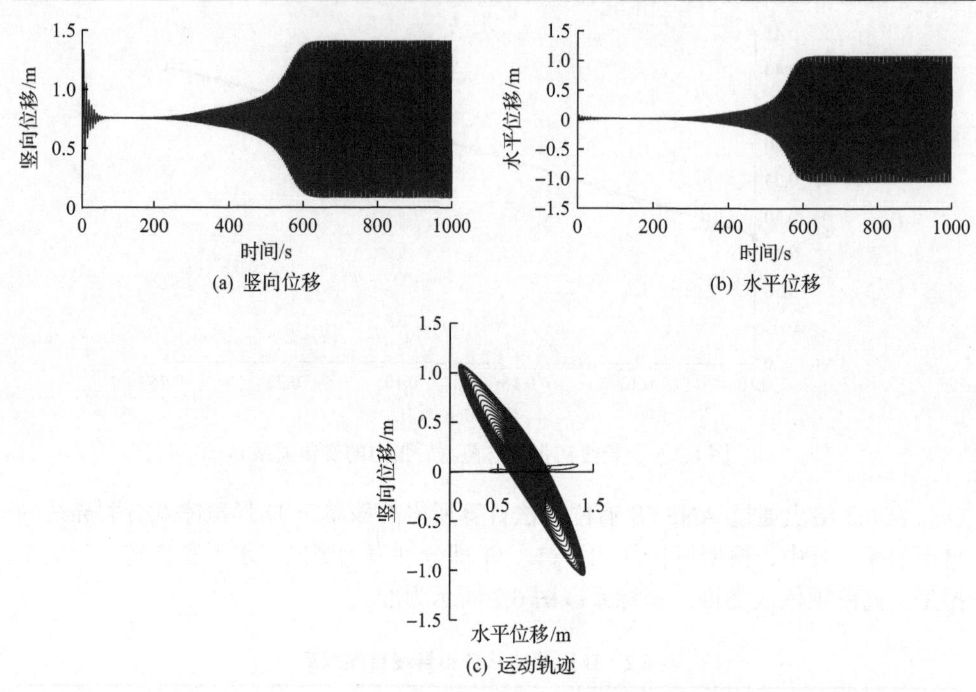

(a) 竖向位移　(b) 水平位移

(c) 运动轨迹

图 6.4　覆冰八分裂导线 75°风攻角 7m/s 风速下 1/4 跨位置的导线运动时程和运动轨迹

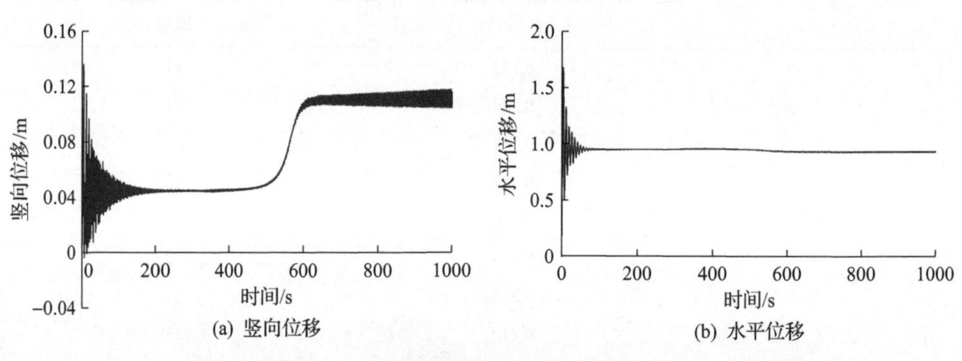

(a) 竖向位移　(b) 水平位移

图 6.5　覆冰八分裂导线 75°风攻角 7m/s 风速下 1/2 跨位置的导线运动时程

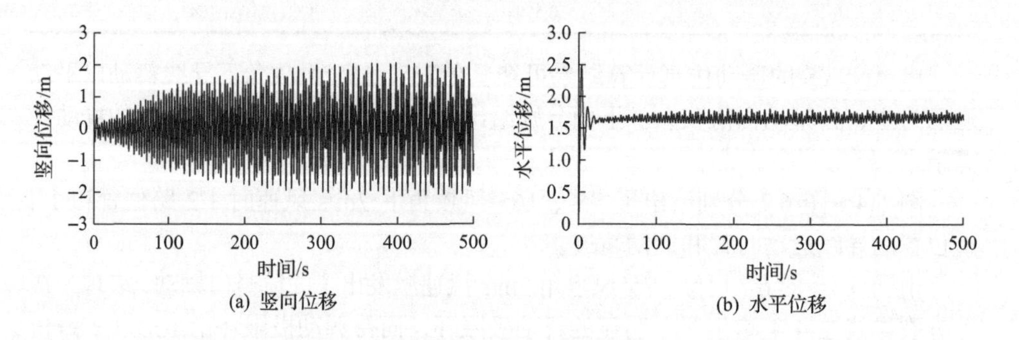

(a) 竖向位移　(b) 水平位移

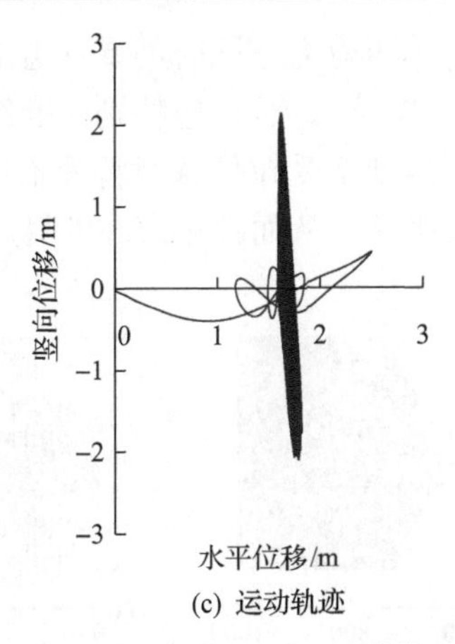

(c) 运动轨迹

图 6.6　覆冰八分裂导线 165°风攻角 7m/s 风速下 1/4 跨位置的导线运动时程和运动轨迹

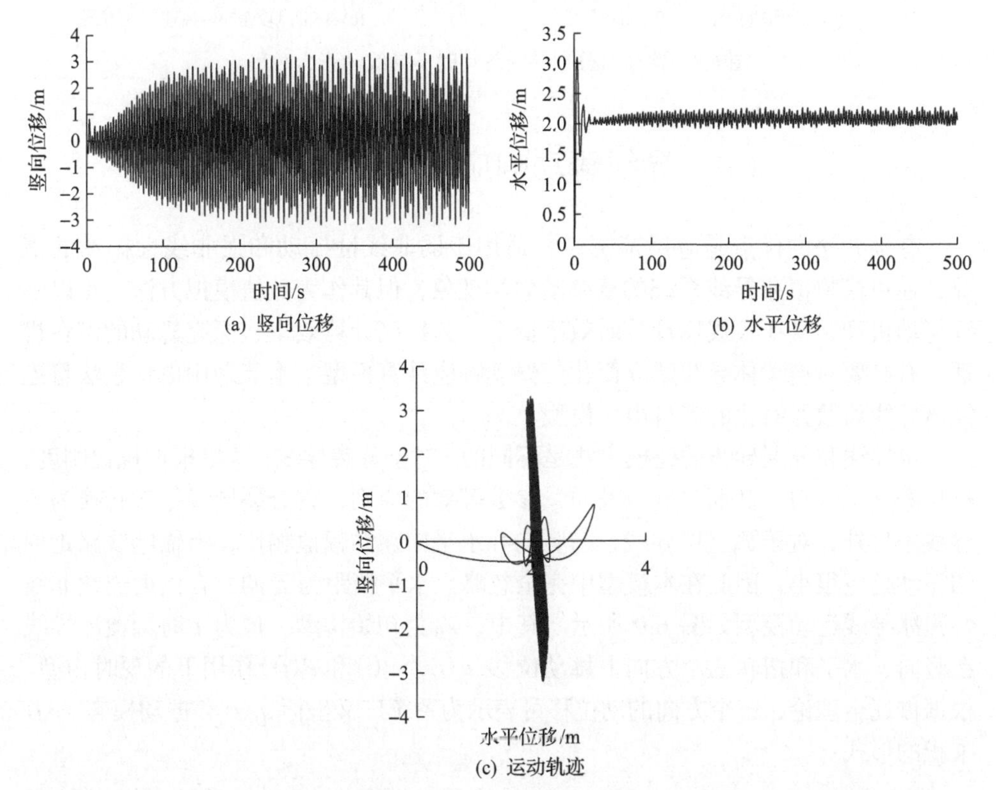

(a) 竖向位移　(b) 水平位移

(c) 运动轨迹

图 6.7　覆冰八分裂导线 165°风攻角 7m/s 风速下 1/2 跨位置的导线运动时程和运动轨迹

置的导线则恒定在某一空间位置；165°风攻角 7m/s 风速激发出了一阶竖向舞动，表现为覆冰分裂导线在 1/4 跨与 1/2 跨位置均有明显的舞动极限环，且待舞动极限环稳定后 1/2 跨位置的导线运动幅值为 1/4 跨位置的 1.5～2 倍。

图 6.8 给出了覆冰八分裂导线舞动时的子导线动张力时程。可以看出，导线

舞动时的动张力通常不会引起压应力。同时需要注意的是，如果仿真结果出现舞动导致的导线松弛现象(平动幅值过大)，应特别引起线路设计人员的重视，因为可以预见在舞动过程中导线运动至受拉位置时将面临被拉断的风险。对于这种情况，建议进行线路设计参数优化，从而减小潜在的舞动危害。

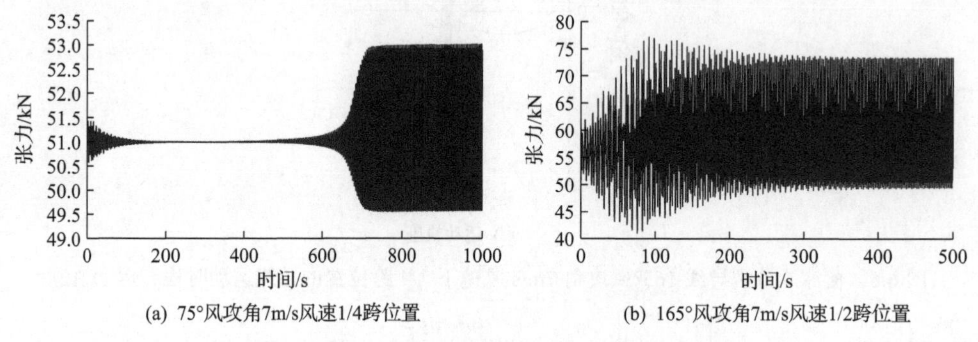

(a) 75°风攻角7m/s风速1/4跨位置　(b) 165°风攻角7m/s风速1/2跨位置

图 6.8　覆冰八分裂导线舞动时子导线动张力时程

6.3　导线舞动响应计算简化模型

有限元法的优点是应用范围广，适用于弱非线性振动和强非线性振动的情况，还可模拟覆冰导线系统的复杂动力学现象，但其作为数值模拟方法，难以解释舞动机理，且在大规模计算时效率低下。为提高计算效率、探究舞动的潜在机理，有必要对连续体导线建立简化的舞动响应计算模型。本节采用伽辽金法将连续体导线离散为简化的多自由度模型。

单导线和分裂导线的建模方法是不同的。对于分裂导线，这里根据抗扭刚度、抗拉刚度、张力、截面参数以及质量参数等效的原则，将分裂导线等效转换为单导线。另外，对于孤立档导线，与竖向和水平向振动幅值相比，沿输电线路走向的振动响应很小，因此在本模型中完全忽略。水平档距为 L 的三自由度连续非线性覆冰导线运动模型如图 6.9 所示。其中，V_0 为初始构型，V_t 为 t 时刻覆冰导线在竖向、水平和扭转三个方向上舞动位移($u(t)$、$v(t)$ 和 $\theta(t)$)作用下的现时构型。根据伽辽金理论，三个方向的动位移可表示为系统广义坐标 $q_i(t)$ 和振动模态 $\varphi_i(t)$ 乘积的形式：

$$\begin{cases} u(t) = \varphi_1(x)q_1(t) \\ v(t) = \varphi_2(x)q_2(t) \\ \theta(t) = \varphi_3(x)q_3(t) \end{cases} \tag{6.8}$$

大量观测资料表明，覆冰导线舞动以单个或者多个半波为主，在此基础上进一步考虑单跨导线的边界约束条件，可假定导线三个方向上的振动均为正弦曲线，令 $\varphi_1(x)=\varphi_2(x)=\varphi_3(x)=\sin(n\pi x/L)$（$n=1, 2, 3,\cdots$为模态阶数）。

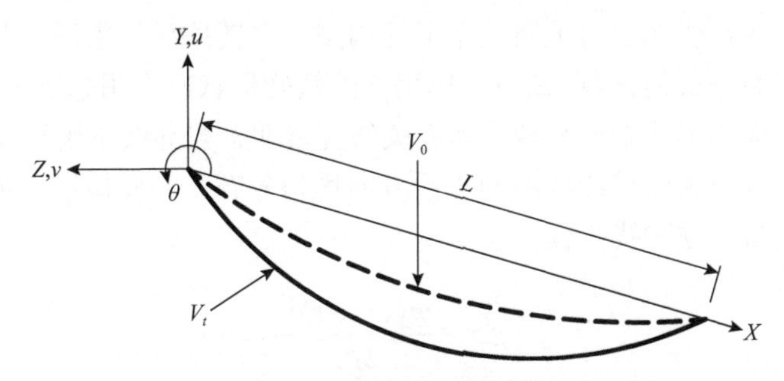

图 6.9　覆冰导线运动模型

覆冰会改变导线截面的几何形状并破坏原有的轴对称特征，使得形心与重心发生偏移。因此，当导线发生竖向舞动时，受覆冰偏心效应的影响，会在扭转向作用一个由偏心效应导致的扭矩，从而使得输电线路发生竖扭耦合运动。考虑偏心覆冰的影响，导线某段微元 dx 的动能可表示为

$$\mathrm{d}T=\frac{1}{2}m\left(\dot{u}^2+\dot{v}^2\right)+\frac{1}{2}J\dot{\theta}-S_z\dot{v}\dot{\theta}+S_y\dot{u}\dot{\theta} \tag{6.9}$$

式中，m 为导线覆冰后单位长度的质量；J 为单位长度覆冰导线的转动惯量；S_y 和 S_z 分别为由偏心覆冰引起的对 y 轴和 z 轴的质量矩。将式(6.8)对时间的一阶导数代入式(6.9)，并沿导线全档距积分，可得覆冰导线的总动能：

$$\begin{aligned}T=&\int_0^L\frac{1}{2}m\sin^2\left(\frac{n\pi x}{L}\right)\mathrm{d}x\left(\dot{q}_1^2+\dot{q}_2^2\right)+\int_0^L\frac{1}{2}J\sin^2\left(\frac{n\pi x}{L}\right)\mathrm{d}x\cdot\dot{q}_3^2\\&-\int_0^L S_z\sin^2\left(\frac{n\pi x}{L}\right)\mathrm{d}x\cdot\dot{q}_3\dot{q}_2+\int_0^L S_y\sin^2\left(\frac{n\pi x}{L}\right)\mathrm{d}x\cdot\dot{q}_3\dot{q}_1\end{aligned} \tag{6.10}$$

覆冰导线舞动的幅值较大但应变很小，因此其变形仍处于弹性范围。鉴于导线的总势能由弹性应变能和初始应变能共同组成，微元 dx 的势能可表示为

$$\mathrm{d}V=\left(\frac{1}{2}EA\varepsilon_s^2+\frac{1}{2}GI_\mathrm{P}\varepsilon_\theta^2+T_0\varepsilon_s\right)\mathrm{d}x \tag{6.11}$$

式中，EA 和 GI_P 分别为导线的抗拉刚度和抗扭刚度；T_0 为导线在静力平衡状态下的张力；ε_s 和 ε_θ 分别为导线沿长度方向上的轴向应变和扭转应变：

$$\varepsilon_s=\frac{\partial y}{\partial x}\frac{\partial u}{\partial x}+\frac{1}{2}\left[\left(\frac{\partial u}{\partial x}\right)^2+\left(\frac{\partial v}{\partial x}\right)^2\right] \tag{6.12}$$

$$\varepsilon_\theta = \frac{\partial \theta}{\partial x} \tag{6.13}$$

式中，y 为覆冰导线在静力平衡状态下的构型。对覆冰导线来说，其竖向自重荷载是沿弧长均匀分布的，因此在自重作用下的精确形状应采用悬链线方程来描述，但是悬链线方程的形式十分复杂。而有关研究表明，当导线垂跨比 $f/L<0.1$ 时，可将其自重荷载视为沿导线档距的水平方向均匀分布，在此情形下覆冰导线静力平衡方程可化简为抛物线方程：

$$y = -\frac{mg(L-x)x}{2T_0} \tag{6.14}$$

将式(6.8)以及式(6.12)～式(6.14)代入式(6.11)，积分可得导线的总势能：

$$\begin{aligned} V = & \int_0^L \frac{1}{2} EA \left[\frac{\partial y}{\partial x} \frac{n\pi}{L} \cos\left(\frac{n\pi x}{L}\right) q_1 + \frac{1}{2}\left(\frac{n\pi}{L}\right)^2 \cos^2\left(\frac{n\pi x}{L}\right)\left(q_1^2+q_2^2\right) \right]^2 \mathrm{d}x \\ & + \int_0^L \frac{1}{2} GI_\mathrm{P} \left(\frac{n\pi}{L}\right)^2 \cdot \cos^2\left(\frac{n\pi x}{L}\right) q_3^2 \mathrm{d}x + \int_0^L T_0 \left[\frac{\partial y}{\partial x} \frac{n\pi}{L} \cos\left(\frac{n\pi x}{L}\right) q_1 \right. \\ & \left. + \frac{1}{2}\left(\frac{n\pi}{L}\right)^2 \cos^2\left(\frac{n\pi x}{L}\right)\left(q_1^2+q_2^2\right) \right] \mathrm{d}x \end{aligned} \tag{6.15}$$

如图 6.10 所示，t 时刻来流风速的瞬时攻角可由导线运动状态表示为

$$\alpha = \beta + \sin\left(\frac{n\pi x}{L}\right) q_3 - \sin\left(\frac{n\pi x}{L}\right) \frac{\dot{q}_1 + D\dot{q}_2/2}{U} \tag{6.16}$$

式中，D 和 U 分别为覆冰导线的特征直径和来流风速。

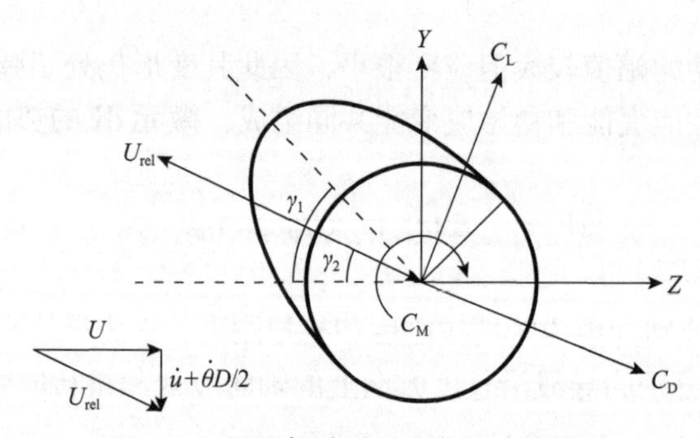

图 6.10　导线舞动时风攻角的计算模型

基于准定常假定，作用在单位长度覆冰导线上的气动荷载 $f_i(i=u, v, \theta)$ 可通过

动态风攻角 α 描述：

$$\begin{cases} f_y = 1/2\rho U^2 D C_y(\alpha) \\ f_z = 1/2\rho U^2 D C_z(\alpha) \\ f_\theta = 1/2\rho U^2 D^2 C_\theta(\alpha) \end{cases} \tag{6.17}$$

式中，ρ 为空气密度；$C_i(\alpha)$ $(i = y, z, \theta)$ 为覆冰导线气动力系数在动力模型坐标轴上的投影。令

$$\begin{cases} \gamma_1 = \beta + \theta \\ \gamma_2 = (\dot{u} + D\dot{\theta}/2)/U \end{cases} \tag{6.18}$$

整体坐标系下的气动力系数 $C_i(\alpha)$ 为

$$\begin{cases} C_y(\alpha) = C_{\mathrm{L}}(\gamma_1 - \gamma_2)\cos\gamma_2 - C_{\mathrm{D}}(\gamma_1 - \gamma_2)\sin\gamma_2 \\ C_z(\alpha) = C_{\mathrm{L}}(\gamma_1 - \gamma_2)\sin\gamma_2 + C_{\mathrm{D}}(\gamma_1 - \gamma_2)\cos\gamma_2 \\ C_\theta(\alpha) = C_{\mathrm{M}}(\gamma_1 - \gamma_2) \end{cases} \tag{6.19}$$

式中，C_{L}、C_{D} 和 C_{M} 分别为覆冰导线升力系数、阻力系数和扭矩系数。基于给定的导线气动力数据，可采用三次多项式对气动力系数进行拟合。需要注意的是，式(6.19)中的气动力系数包含正弦函数和余弦函数，而对系统进行定性分析时，须将其转化为多项式级数展开的形式。为此，将式(6.19)在 $\gamma_1 = \beta$、$\gamma_2 = 0$（对应系统的初始状态）处进行二元泰勒级数展开，展开至 3 阶：

$$\begin{cases} C_y(\alpha) = \displaystyle\sum_{m=0}^{3}\sum_{p=0}^{m} c_m^p (\gamma_1 - \beta)^p \gamma_2^{m-p} \left.\frac{\partial C_y}{\partial \gamma_1^p \gamma_2^{m-p}}\right|_{\substack{\gamma_1=\beta \\ \gamma_2=0}} \\ C_z(\alpha) = \displaystyle\sum_{m=0}^{3}\sum_{p=0}^{m} c_m^p (\gamma_1 - \beta)^p \gamma_2^{m-p} \left.\frac{\partial C_z}{\partial \gamma_1^p \gamma_2^{m-p}}\right|_{\substack{\gamma_1=\beta \\ \gamma_2=0}} \\ C_\theta(\alpha) = \displaystyle\sum_{m=0}^{3}\sum_{p=0}^{m} c_m^p (\gamma_1 - \beta)^p \gamma_2^{m-p} \left.\frac{\partial C_M}{\partial \gamma_1^p \gamma_2^{m-p}}\right|_{\substack{\gamma_1=\beta \\ \gamma_2=0}} \end{cases} \tag{6.20}$$

式中，c_m^p 为组合系数，$c_m^p = \dfrac{m!}{p!(m-p)!}$。对覆冰导线所受的气动荷载进行伽辽金积分，可得三个主坐标方向上的广义气动荷载：

$$
\begin{cases}
Q_1 = \int_0^L \sin\left(\dfrac{n\pi x}{L}\right) f_y \mathrm{d}x \\
Q_2 = \int_0^L \sin\left(\dfrac{n\pi x}{L}\right) f_z \mathrm{d}x \\
Q_3 = \int_0^L \sin\left(\dfrac{n\pi x}{L}\right) f_\theta \mathrm{d}x
\end{cases}
\tag{6.21}
$$

在广义坐标 q_i 下，利用系统动能 T、势能 V、耗散函数 D 和广义荷载 Q_i 表示的拉格朗日方程为

$$
\frac{\mathrm{d}}{\mathrm{d}t}\left(\frac{\partial L}{\partial \dot{q}_i}\right) - \frac{\partial L}{\partial q_i} + \frac{\partial D}{\partial q_i} = Q_i, \quad i = 1,2,3 \tag{6.22}
$$

式中，L 为拉格朗日函数，为系统动能和势能之差：$L = T - V$；耗散函数 D 可用系统的质量参数 m、阻尼比 ξ_i、自振频率 ω_i 和广义速度 $\dot{q}_i$ 表示为

$$
\begin{aligned}
D = \frac{1}{2}\int_0^L \Bigg[& 2m\omega_u \xi_u \sin^2\left(\frac{n\pi x}{L}\right)\dot{q}_1^2 \\
& + 2m\omega_v \xi_v \sin^2\left(\frac{n\pi x}{L}\right)\dot{q}_2^2 + 2J\omega_\theta \xi_\theta \sin^2\left(\frac{n\pi x}{L}\right)\dot{q}_3^2 \Bigg]\mathrm{d}x
\end{aligned}
\tag{6.23}
$$

将式(6.10)、式(6.15)和式(6.23)代入式(6.22)，整理后可得系统在广义坐标下的振动微分方程：

$$
\begin{cases}
a_1\ddot{q}_1 + a_2\ddot{q}_3 + a_3\dot{q}_1 + a_4 q_1 + a_5 q_1^2 + a_6 q_2^2 + a_7 q_1^3 + a_8 q_2 q_1^2 = Q_1 \\
b_1\ddot{q}_2 + b_2\ddot{q}_3 + b_3\dot{q}_2 + b_4 q_2 + b_5 q_2 q_1 + b_6 q_2 q_1^2 + b_7 q_2^3 = Q_2 \\
c_1\ddot{q}_3 + c_2\ddot{q}_2 + c_3\ddot{q}_1 + c_4\dot{q}_3 + c_5 q_3 = Q_3
\end{cases}
\tag{6.24}
$$

可以看出，式(6.24)中不仅含有平方非线性项，还包含立方非线性项，且由于覆冰偏心效应的影响，导线三个方向之间存在强烈的几何非线性耦合效应。

式(6.24)的各项系数表达式如下：

$$
a_1 = \int_0^L m\varphi_1^2 \mathrm{d}x, \quad a_2 = \int_0^L -S_y \varphi_3 \varphi_1 \mathrm{d}x, \quad a_3 = \int_0^L 2m\omega_y \xi_y \varphi_1^2 \mathrm{d}x
$$

$$
a_4 = \int_0^L \left(-T_0 \frac{\partial^2 \varphi_1}{\partial x^2}\varphi_1 - EA\frac{\partial^2 Y}{\partial x^2}\frac{\partial Y}{\partial x}\frac{\partial \varphi_1}{\partial x}\varphi_1\right)\mathrm{d}x
$$

$$
a_5 = \int_0^L EA\left[-\frac{\partial^2 \varphi_1}{\partial x^2}\frac{\partial \varphi_1}{\partial x}\frac{\partial Y}{\partial x}\varphi_1 - \frac{1}{2}\frac{\partial^2 Y}{\partial x^2}\left(\frac{\partial \varphi_1}{\partial x}\right)^2 \varphi_1\right]\mathrm{d}x
$$

$$a_6=\int_0^L EA\left[-\frac{1}{2}\varphi_1\frac{\partial^2 Y}{\partial x^2}\left(\frac{\partial\varphi_2}{\partial x}\right)^2\right]\mathrm{d}x$$

$$a_7=\int_0^L EA\left[-\frac{1}{2}\varphi_1\frac{\partial^2 \varphi_1}{\partial x^2}\left(\frac{\partial\varphi_1}{\partial x}\right)^2\right]\mathrm{d}x,\quad a_8=\int_0^L EA\left[-\frac{1}{2}\varphi_1\frac{\partial^2 \varphi_1}{\partial x^2}\left(\frac{\partial\varphi_2}{\partial x}\right)^2\right]\mathrm{d}x$$

$$b_1=\int_0^L m{\varphi_2}^2\mathrm{d}x,\quad b_2=\int_0^L S_z\varphi_3\varphi_2\mathrm{d}x,\quad b_3=\int_0^L 2m\omega_z\xi_z{\varphi_2}^2\mathrm{d}x$$

$$b_4=\int_0^L\left(-T_0\varphi_2\frac{\partial^2\varphi_2}{\partial x^2}\right)\mathrm{d}x,\quad b_5=\int_0^L EA\left(-\varphi_2\frac{\partial^2\varphi_2}{\partial x^2}\frac{\partial\varphi_2}{\partial x}\frac{\partial Y}{\partial x}\right)\mathrm{d}x$$

$$b_6=\int_0^L EA\left[-\frac{1}{2}\varphi_2\frac{\partial^2 \varphi_2}{\partial x^2}\left(\frac{\partial\varphi_1}{\partial x}\right)^2\right]\mathrm{d}x,\quad b_7=\int_0^L EA\left[-\frac{1}{2}\varphi_2\frac{\partial^2 \varphi_2}{\partial x^2}\left(\frac{\partial\varphi_2}{\partial x}\right)^2\right]\mathrm{d}x$$

$$c_1=\int_0^L J{\varphi_3}^2\mathrm{d}x\text{，}\ c_2=\int_0^L S_z\varphi_3\varphi_2\mathrm{d}x\text{，}\ c_3=\int_0^L -S_z\varphi_3\varphi_1\mathrm{d}x,$$

$$c_4=\int_0^L 2J\omega_\theta\xi_\theta\varphi_3^2\mathrm{d}x,\quad c_5=\int_0^L -GI_\mathrm{P}\frac{\partial^2\varphi_3}{\partial x^2}\mathrm{d}x$$

6.4　单导线与分裂导线的舞动特征差异

如图 6.11 所示，从截面形式来看，单导线是单体结构，而分裂导线是多体结构，两者具有不同的结构构造。构造上的不同，一方面使导线表现出不同的结构动力特性，另一方面则会引起不同的气动力荷载。这些不同导致分裂导线、单导线的舞动特征具有显著的差别。下面从舞动风险、气动力特征、舞动模式等方面介绍分裂导线、单导线的舞动特征差异。

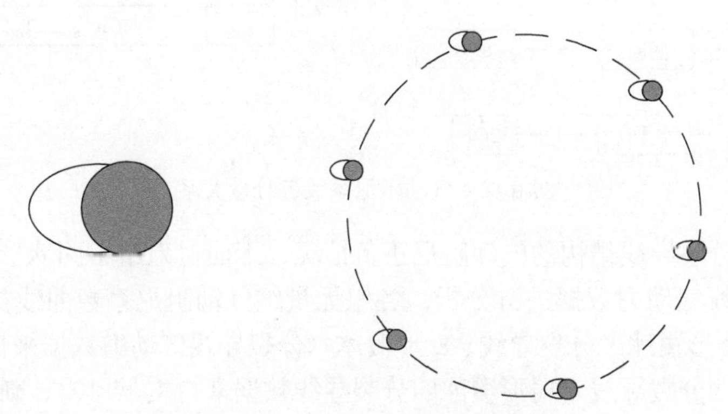

图 6.11　单导线与分裂导线截面

6.4.1 舞动风险差异

根据实际观测，一般认为分裂导线相比于单导线更容易发生舞动，关于这一现象的原因有多种不同的解释，其中两种主流的解释是：①分裂导线抗扭刚度较大，覆冰作用下导线扭转角较小，覆冰会在同一方向不断累积，形成气动不稳定的截面，引发舞动；②分裂导线同阶扭转频率与竖向频率容易接近，诱发竖扭耦合舞动。当然，上述两种解释有可能同时成立，即覆冰分裂导线具有气动不稳定截面，而各向频率接近导致耦合效应较强，从而引起舞动。

尽管分裂导线与单导线均有可能出现三向频率接近的情况，但一般认为分裂导线三向频率接近的情况更加常见。两者出现三向频率接近的原因是不同的。无覆冰情况下分裂导线的竖向频率、水平频率、扭转频率均较为接近，这是由其结构特性本身决定的，在设计上难以规避。覆冰状态下分裂导线扭转频率变化不大，可能依然与平动频率保持接近。单导线具有上侧覆冰时，覆冰重力引起负刚度，则导线扭转频率显著下降，可能与竖向频率、水平频率接近。

6.4.2 气动力特征差异

根据 3.4 节推导的气动力线性表达式，单导线运动方程(3.12)、分裂导线运动方程(3.24)中气动阻尼系数各分量的关系如图 6.12 所示，其中，$\delta=0.5(R/D)$。图中考虑了三自由度系统内各个自由度的非耦合气动阻尼。

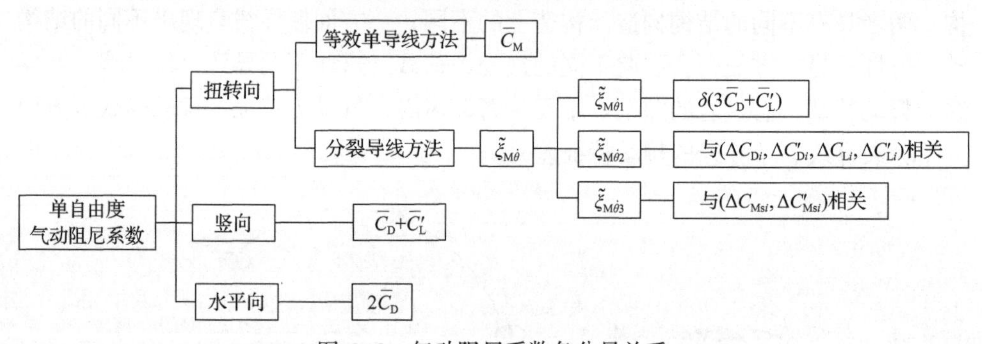

图 6.12　气动阻尼系数各分量关系

为考察分裂导线结构的气动阻尼正负情况，下面对六组不同冰形、分裂数的覆冰分裂导线气动力数据进行分析，各组无量纲气动阻尼系数曲线如图 6.13 所示。其中，D 形覆冰二分裂导线、D 形覆冰六分裂导线气动力数据来自文献[44]；新月形覆冰四分裂导线、扇形覆冰四分裂导线数据来自文献[17]；新月形覆冰八分裂导线的气动力数据来自文献[45]；D 形覆冰八分裂导线的气动三分力系数见图 4.5。图 6.13 中，$\bar{C}_D$、$\bar{C}_L$ 分别为 N 根子导线阻力系数、升力系数的平均值，

$\overline{C}_{\mathrm{M}}$ 为截面总扭矩平均分配给每根子导线的数值，$'$ 符号表示关于风攻角的导数。

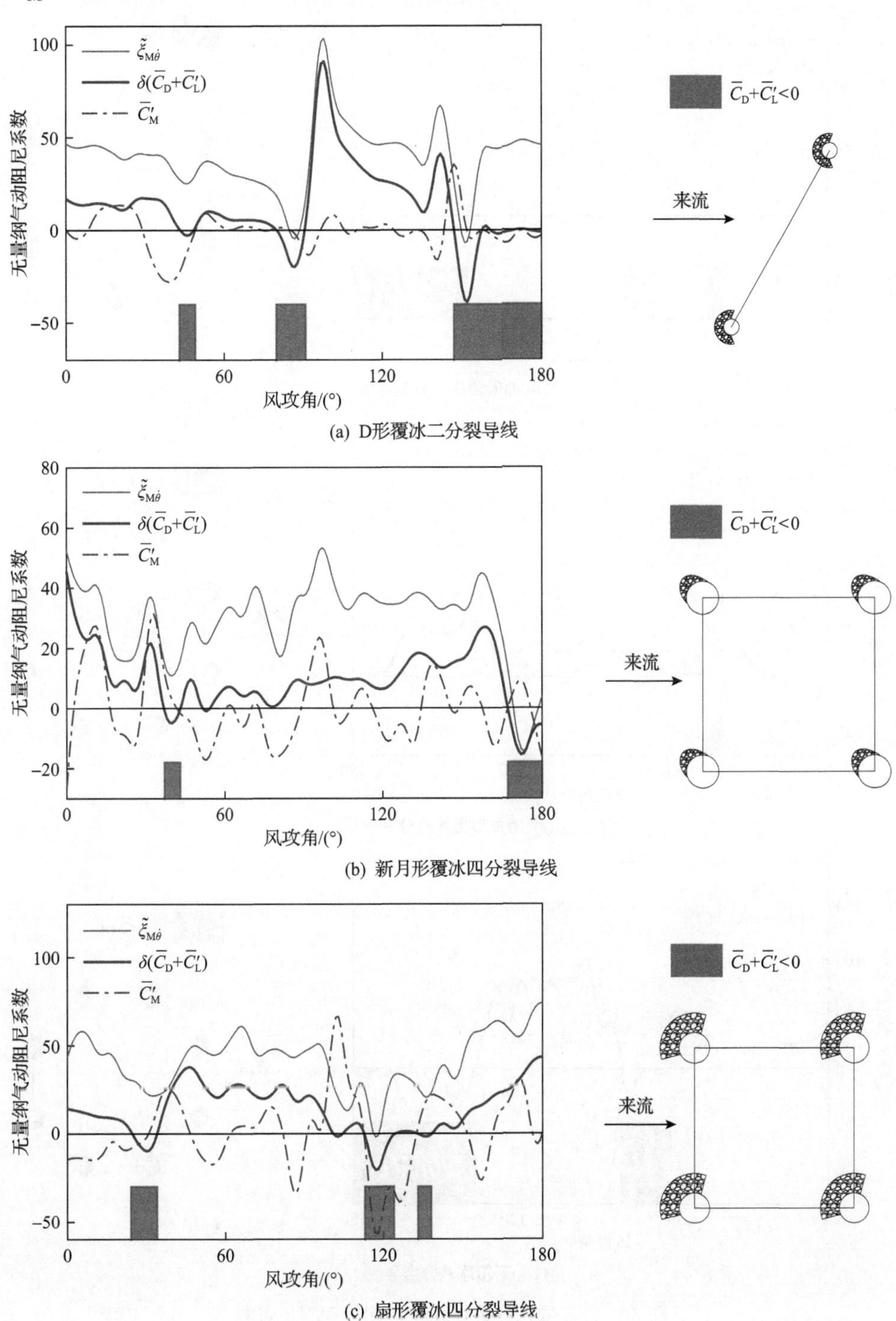

(a) D形覆冰二分裂导线

(b) 新月形覆冰四分裂导线

(c) 扇形覆冰四分裂导线

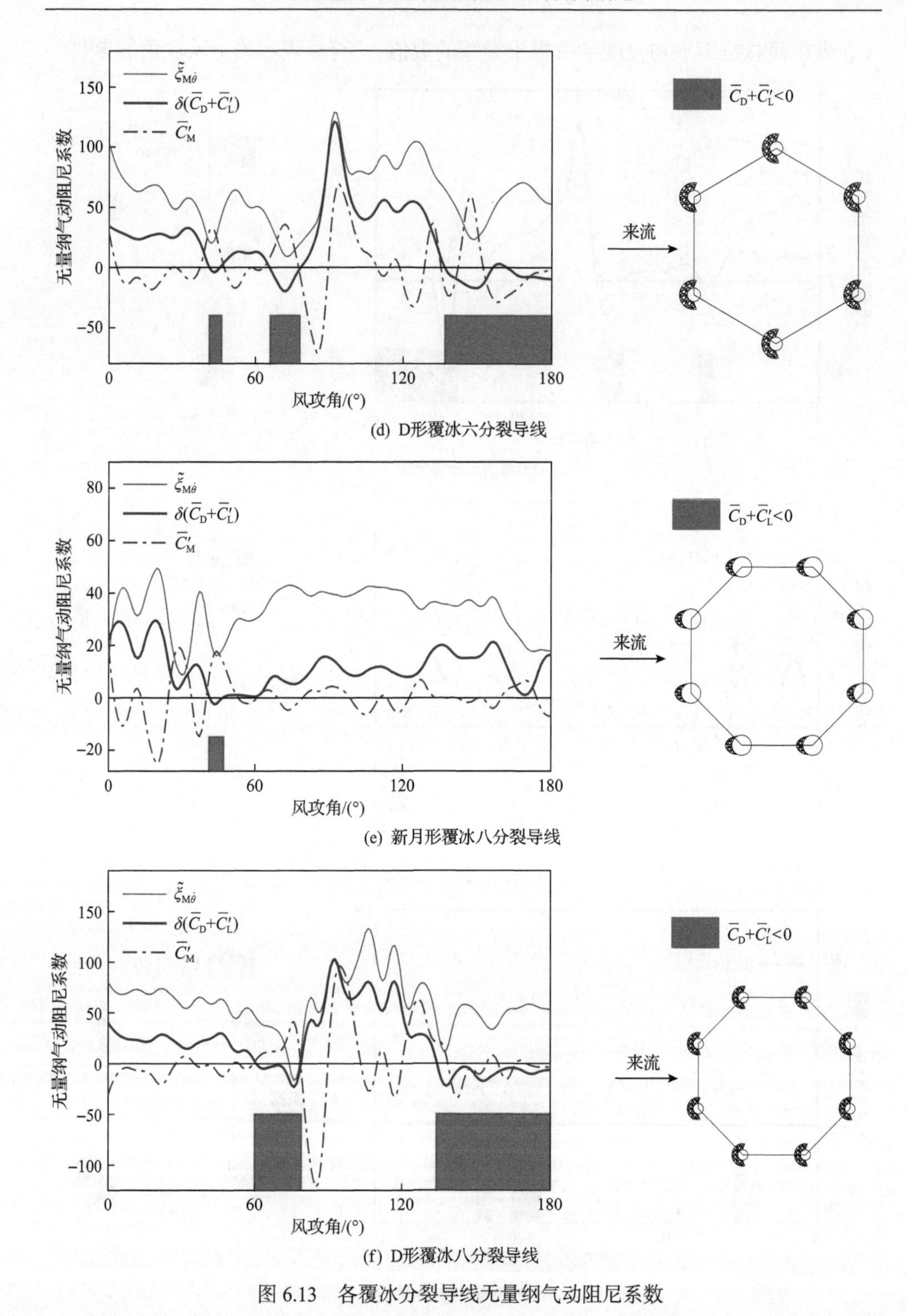

(d) D形覆冰六分裂导线

(e) 新月形覆冰八分裂导线

(f) D形覆冰八分裂导线

图 6.13　各覆冰分裂导线无量纲气动阻尼系数

图 6.13 的主要结果描述如下：①新月形覆冰分裂导线中，由于新月形覆冰的外形过渡较为圆滑，气动力变化并不剧烈，气动力曲线整体较为平缓，因此$\bar{C}_D + \bar{C}_L' < 0$的风攻角区域较少。②扇形覆冰四分裂导线$\bar{C}_D + \bar{C}_L' < 0$的风攻角范围宽度介于新月形覆冰和 D 形覆冰之间，扭转向气动负阻尼只在很窄的范围内出现。③D 形覆冰六分裂导线并没有出现扭转向气动负阻尼的风攻角。④新月形覆冰八分裂导线中，气动力曲线整体较为平缓，仅有小部分风攻角范围内出现$\bar{C}_D + \bar{C}_L' < 0$，而扭转向气动阻尼没有出现负值。

综合图 6.13 的各组气动力结果来看，扭转向气动负阻尼出现的范围被竖向气动负阻尼的风攻角范围包含，且扭转向范围显著小于竖向范围。即在出现竖向气动负阻尼的前提下，才有可能出现扭转向气动负阻尼。而在某些覆冰分裂导线中，没有出现扭转向气动负阻尼。

另外，图中的$\bar{C}_M'$曲线，即基于单导线方法的 Nigol 系数曲线，表明有约一半的风攻角是扭转向气动负阻尼的出现区域，这意味着这些区域都是扭转向气动不稳定的区域。然而，从分裂导线方法的角度观察，这些扭转向气动不稳定区域其实是不存在的，并不需要考虑。因此，单导线与分裂导线在扭转向气动力特征方面具有显著差别，分裂导线的扭转向气动失稳倾向不能用$\bar{C}_M'$数值判断。

6.4.3　舞动模式差异

不同的舞动激发机理对应不同的舞动模式。长期以来，国际上公认的舞动机理包括 Den Hartog 竖向舞动机理、Nigol 扭转舞动机理、惯性耦合舞动机理、稳定性舞动机理。据调查[46]，绝大部分危险的分裂导线舞动事件为包含扭转向的多向耦合舞动。这可以用稳定性舞动机理解释，即多自由度耦合系统中模态负阻尼引起多自由度耦合舞动。另外，绝大部分危险的单导线舞动事件为 Den Hartog 竖向舞动[46]。但需注意的是，单导线若发生 Nigol 扭转失稳的舞动，由于导线直径很小，难以通过肉眼观察，而分裂导线在舞动中的扭转运动则很容易观察。

基于单导线试验提出的 Nigol 扭转舞动机理有时也用于分裂导线的研究，以此来寻找扭转向激发的舞动模式，然而这是不合理的，因为分裂导线气动力荷载扭转分量的机制与单导线是截然不同的。假定分裂导线截面为刚体，各子导线沿圆周的切向运动导致各子导线相对风攻角、相对风速各不相同，这使得分裂导线的气动力扭转分量不同于单导线的模式，因而 Nigol 扭转舞动模式不太可能出现。近年来有试验研究对此问题进行了论证说明。Matsumiya 等[47]对三角形覆冰四分裂导线模型舞动试验研究发现，在$\bar{C}_M' < 0$的风攻角，采用单导线气动力模型的数值方法预测结果是会发生舞动，而试验结果、分裂导线气动力模型预测的结果均是不会发生舞动。由此可见，在单导线发生扭转失稳的风攻角，在分裂导线由于气动力机制不同，很可能不会发生扭转失稳。楼文娟团队[23,48]对 D 形覆冰八分裂

导线的舞动特征进行试验研究，发现分裂导线气动力模型预测结果与试验基本相符，而等效单导线气动力模型的结果误差较大，相关内容介绍如下。

为验证采用单导线气动力模型、分裂导线气动力模型对舞动幅值、舞动稳定性的影响，采用文献[23]和第 4 章中的八分裂导线节段模型风洞舞动试验的数据进行分析。关于试验的描述参见 4.4 节。

由图 6.13 所示的 D 形覆冰八分裂导线气动力试验数据可知，75°风攻角 $\overline{C}_D + \overline{C}_L' < 0$，可能出现竖向舞动，85°风攻角 $\overline{C}_M' < 0$，可用于检验是否会出现基于单导线气动力模型的扭转舞动。舞动试验工况设置见表 6.3，相应的节段模型动力特性见表 6.4。

表 6.3　舞动试验工况设置

风攻角/(°)	$\overline{C}_D + \overline{C}_L'$	$\overline{C}_M'$	$\tilde{\xi}_{M\dot{\theta}}$	风速/(m/s)
75	<0	>0	<0	3～6
85	>0	<0	>0	3～6

表 6.4　导线节段模型动力特性

f_y/Hz	f_θ/Hz	f_z/Hz	ξ_y/%	ξ_θ/%	ξ_z/%
0.58	0.45	0.57	0.24	0.94	0.25
	0.60		0.37	0.64	0.25

分别使用单导线气动力模型、分裂导线气动力模型，利用 Newmark-β 法计算导线三自由度模型的舞动响应时程，对试验的舞动工况进行模拟。定义幅值为稳定振动阶段最大位移与最小位移之差，图 6.14 给出了 75°风攻角下 f_y/f_θ=0.97 的节段模型舞动试验幅值结果。由图可知，在 $\overline{C}_D + \overline{C}_L' < 0$ 条件下，试验节段模型发生了显著的竖向舞动，而扭转向幅值并不显著。竖向位移方面，单导线气动力模型

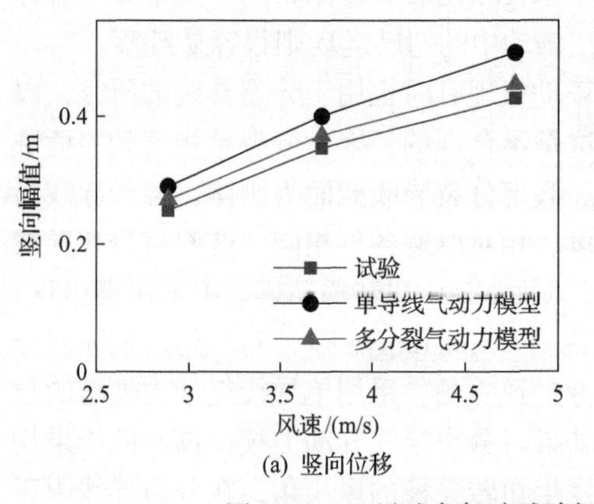

(a) 竖向位移

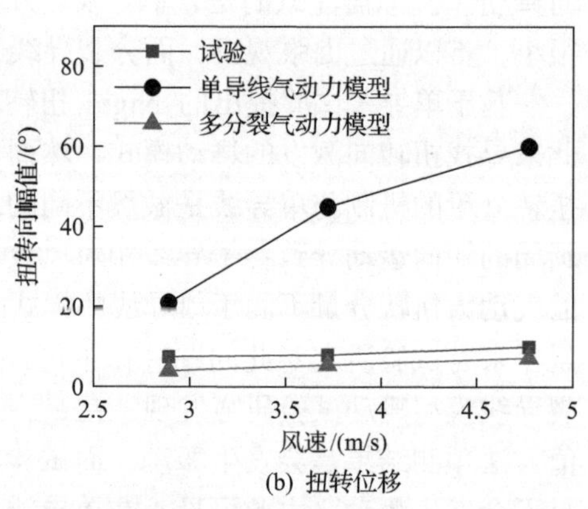

(b) 扭转位移

图 6.14　75°风攻角舞动试验幅值随风速的变化(f_y/f_θ=0.97)

与分裂导线气动力模型模拟的幅值均与试验值接近，而分裂导线气动力模型的竖向幅值吻合更好。扭转位移方面，单导线气动力模型的幅值显著大于试验值，而分裂导线方法的幅值与试验值较为接近。

图 6.15 给出了 85°风攻角下 f_y/f_θ=1.29 的节段模型舞动试验幅值结果。由图可知，试验节段模型发生了明显的扭转舞动，而竖向位移并不明显。竖向位移方面，分裂导线方法的竖向幅值与试验值很接近，且各风速下舞动激发状态与试验一致，而单导线方法的幅值与试验值有明显偏差。扭转位移方面，单导线气动力模型的扭转位移非常大，而分裂导线气动力模型的扭转向幅值与试验值较为接近，且各风速下舞动激发状态与试验一致。

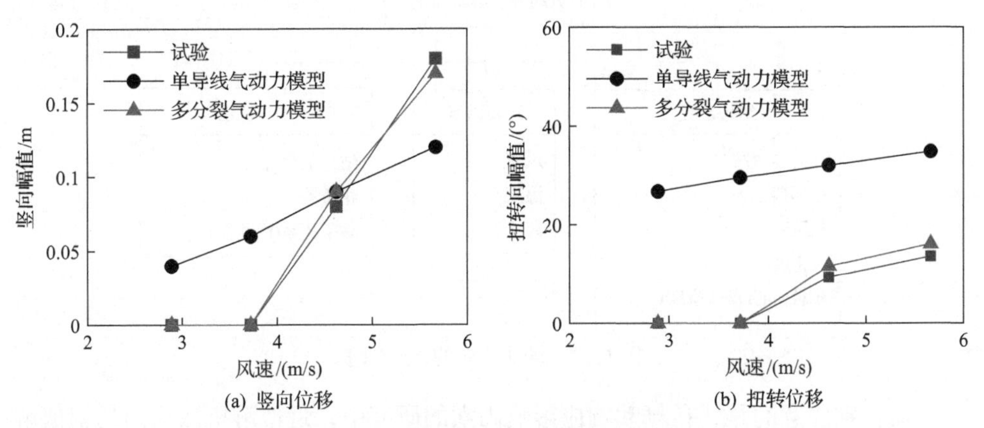

图 6.15　85°风攻角舞动试验幅值随风速的变化（f_y/f_θ=1.29）

图 6.16 给出了 85°风攻角下 f_y/f_θ=0.97 的节段模型舞动试验结果。由图可知，试验节段模型并未发生舞动。在单导线方法下，导线同时发生竖向、扭转向大幅度舞动，这是由于竖向、扭转频率接近，扭转向激发的舞动引起竖向大幅度的受迫振动。而在分裂导线方法下，导线不发生舞动，与试验结果相符。

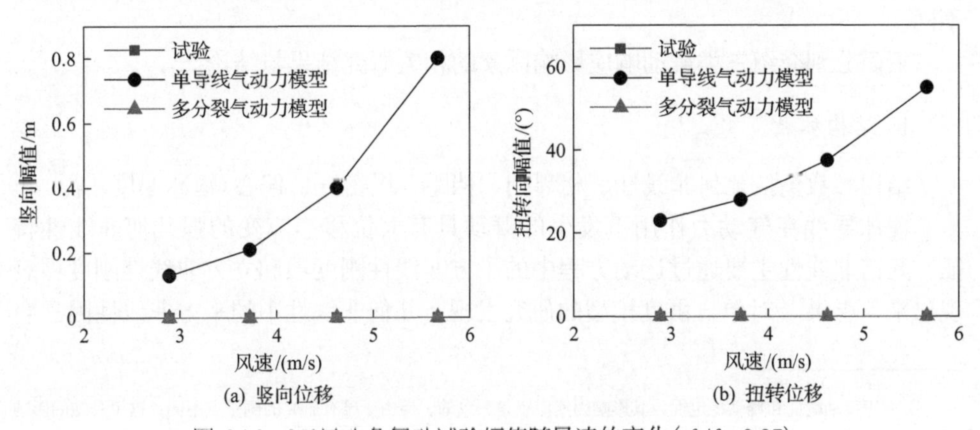

图 6.16　85°风攻角舞动试验幅值随风速的变化（f_y/f_θ=0.97）

综上可知，分裂导线即使在 Nigol 系数小于 0 的情况下也不会发生扭转向主导的舞动，采用分裂导线气动力模型可以较好地模拟分裂导线的舞动特征，而单导线气动力模型的结果则与分裂导线的实际舞动特征有较大偏差。

6.5　舞动响应影响因素分析

舞动响应的影响因素众多，在现有的相关研究中，可大致分为三类：结构参数、环境因素、动力特性，具体如图 6.17 所示①。

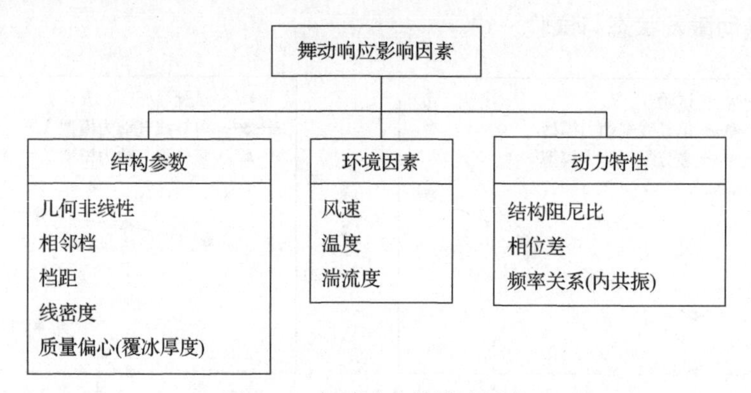

图 6.17　舞动响应的影响因素

需特别注意的是，在舞动响应影响因素的研究中，近似解析法给出的幅值解析式可能过于复杂或并非显式，难以从表达式角度直接给出作用规律，只能通过对特定气动力参数、结构参数条件下的舞动响应结果给出计算样例，总结相应规律。因此，有些规律不一定能够推广，需审慎看待。另外，过去有一些研究将等效单导线的气动力模型用于分裂导线的响应计算，但需注意这种计算方法得到的舞动幅值规律无法直接应用于分裂导线，因为分裂导线气动力模型与单导线显著不同。

下面分别介绍三类舞动响应影响因素的相关研究结果与结论。

1. 结构参数

结构参数包括几何非线性、相邻档、档距、线密度、偏心(覆冰厚度)等。

覆冰导线在气动力作用下发生的舞动具有大位移小应变的强几何非线性特征，几何非线性主要通过运动方程中的平方非线性刚度项和立方非线性刚度项表现出来。李果[32]对单自由度模型的研究发现，几何非线性中的平方非线性因素会

① 对于舞动响应和舞动稳定性，其影响因素应当是一致的，但由于已有研究的侧重点不同，这里总结的影响因素与前文的舞动稳定影响因素不尽相同。

使舞动频率变小，振幅变大，立方非线性因素会使舞动的频率变大，振幅变小，但它们不影响临界起舞风速；考虑几何非线性可能会使舞动频率变小，振幅变大，也可能会使舞动频率变大，振幅变小。

相邻档导线的舞动会产生交替变化的动张力，对导线舞动产生影响。张路飞[49]研究发现，连续档导线产生面内共振的条件和单档导线产生面内共振的条件不同，连续档导线的其中一个模态可以与两个或者两个以上的模态产生 1∶1 共振，而单档导线的一个模态只能与另外一个模态产生 1∶1 共振，所以连续档导线更容易产生共振。霍冰[36]研究发现，当相邻档距的振动频率接近该跨导线的舞动频率时，原本的周期运动被打破，演变为倍周期、概周期甚至混沌运动，这些运动经常会伴随着幅值的跳变，对系统具有很大的危害；此外，相邻档距舞动的加剧也会使该跨导线产生更为丰富的运动模式；相邻档使得舞动幅值明显增大、临界风速降低，严重影响导线系统的稳定性。

导线档距也是一个重要影响因素。一般认为，随着档距的增大，舞动的振动幅度也逐渐增大[19,41,50]；在大档距条件下，更容易激发出导线的高阶模态[36,51]。

导线线密度直接影响动力特性，必然影响舞动响应。研究发现[36]，柔长结构线密度越小越容易激发出高阶模态，且临界风速减小，起振风速范围增大。

覆冰对导线的影响是多重的，一方面是改变导线气动力特性，另一方面是增大质量，并引起质量偏心。对质量偏心的研究需确保气动力特性不发生改变。Yan 等[41]对单导线的舞动分析表明，在气动力参数不变的前提下，考虑质量偏心时舞动幅值随着风速增大先增大后减小，而不考虑质量偏心时幅值仅增大。因此，偏心可能影响舞动稳定性和舞动幅值。伍川等[18]在对覆冰四分裂导线舞动的有限元仿真中研究发现，考虑覆冰的偏心作用后，导线的位移和扭转向幅值明显增大，且竖向平面内振动形态更为复杂，如图 6.18 所示。

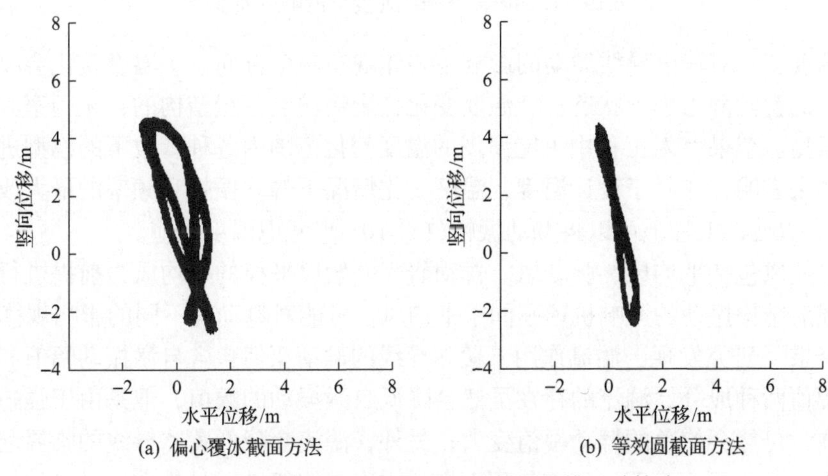

(a) 偏心覆冰截面方法　　(b) 等效圆截面方法

图 6.18　新月形覆冰四分裂导线的子导线运动轨迹

2. 环境因素

环境因素包括风速、温度、湍流度等。

理论研究表明，风速越大越容易激发出导线结构的高阶模态[19,36]。霍冰[36]开展不同风速下的柔长结构振动试验，发现舞动为限幅振动，即随着风速增大，每阶模态都呈现先增大后减小的特点；风速越大越能激发柔长结构的高阶模态，其间伴随着前一阶模态的减小和后一阶模态的增大，存在单模态舞动、双模态和多模态的耦合舞动行为，相应结果如图 6.19 所示。很多理论研究是基于给定的风攻角对风速的影响进行计算分析的，但需要注意的是，风速的变化实际上会改变导线平衡位置，从而导致风攻角改变，影响舞动响应[21]。因此，试验或现实中观察到不同风速下舞动状态的变化，可能已经受到风攻角变化的影响。

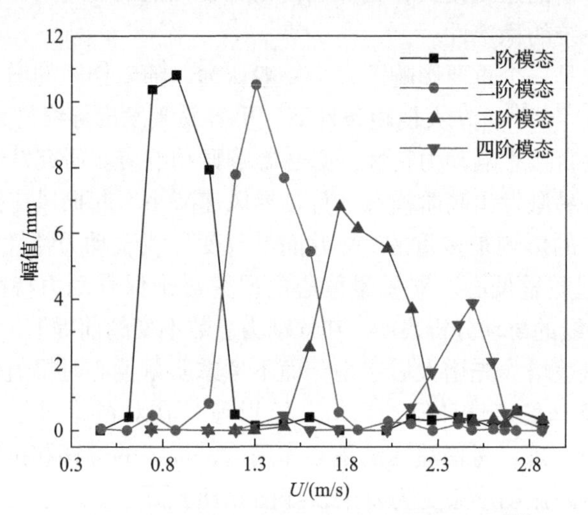

图 6.19 前四阶模态随风速变化的响应曲线[36]

温度变化对输电导线舞动的影响主要体现在两个方面：①温度变化会改变输电导线的初始静力平衡状态；②温度变化会影响输电导线结构的自振频率和低阶模态振型。李果[32]对工程中可能出现的温度变化范围内各种参数下的模型进行计算。结果表明，相对于设计温度，温度变化情况下舞动振幅和频率的最大改变量为 5%～10%，工程上可以将舞动振幅放大 10%来考虑温度效应。

自然风包括平均风、脉动风。舞动研究一般以平稳的平均风为前提进行，而脉动风对结构振动的影响机理不同于平均风，可能对舞动有不同的影响规律。

李果[32]研究发现，湍流作用下覆冰导线的舞动幅值包含自激振动幅值和强迫振动幅值两种成分，湍流的存在虽然会降低自激振动的幅值，但是由于强迫振动的存在，仍然会使总的舞动幅值变大；另外，湍流会降低覆冰导线的临界起舞风速。徐倩[51]的研究表明，湍流作用下更易诱发导线舞动，且易致使导线的舞动幅值发生急剧变化；此外，湍流作用下导线的舞动风攻角增大。

杨伦[21]以新月形覆冰导线为对象的有限元分析表明，对于单导线，湍流场引发大幅竖向舞动的概率较高；对于分裂导线，当覆冰位于导线迎风面时，湍流场下输电导线较易发生气动力失稳，若覆冰处于导线背风面，均匀流场会更容易使覆冰导线产生显著的舞动现象。杨伦[21]进一步对均匀流、一维湍流、三维湍流风场中的舞动响应特征进行对比，发现风场瞬态效应可在一定程度上抑制覆冰导线的自激振动响应。其中，三维瞬态风场的影响更加显著；从能量在频域内的分布规律来看，瞬态风场作用下舞动响应中的自激振动成分仍居主导地位。图 6.20 和图 6.21 分别给出了新月形覆冰导线、D 形覆冰导线在不同湍流风场中舞动响应功率谱的具体对比结果。

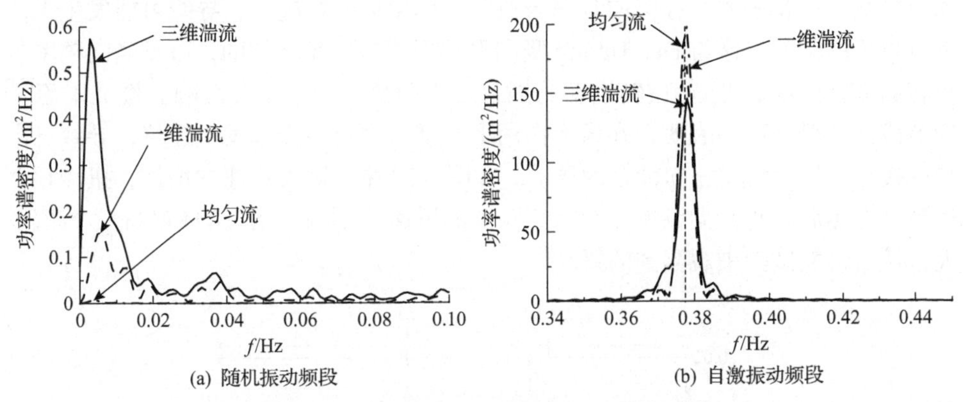

图 6.20　新月形覆冰导线舞动响应功率谱[21]

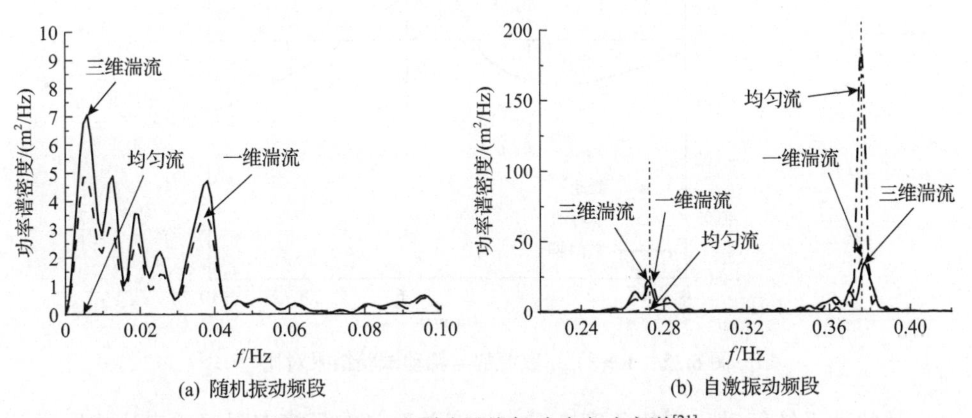

图 6.21　D 形覆冰导线舞动响应功率谱[21]

3. 动力特性

动力特性因素包括结构阻尼比、相位差、频率关系(内共振)等。

从舞动激发角度来看，若输电导线结构恰好处于接近舞动激发的临界状态，则结构阻尼比越大，舞动越难以激发；若不处于临界状态，则结构阻尼比基本不影响舞动激发。从舞动稳定状态振动的能量平衡角度来看，结构阻尼比必然影响舞动的幅值，但对舞动模态和舞动频率影响很小。Zhou 等[19]基于有限元计算的研究发现，阻尼比会改变舞动幅值，但不改变舞动频率和舞动模态。

结构频率对舞动响应具有重要影响，不同自由度之间非耦合频率的接近程度决定了各向运动的耦合程度，而各向非耦合频率具有特殊比例关系时产生的内共振现象也会影响舞动特征[26]。在对舞动的非线性方程求幅值近似解析解时，不同频率条件下求出的幅值解显然是截然不同的，相应的舞动稳定状态也是不同的。

已有相关风洞试验研究了频率对舞动模式的影响。Lilien 等[52, 53]对新月形覆冰单导线的试验表明，在竖向频率与扭转频率接近的情况下，导线可能发生大范围风攻角的舞动，这与 Den Hartog 竖向舞动模式显然是不同的，可见竖向频率与扭转频率接近时，竖向-扭转运动的耦合对舞动响应产生重要影响。楼文娟等[54]的节段模型舞动试验表明，在风力作用下，模型的扭转频率发生迁移，导致三向频率接近，从而引发三向耦合的舞动。在图 6.22 中，随着风速的增加，扭转频率逐渐接近然后超越竖向频率，在密集频率的风速范围内，系统的 $\mathrm{Re}(\lambda)_{\max}$ 数值增大，从而诱发试验中观测到的舞动。

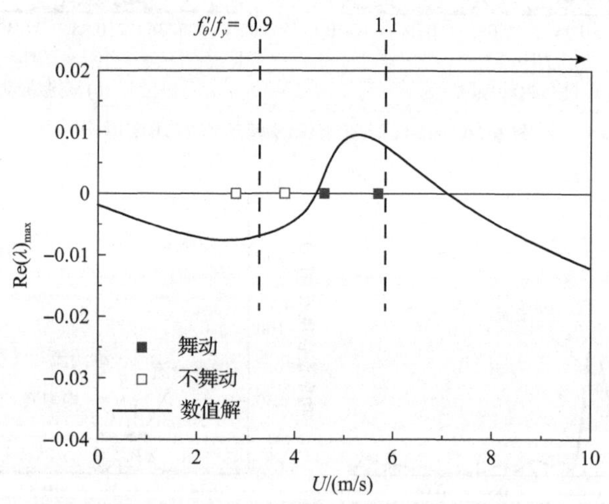

图 6.22　$\mathrm{Re}(\lambda)_{\max}$ 数值解与舞动试验结果对比[54]

从线性系统舞动稳定的角度来看，频率关系影响了模态阻尼比表达式形式及其数值；负模态阻尼(对应特征值实部)越显著，则舞动振幅发散速率越快，但舞动稳定状态幅值受到气动力非线性项、相对风攻角范围的影响，其实际规律还较为复杂。Matsumiya 等[55]采用能量法研究了频率对舞动幅值的影响，发现扭转频率、水平频率的变化均会对竖向幅值产生影响，该影响可能增大，也可能减小，与具体风攻角有关，难以得出明确规律。

多自由度系统中，各自由度运动的相位差与结构动力特性密切相关。相位差由结构动力特性决定，因而从相位差中也可反推出某些结构动力特性。现场实测发现，在不同舞动事件中竖向位移与扭转位移有多种相位差关系，当竖向位移与扭转位移同相位时，舞动振幅较大[56]。Matsumiya 等[55]采用人为设定位移及相位的方式进行研究，发现当扭转位移与竖向位移相差 90°时，扭转向运动的存在可能显著增大竖向位移；水平位移和扭转位移的幅值、相位差(以竖向位移为基准)均会对竖向幅值产生影响。由于各向位移相位差的影响因素较多，目前还难以从现场和试验的相位差实测结果来推断相应的舞动模态，关于相位差与导线舞动模态的关系还需进一步研究。

参 考 文 献

[1] Desai Y M, Popplewell N, Shah A H, et al. Geometric nonlinear static analysis of cable supported structures[J]. Computers & Structures, 1988, 29(6): 1001-1009.

[2] Desai Y M, Yu P, Popplewell N, et al. Finite element modelling of transmission line galloping[J]. Computers & Structures, 1995, 57(3): 407-420.

[3] Zhang Q, Popplewell N, Shah A H. Galloping of bundle conductor[J]. Journal of Sound and Vibration, 2000, 234(1): 115-134.

[4] Foti F, Martinelli L. Finite element modeling of cable galloping vibrations, part Ⅰ: Formulation of mechanical and aerodynamic co-rotational elements[J]. Archive of Applied Mechanics, 2018, 88(5): 645-670.

[5] 李黎，陈元坤，夏正春，等. 覆冰导线舞动的非线性数值仿真研究[J]. 振动与冲击，2011, 30(8): 107-111.

[6] 李黎，曹化锦，肖鹏，等. 输电线覆冰舞动的简化分析方法[J]. 工程力学，2011, 28(S2): 152-156.

[7] 张栋梁，何锃，乔厚，等. 一种新的覆冰导线舞动非线性有限元分析方法[J]. 固体力学学报，2016, 37(5): 461-470.

[8] 刘操兰. 大跨越输电线路导线舞动研究[D]. 重庆: 重庆大学, 2009.

[9] 王冬. 架空线路的舞动分析和扰流防舞器的研究[D]. 北京: 华北电力大学, 2011.

[10] 叶文娟. 覆冰导线的舞动机理及其数值模拟[D]. 合肥: 合肥工业大学, 2012.

[11] 范孜. 覆冰分裂导线的动力学特性研究[D]. 天津: 天津理工大学, 2012.

[12] 冯海茂. 输电塔-覆冰导线耦合体系舞动的动力特性研究[D]. 天津: 天津理工大学, 2013.

[13] 汪澜惠. 1000kV交流紧凑型线路相间间隔棒防舞效果评估方法研究[D]. 北京: 华北电力大学, 2016.

[14] 刘小会，严波，张宏雁，等. 分裂导线舞动非线性有限元分析方法[J]. 振动与冲击，2010,

29(6): 129-133, 240-241.

[15] Liu X H, Yan B, Zhang H Y, et al. Nonlinear numerical simulation method for galloping of iced conductor[J]. Applied Mathematics and Mechanics (English Edition), 2009, 30(4): 489-501.

[16] 严波, 李文蕴, 周松, 等. 覆冰四分裂导线舞动数值模拟研究[J]. 振动与冲击, 2010, 29(9): 102-107, 245.

[17] Hu J, Yan B, Zhou S, et al. Numerical investigation on galloping of iced quad bundle conductors[J]. IEEE Transactions on Power Delivery, 2012, 27(2): 784-792.

[18] 伍川, 叶中飞, 严波, 等. 考虑导线偏心覆冰对四分裂导线舞动的影响[J]. 振动与冲击, 2020, 39(1): 29-36.

[19] Zhou L S, Yan B, Zhang L, et al. Study on galloping behavior of iced eight bundle conductor transmission lines[J]. Journal of Sound and Vibration, 2016, 362: 85-110.

[20] 赵莉, 严波, 蔡萌琦, 等. 输电塔线体系中覆冰导线舞动数值模拟研究[J]. 振动与冲击, 2013, 32(18): 113-120.

[21] 杨伦. 覆冰输电线路舞动试验研究和非线性动力学分析[D]. 杭州: 浙江大学, 2014.

[22] 王昕. 覆冰导线舞动风洞试验研究及输电塔线体系舞动模拟[D]. 杭州: 浙江大学, 2011.

[23] 余江. 超特高压输电线路覆冰舞动机理及其防治技术研究[D]. 杭州: 浙江大学, 2018.

[24] 梁洪超. 覆冰导线全攻角舞动特性及基于阻尼减振技术的防舞研究[D]. 杭州: 浙江大学, 2019.

[25] 黄赐荣. 输电线路负刚度阻尼器防舞及舞动幅值近似解析解研究[D]. 杭州: 浙江大学, 2022.

[26] Luongo A, Zulli D, Piccardo G. Analytical and numerical approaches to nonlinear galloping of internally resonant suspended cables[J]. Journal of Sound and Vibration, 2008, 315(3): 375-393.

[27] 李文蕴, 严波, 刘小会. 覆冰三分裂导线舞动的数值模拟方法[J]. 应用力学学报, 2012, 29(1): 9-14, 113.

[28] Kazakevych M I, Vasylenko O H. Analytical solution for galloping oscillations[J]. Journal of Engineering Mechanics, 1996, 122(6): 555-558.

[29] Barrero-Gil A, Sanz-Andr E S A, Alonso G. Hysteresis in transverse galloping: The role of the inflection points[J]. Journal of Fluids and Structures, 2009, 25(6): 1007-1020.

[30] Barrero-Gil A, Sanz-Andrés A, Roura M. Transverse galloping at low Reynolds numbers[J]. Journal of Fluids and Structures, 2009, 25(7): 1236-1242.

[31] Barrero-Gil A, Alonso G, Sanz-Andrés A. Energy harvesting from transverse galloping[J]. Journal of Sound and Vibration, 2010, 329(14): 2873-2883.

[32] 李果. 考虑几何非线性和环境因素影响覆冰导线舞动解析解及时滞控制研究[D]. 武汉: 华中科技大学, 2021.

[33] Luongo A, Piccardo G. Non-linear galloping of sagged cables in 1:2 internal resonance[J].

Journal of Sound and Vibration, 1998, 214(5): 915-940.

[34] Luongo A, Piccardo G. A continuous approach to the aeroelastic stability of suspended cables in 1∶2 internal resonance[J]. Journal of Vibration and Control, 2008, 14(1-2): 135-157.

[35] 李欣业，张华彪，侯书军，等. 覆冰输电导线舞动的仿真分析[J]. 振动工程学报，2010, 23(1): 76-85.

[36] 霍冰. 风致非圆截面柔长结构的多模态耦合振动研究[D]. 天津: 天津大学, 2015.

[37] Yu P, Desai Y M, Shah A H, et al. Three-degree-of-freedom model for galloping, part Ⅰ: Formulation[J]. Journal of Engineering Mechanics, 1993, 119(12): 2404-2425.

[38] Yu P, Desai Y M, Popplewell N, et al. Three-degree-of-freedom model for galloping, part Ⅱ: Solutions[J]. Journal of Engineering Mechanics, 1993, 119(12): 2426-2448.

[39] Luongo A, Zulli D, Piccardo G. A linear curved-beam model for the analysis of galloping in suspended cables[J]. Journal of Mechanics of Materials and Structures, 2007, 2(4): 67-95.

[40] 蔡君艳. 覆冰四分裂导线舞动的非线性特性研究[D]. 天津: 天津大学, 2012.

[41] Yan Z M, Yan Z T, Li Z L, et al. Nonlinear galloping of internally resonant iced transmission lines considering eccentricity[J]. Journal of Sound and Vibration, 2012, 331(15): 3599-3616.

[42] Lou W J, Yang L, Huang M F, et al. Two-parameter bifurcation and stability analysis for nonlinear galloping of iced transmission lines[J]. Journal of Engineering Mechanics, 2014, 140(11): 04014081.

[43] 中华人民共和国住房和城乡建设部. GB 50545—2010 110kV～750kV 架空输电线路设计规范[S]. 北京: 中国计划出版社, 2010.

[44] Lou W J, Lv J, Huang M F, et al. Aerodynamic force characteristics and galloping analysis of iced bundled conductors[J]. Wind and Structures, 2014, 18(2): 135-154.

[45] 李天昊. 输电导线气动力特性及风偏计算研究[D]. 杭州: 浙江大学, 2016.

[46] Lilien J. State of the art of conductor galloping[R]. Paris: CIGRE, 2007.

[47] Matsumiya H, Nishihara T, Yagi T. Aerodynamic modeling for large-amplitude galloping of four-bundled conductors[J]. Journal of Fluids and Structures, 2018, 82: 559-576.

[48] 温作鹏. 三自由度系统舞动稳定的矩阵摄动法与分裂导线防舞研究[D]. 杭州: 浙江大学, 2021.

[49] 张路飞. 连续档输电线动态特性分析[D]. 重庆: 重庆交通大学, 2016.

[50] 李文蕴. 覆冰分裂导线舞动数值模拟方法研究[D]. 重庆: 重庆大学, 2009.

[51] 徐倩. 风荷载作用下特高压八分裂导线振动数值模拟[D]. 成都: 西华大学, 2018.

[52] Chabart O, Lilien J L. Galloping of electrical lines in wind tunnel facilities[J]. Journal of Wind Engineering and Industrial Aerodynamics, 1998, 74-76: 967-976.

[53] Keutgen R, Lilien J L. Benchmark cases for galloping with results obtained from wind tunnel facilities validation of a finite element model[J]. IEEE Transactions on Power Delivery, 2000,

15(1): 367-374.

[54] Wen Z P, Lou W J, Yu J, et al. Galloping mechanism of a closely tuned 3-DOF system considering aerodynamic stiffness[J]. Journal of Structural Engineering, 2023, 149(4): 04023014.

[55] Matsumiya H, Yagi T, Macdonald J H G. Effects of aerodynamic coupling and non-linear behaviour on galloping of ice-accreted conductors[J]. Journal of Fluids and Structures, 2021, 103366.

[56] Gurung C B, Yamaguchi H, Yukino T. Identification and characterization of galloping of Tsuruga test line based on multi-channel modal analysis of field data[J]. Journal of Wind Engineering and Industrial Aerodynamics, 2003, 91(7): 903-924.

第 7 章　输电线路防舞措施

7.1　输电线路防舞研究概述

我国的电网经过几十年的建设，规模以及发电量都已经达到世界第一。随着电网的发展壮大，电网的维护和保护工作显得尤为重要。覆冰导线舞动会对电网的安全和稳定产生严重影响，因此研究和应用防舞装置已成为当前电网维护工作的重要任务。目前，学界、业界已经研发了种类众多的防舞装置。根据这些防舞装置的作用原理，可以将它们大致划分为四大类：气动型防舞装置、惯性型防舞装置、阻尼型防舞装置和约束型防舞装置，如图 7.1 所示。

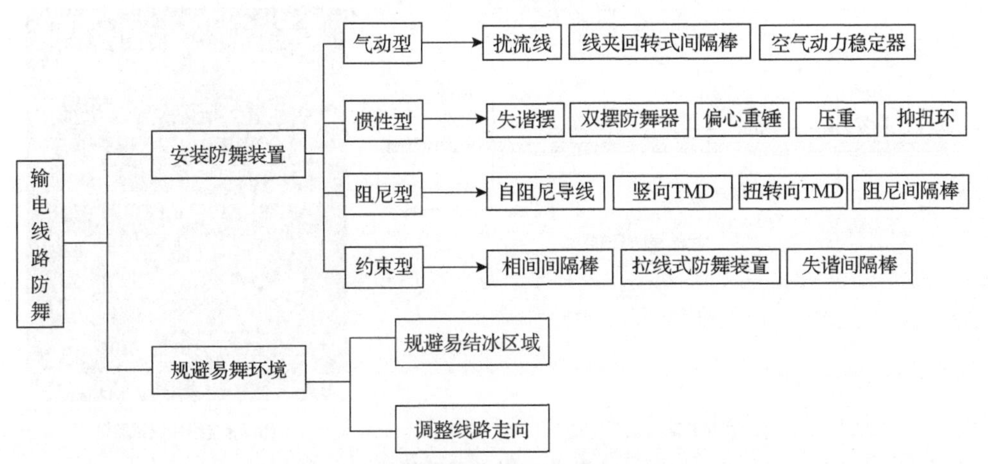

图 7.1　输电线路常见舞动防治方法分类

除了安装防舞装置，还需在设计阶段对线路所在区域的气象气候条件进行分析，通过规避易结冰区域或调整线路走向等方式来减小导线发生舞动的可能性。

目前，在输电线路上广泛采用的防舞装置为相间间隔棒、双摆防舞器、失谐摆、线夹回转式间隔棒等[1,2]。现行的规范要求根据电压等级、回路数、导线排列方式等因素分别选用相应的装置或进行组合使用。例如，国家电网 Q/GDW 1829—2012《架空输电线路防舞设计规范》[3]、河南省地方标准 DB41/T 1821—2019《架空输电线路防舞动技术规范》[4]等都对此有详细规定。

下面分别对气动型、惯性型、阻尼型、约束型防舞装置进行简要介绍。

1. 气动型防舞装置

气动型防舞装置通过改变导线的截面形状来改变导线的气动力特性，从而达到抑制导线舞动的效果。常见的气动型防舞装置有线夹回转式间隔棒、扰流线防舞器、空气动力稳定器等。

扰流线防舞器是将特制的扰流线缠绕在导线表面，使导线各个截面的形状产生一定差异，不同截面产生不一样的气动力，通过不同截面的气动力相互干扰达到抑舞效果。楼文娟等[5,6]通过 CFD 数值模拟和风洞试验(图 7.2)等研究手段对缠绕扰流线的覆冰导线气动力特性开展了相关研究。结果表明，扰流防舞器具有良好的防舞效果，且扰流线的直径为导线直径的 75%时防舞效果最优。但若线路处于重覆冰区域，覆冰厚度会明显大于扰流线，此时扰流线基本失效。此外，目前扰流防舞器通常由聚氯乙烯制成，由于其与导线的线膨胀系数不同，夏季可能导致松弛并造成位置滑移；作为高分子材料，还存在老化和劣化的问题。

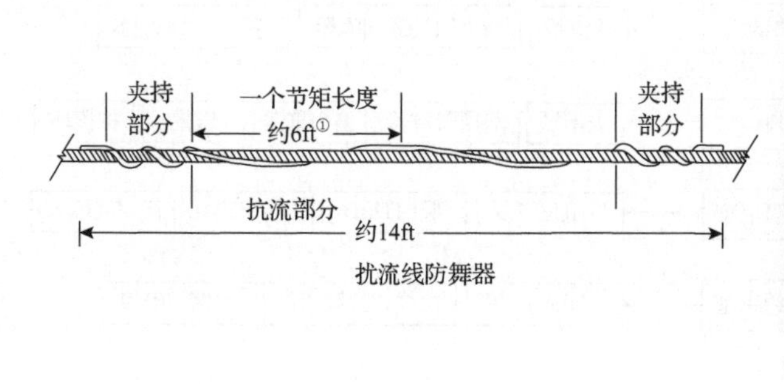

(a) 扰流线防舞器示意图

(b) 扰流线风洞试验[6]

图 7.2　扰流线防舞器

线夹回转式间隔棒由于良好的防舞性能，已在许多实际线路上得到安装应用[7]。该装置通过取消导线整体间隔棒的部分或全部线夹来释放间隔棒对子导线的扭转向约束，子导线可以在覆冰的偏心作用下发生转动，使导线的覆冰形状更为均匀，更加接近圆形覆冰，从而减小舞动的可能性[8,9]。

目前，已有许多学者通过数值模拟、风洞试验等手段对线夹回转式间隔棒的防舞效果进行了研究。日本某试验线路的舞动试验研究发现[10]，采用回转式间隔棒可以使导线舞动时导线动张力极大值和运动幅值极大值减小至原来的 20%～45%。日本学者松宫央登等[11]通过节段模型气动力测试和振动测试，发现回转式

① 1ft=0.3048m。

间隔棒能显著降低舞动幅值，Den Hartog 系数绝对值也显著下降；另外，观测实际线路发现，相间间隔棒、压重抑制了导线扭转，使得冰形趋向于尖锐，升力效应显著，可能引起更多的舞动[12]。王晓涵等[13]对回转式间隔棒进行了改进设计，针对冰雨型天气，设计了轴向可旋转的悬垂线夹和 360°回转式线夹。葛江锋[14]以忽略间隔棒作用和子导线的尾流效应为假设前提，针对多种回转式间隔棒安装布置方案，采用数值模拟方法计算了导线的舞动响应位移。Lou 等[15]通过风洞气弹试验和 ANSYS 有限元仿真，对安装回转式间隔棒的导线开展了防舞效果分析。虽然回转式间隔棒的防舞效果较好，但在实际环境中，回转式线夹的轴承容易结冰，导致导线无法正常转动，无法发挥其应有的防舞性能，仍需进一步改进。图 7.3 给出了部分文献中的线夹回转式间隔棒及其改进设计。

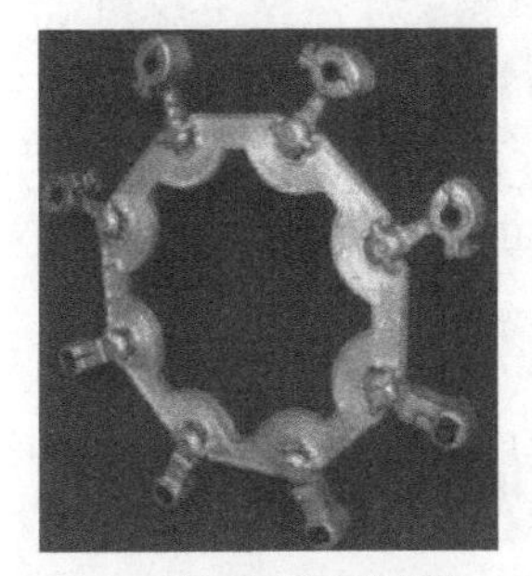

(a) 内嵌型回转式线夹[8]

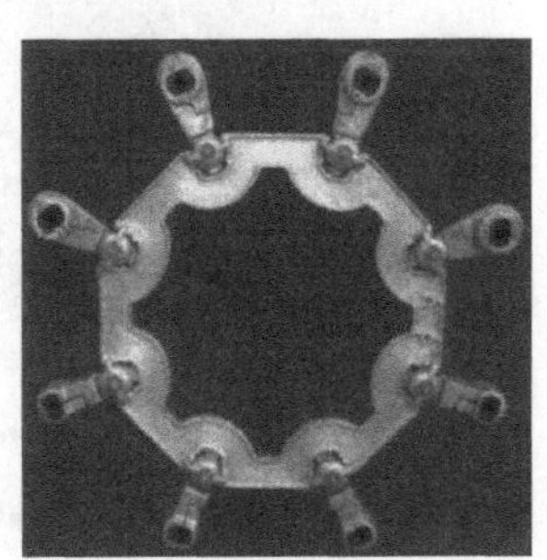

(b) 外包型回转式线夹[8]

(c) 防冰雨型360°回转式线夹[13]

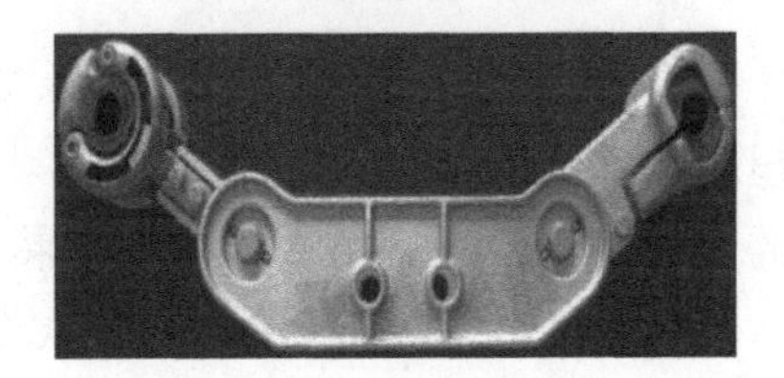

(d) 回转式间隔棒细节图[13]

图 7.3 线夹回转式间隔棒

2. 惯性型防舞装置

惯性型防舞装置通过在原线路结构中附加惯性质量，影响动力特性，从而提高线路动力稳定性，达到抑制舞动的效果。常见的惯性型防舞装置主要有失谐摆、双摆防舞器、偏心重锤、压重等。

失谐摆是由加拿大学者 Nigol 提出，与 Harvard 等共同研究和发展起来的[1]。其防舞机理主要通过调整导线的扭转频率来使之与竖向频率分离，从而防止导线发生竖扭耦合舞动。徐克举和芮晓明[16]针对某线路，对安装失谐摆前后的导线舞动情况进行了对比研究，验证了失谐摆对于导线舞动良好的抑制效果。李海花等[17]针对多种舞动波形，讨论了失谐摆的多种配置方案。胡德山等[18]在此基础上对失谐摆进行了改进，提出了阻尼失谐摆的设计方案，并通过数值计算验证了其良好的防舞性能。失谐摆已经在单导线的防舞实践中取得了很好的效果，但其力学模型过于简单，许多舞动的影响因素无法包含，有一定的局限性；由于分裂导线的结构特性、舞动特性与单导线大不相同，失谐摆在分裂导线上的应用并未表现出良好的控制效果，一般不推荐在分裂导线上使用。

图 7.4 给出了失谐摆的实物图片。

图 7.4　失谐摆实物[19,20]

针对失谐摆的局限性以及缺点，20 世纪 90 年代北京电力建设研究所与湖北省超高压局合作研发了双摆防舞器[21]，其主要通过对导线附加惯性质量来提高导线的气动稳定性，从而达到抑舞效果。类似的惯性型防舞器还有偏心重锤、压重等。杨晓辉等[22,23]利用 ABAQUS 软件对双摆防舞器的防舞效果进行了有限元模拟研究，并在其现有结构的基础上进行了改进设计。结果表明，改进之后的双摆防舞器可以达到更好的防舞效果。卢明良等[24,25]阐述了偏心重锤的防舞机理，并针对偏心重锤的安装位置进行了改进。图 7.5 给出了部分文献中的双摆防舞器及偏心重锤应用。对于这些惯性型防舞器，在工程设计中通常使用导线-防舞器系统的 Hurwitz 判据作为判断舞动稳定的准则[1]。然而，基于该数值判据的设计方法依赖于经验试算，实际运行中双摆防舞器可能控制效果不佳。

抑扭环主要通过改变导线的扭转频率使得竖向频率与扭转频率分离，从而使导线无法发生竖扭耦合舞动[26]。余江[27]根据抑扭环的防舞原理设计并制作了抑扭环，通过风洞试验验证了抑扭环的良好防舞作用。结果表明，抑扭环可以有效提高导线的起舞风速。目前，仍缺乏针对抑扭环更深入的理论与试验研究。图 7.6 给出了抑扭环结构简图及风洞试验照片。

(a) 双摆防舞器[22]

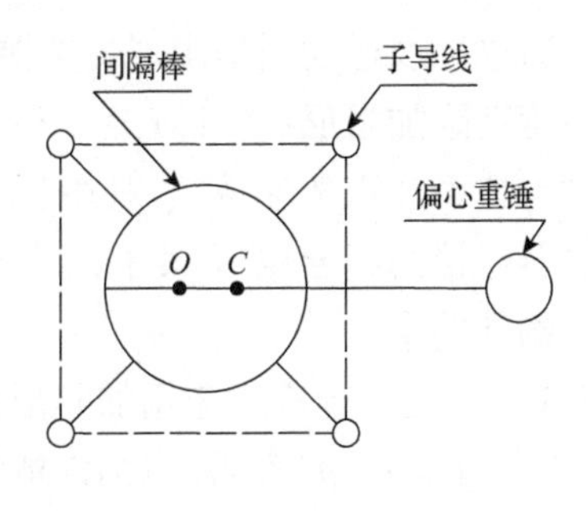

(b) 偏心重锤安装示意图[24]

图 7.5　双摆防舞器与偏心重锤

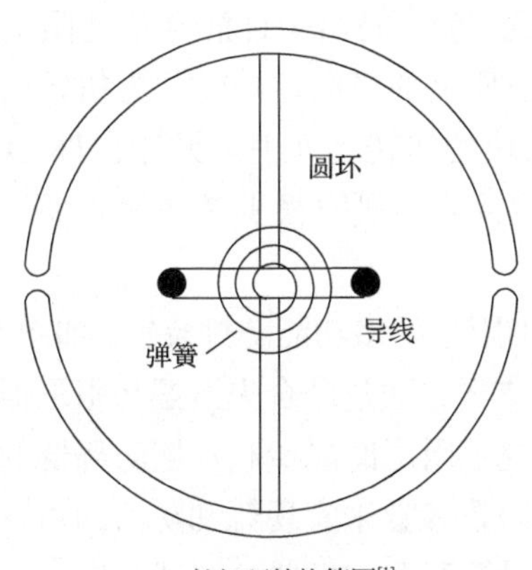

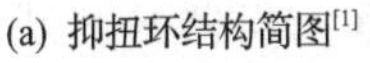
(a) 抑扭环结构简图[1]

(b) 抑扭环风洞试验[27]

图 7.6　抑扭环防舞装置

3. 阻尼型防舞装置

阻尼型防舞装置主要通过阻尼元件进行减振耗能，从而达到抑制效果。常见的阻尼型防舞装置主要有调谐质量阻尼器(tuned mass damper，TMD)、自阻尼导线、阻尼间隔棒等。

现有的舞动机理研究表明，气动负阻尼是输电线路舞动的根本原因[28,29]。当气动负阻尼的绝对值超过线路结构固有阻尼时，导线会产生气动失稳现象，因此大幅提高线路结构的固有阻尼比可以从根本上解决导线的舞动问题。提升线路阻尼有两种思路：①提升导线自身材料的阻尼；②通过导线运动施加附加阻尼。

要提升导线自身材料的阻尼，可以使用自阻尼导线。自阻尼导线是专门制作一种结构阻尼系数较大的导线，依靠导线自身的阻尼来达到减振效果。国内外已经利用多种特殊材料制作了自阻尼导线，但由于制作材料造价较高，现阶段无法在输电线路上大规模普及使用。

通过导线运动附加阻尼，按照阻尼施加方式可以分为三种：利用自由端质量块的运动附加阻尼(如 TMD)、利用固定面附加阻尼(阻尼器一端与导线连接，另一端与地面或塔架连接)、利用相邻结构附加阻尼(阻尼器连接两根分裂子导线或阻尼器连接两相导线)。其中，后两种同时也属于约束型防舞装置，因为其同时引入了额外约束。

TMD 是一种广泛应用的阻尼器，其在输电线路防舞中的应用研究已初步开展[30-37]。这些研究表明，TMD 能够有效增加起舞风速并减小舞动幅值。现有研究中的 TMD 均针对导线的竖向运动进行控制，但大档距导线的自振频率较低，TMD 的弹性元件静态伸长量可长达数米，可能引发碰撞、电气问题，因此 TMD 对大档距特高压线路难以适用。为规避 TMD 的竖向运动机制带来的伸长量问题，可以考虑将竖向运动转化为旋转运动。Lu 等[31]提出一种混合章动阻尼器(hybrid nutation damper, HND)装置，使用偏心质量的竖向运动转化为扭转向运动的机制，将导线的竖向运动能量转移到质量块的扭转运动中。另外，TMD 类装置的引入实际上给导线带来了质量偏心，但目前的研究很少考虑偏心惯性耦合的作用[32,33]。

随着研究的深入，相继有学者提出一些附加阻尼的多功能防舞装置，如图 7.7 所示。胡德山等[18]提出一种阻尼失谐摆的设计方案，通过结合失谐摆与阻尼器的双重功效达到更好的防舞目的。赵彬等[38,39]研究了阻尼间隔棒和双摆防舞器的关键设计要素，并阐述了通过优化防舞器设计与布置参数来实现舞动防治的可行性建议。朱宽军等[9]提出带阻尼的线夹回转式间隔棒双摆防舞器，实现了增强分裂导线稳定性与降低导线覆冰不均匀性的双重功效，这种结合使其防舞作用更为突出。Si 等[40]提出了一种结合失谐摆、回转式间隔棒、内部阻尼机制的装置，并进行了实际线路的测试。

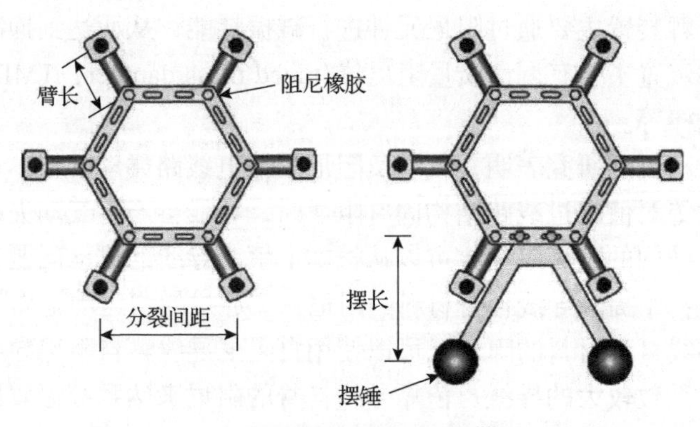

(a) 阻尼间隔棒与双摆防舞器[38]

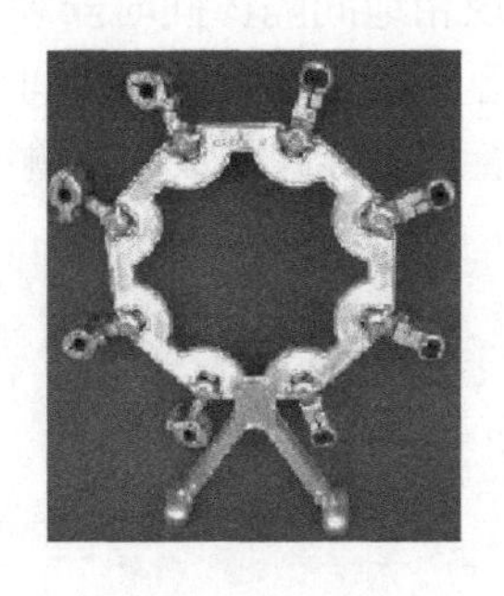

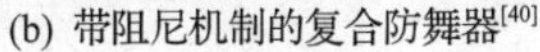

(b) 带阻尼机制的复合防舞器[40]

(c) 线夹回转式间隔棒双摆防舞器[9]

图 7.7　新型阻尼型防舞器

4. 约束型防舞装置

约束型防舞装置通过对原结构附加运动约束来抑制舞动，其常见装置为相间间隔棒、失谐间隔棒等。

以上防舞研究主要是针对单相导线的。对于多相输电线路，目前主要利用相间间隔棒来进行舞动抑制，如图 7.8 所示。相间间隔棒主要利用各相导线的非同步运动来达到相互抑制舞动的效果。众多学者针对该防舞装置开展了研究。Fu 等[41]针对相间间隔棒防舞技术，进行了实际线路的动力试验。试验结果表明，相间间隔棒可以有效平衡三相线路的相对运动。Fan 等[42]采用有限元法探索了相间间隔棒的抑舞效果，并针对不同的相间间隔棒布置方案展开了深入研究。严波等[43]以 V 形排布的三相线路为研究对象，通过有限元计算分析优化了相间间隔棒的排布方式。相间间隔棒设计以及布置位置优化时，各相导线的覆冰情况、风速差异对其实际防舞效果影响很大。van Dyke 和 Laneville[44]利用某 D 形人工覆冰的试验线路研究了相间间隔棒的抑舞效果，发现相间间隔棒的引入加剧了导线的舞动情况。其分析的原因是，试验中两相导线的覆冰情况以及风速情况较为接近，而实际环境中，不同相导线之间的覆冰形状、舞动特性可能差异较大，导致相间间隔棒相连的导线之间存在互相约束的效果。因此，近几年来，有学者将阻尼单元引入相间间隔棒中[45]。楼文娟等[35,46]对传统相间间隔棒进行了改进设计，提出了黏弹性阻尼相间间隔棒的概念，并采用多尺度法对引入阻尼单元的相间间隔棒的防舞效果进行了研究。

拉线式防舞装置是一类用于输电线路防舞的新型装置，其原理是利用固定面附加运动约束实现导线防舞，如图 7.9 所示。国网河南省电力公司电力科学研究院和华北电力大学[47-50]对拉线式防舞装置开展了一系列研究，提出相地间隔棒新型防舞装置，通过数值模拟、有限元仿真、真型线路测试等手段对该防舞措施开展研究，发现相地间隔棒同时安装在档距的 1/4、1/2、7/9 处时防舞效果最佳，并针对不同档距给出了不同的相地间隔棒布置方案。相地间隔棒的防舞效果较佳，但缺点是需布置在导线跨中或距离输电塔较远的位置，在地面额外占用了一定空间。

(a) 竖向排列三相导线[41]

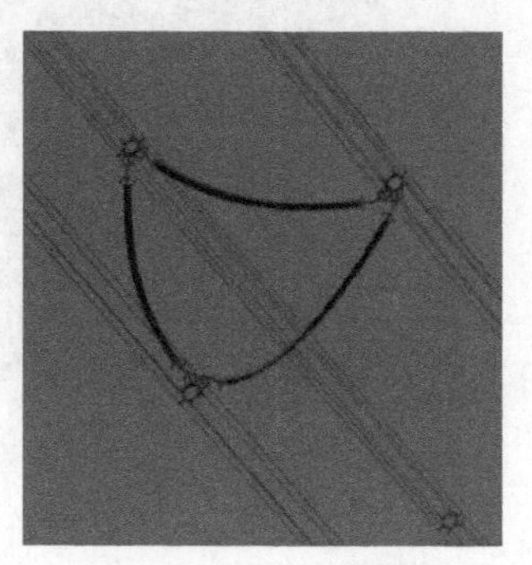

(b) V形排列三相导线[27]

图 7.8　相间间隔棒防舞装置示意图

(a) 实物照片[49]

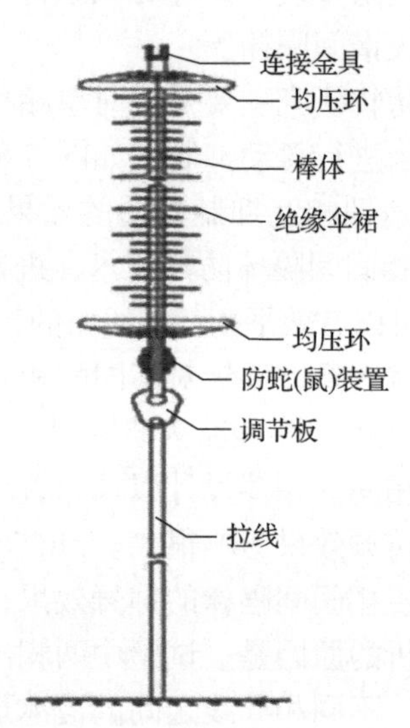

(b) 装置示意图[47]

图 7.9　拉线式防舞装置

失谐间隔棒是指将分裂导线原有的整体间隔棒拆分为多个双分裂间隔棒，并基于频率失谐效果合理布置双分裂间隔棒，如图 7.10 所示。目前，对失谐间隔棒的机理解释包括[9]：①采用失谐间隔棒后各次档距的动态特性互不相同；②振动波在相邻次挡距间的传播受到限制；③破坏分裂导线运动的整体性，实现水平振动和扭转振动之间的失谐。余江[27]以整档覆冰八分裂线路为研究对象，针对多种失谐间隔棒的布置方案，研究了失谐间隔棒对导线动力特性的影响。结果表明，该不同子间隔棒的连接布置方案对其防舞能力影响较大。目前，对于失谐间隔棒的研究较少，其防舞机理、防舞效果依然不明确，也缺乏试验方面的研究。

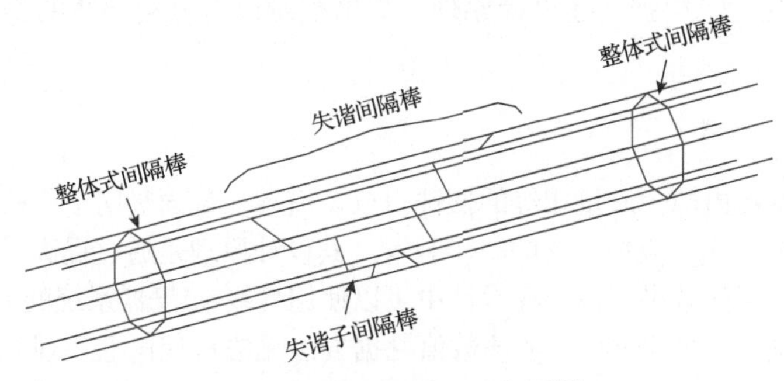

图 7.10　失谐间隔棒示意图[27]

下面对几种常用的、新型的防舞装置进行具体介绍，为工程设计提供一定的参考。

7.2　惯性型防舞装置

7.2.1　装置介绍

惯性型防舞装置是导线上广泛应用的一类防舞装置，包括失谐摆、双摆防舞器、偏心重锤等[1]，各装置示意图见图 7.11。

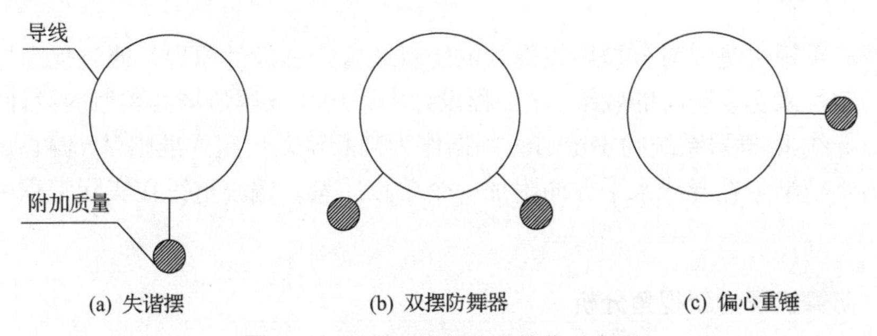

图 7.11　惯性型防舞装置简化示意图

惯性型防舞器通过对导线附加惯性质量，改变导线结构特性、动力稳定性以抑制舞动。下面分别介绍各装置的控制机理。

1. 失谐摆

失谐摆的设计原理是分离导线的竖向频率和扭转频率，避免扭转向气动失稳引起竖扭耦合振动(即 Nigol 扭转舞动机理)。失谐摆在单导线上防舞效果较好，而在分裂导线上效果存疑，在实际工程中并不推荐在分裂导线上使用[3]。分裂导线由于扭转向气动力机制不同于单导线，其扭转向失稳准则与 Nigol 扭转舞动准则相差甚远。根据前述设计原理，失谐摆难以对分裂导线的舞动进行有效控制。

2. 双摆防舞器

双摆防舞器由两个质量相等的摆锤组成，沿导线截面竖向中心线对称布置，是目前在分裂导线上应用广泛的防舞装置。其设计原理是通过提高导线的动力稳定性来实现防舞的效果，在工程设计中可以使用导线-防舞器系统的 Hurwitz 判据作为判断舞动稳定的准则[1]。但该数值判据方法无法从理论上呈现双摆防舞器的作用原理，使得设计主要依靠经验试算。实际运行中在超出设防的气象条件下，双摆防舞器的控制效果可能不佳。另外，目前工程设计和研究中所用导线三自由度模型也较为简化[9]，对于扭转频率估计的误差可能显著影响舞动稳定判断结果。现有研究表明，气动刚度、惯性耦合的作用均依赖于扭转频率与平动频率的接近程度[51,52]。

需要注意的是，从简化的力学模型来看，双摆防舞器与失谐摆都是与导线截面刚性连接，与导线截面同步运动。因此，两者对导线的作用模式是类似的，都是在导线截面上附加了一个偏心质量，且其偏心质量中心位于截面竖向中心线上。然而，双摆防舞器与失谐摆的原理解释、设计方法是不同的。

3. 偏心重锤

偏心重锤也是针对分裂导线设计的防舞装置，其设计原理是通过提高导线的动力稳定性来实现防舞的效果。在工程设计中采用与双摆防舞器类似的设计方法，也是以导线-防舞器系统的 Hurwitz 判据作为判断舞动稳定的准则[1]。偏心重锤的简化力学模型为在导线水平方向附加一个单点质量。偏心重锤在实际工程中应用较少。

7.2.2 防舞机理的新视角分析

根据第 4 章矩阵摄动法推导的舞动稳定准则框架，可以对这些惯性型防舞装置的控制机理给出新视角下的分析。下面分别对具有不同频率特征的导线系统分析上述几种惯性型防舞装置的适用性。

1. 三向分离频率系统

根据矩阵摄动法的解析解，对于三向分离频率系统，惯性耦合的作用位于二阶项，贡献较弱，理论上惯性型防舞装置对此类系统的舞动稳定性影响较小。但根据本书第 5 章的介绍，三向分离频率系统本身舞动的概率比较低，只有在频率密集时舞动风险较大。因此，对于三向分离频率系统，惯性型防舞装置的防舞效果虽然较弱，但也是可以接受的。

2. 竖向-扭转密集频率系统

对于竖向-扭转密集频率系统，特征值实部最大值为

$$\mathrm{Re}(\lambda)_{\max}=-\frac{1}{4}(c_{11}+c_{33})-\frac{1}{4}c_{32}\frac{k_{\mathrm{a}}^{23}}{\bar{\omega}_1^2-\bar{\omega}_2^2}+\frac{1}{2}\mathrm{Re}\sqrt{k_{\mathrm{a}}^{13}\left(m_{\mathrm{e}}^{31}-c_{31}\mathrm{i}\right)} \tag{7.1}$$

由导数知识易知，$\mathrm{Re}(\lambda)$ 数值随着 $k_{\mathrm{a}}^{13}m_{\mathrm{e}}^{31}$（$\propto -C_{\mathrm{L}}'\cos\alpha_{\mathrm{e}}$）的增大而增大。附加质量后，$-C_{\mathrm{L}}'\cos\alpha_{\mathrm{e}}$ 的变化便决定了舞动稳定性的变化。如图 7.12 所示，导线初始覆冰状态下具有一个 α_{e} 偏心角；在安装双摆防舞器后，由于轻度覆冰条件下覆冰质量相比于防舞器质量并不显著，系统整体偏心角受双摆防舞器控制，因此偏心角 $\alpha_{\mathrm{e}}\approx-90°$，此时 $-C_{\mathrm{L}}'\cos\alpha_{\mathrm{e}}\to 0$。

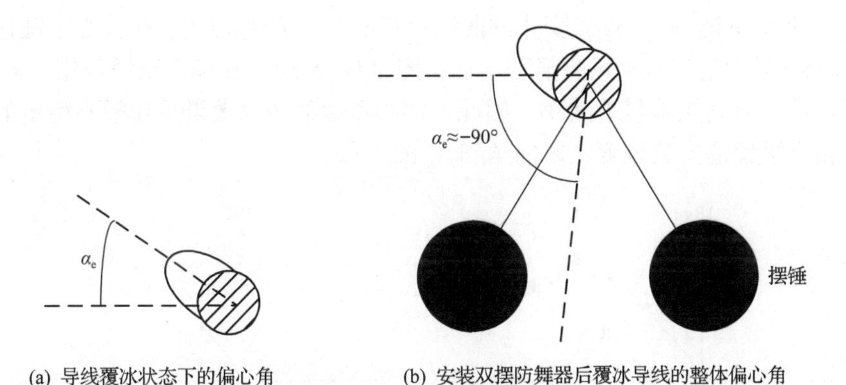

(a) 导线覆冰状态下的偏心角　(b) 安装双摆防舞器后覆冰导线的整体偏心角

图 7.12　覆冰导线偏心角的变化

图 7.13 给出了安装双摆防舞器导线系统的 $\Delta\mathrm{Re}$ 随 $-C_{\mathrm{L}}'\cos\alpha_{\mathrm{e}}$ 变化的曲线示意图，$\Delta\mathrm{Re}$ 定义为系统偏心与无偏心状态下 $\mathrm{Re}(\lambda)_{\max}$ 数值之差。由式(7.1)可知，$\Delta\mathrm{Re}$ 关于 $-C_{\mathrm{L}}'\cos\alpha_{\mathrm{e}}$ 单调递增。图 7.13(a)中，假设覆冰引起的 $\Delta\mathrm{Re}>0$，即覆冰的偏心作用促进了舞动发生。而安装双摆防舞器后，$-C_{\mathrm{L}}'\cos\alpha_{\mathrm{e}}\to 0$。此时 $\Delta\mathrm{Re}\to 0$，导线的 $\mathrm{Re}(\lambda)_{\max}$ 恢复了无偏心状态的数值，即导线处于不易舞动的状态。图 7.13(b)中，假设覆冰引起的 $\Delta\mathrm{Re}<0$，即覆冰的偏心作用抑制了舞动发生，此时安装双摆防舞器，$\mathrm{Re}(\lambda)_{\max}$ 数值反而增大，舞动风险稍有增大，但也只是恢复了无偏心状态的数值，舞动风险并不高。

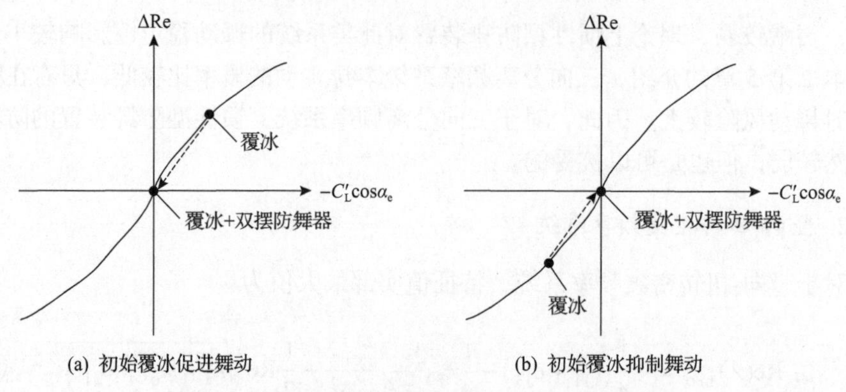

图 7.13　双摆防舞器对舞动稳定性影响原理简图

因此，双摆防舞器的作用在于将系统整体质心位置移动到一个对稳定性影响最小的位置，消除覆冰偏心对稳定性的影响，将系统稳定性恢复到接近无偏心的状态，从而降低舞动风险。

下面再分析偏心重锤的作用。在偏心重锤作用下，系统整体偏心角受其控制。因此，偏心角 $\alpha_e \approx 0°$ 或180°，此时 $-C_L' \cos\alpha_e$ 趋向最大值或最小值。图 7.14 给出了相应的 ΔRe 随 $-C_L' \cos\alpha_e$ 变化的曲线示意图。图 7.14(a) 中，在偏心重锤作用下 ΔRe 取得最大值，舞动风险显著增加；图 7.14(b) 中，在偏心重锤作用下 ΔRe 取得最小值，舞动风险显著减小。因此，偏心重锤的防舞效果是比较不稳定的，取决于偏心重锤的安装位置、风向角和 C_L' 的正负。

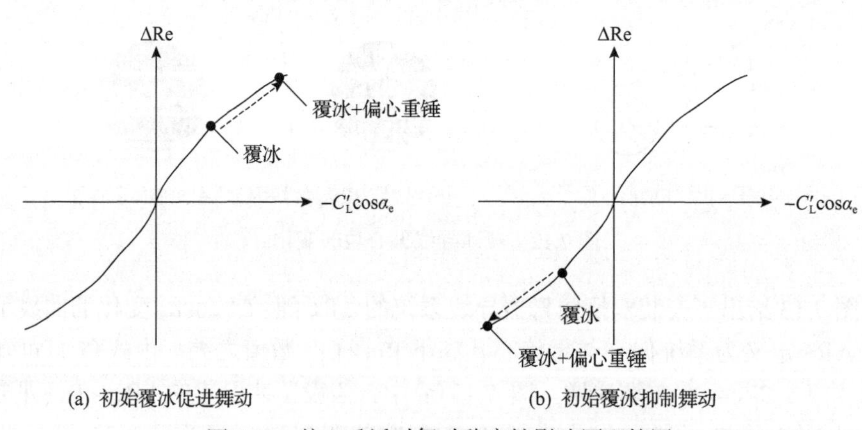

图 7.14　偏心重锤对舞动稳定性影响原理简图

因此，偏心重锤的作用在于将系统整体质心位置移动到一个可最大限度提高系统稳定性的位置，使得覆冰偏心对稳定性的影响减弱。但在这种策略下，随着风向的变化，偏心重锤也可能起到负面作用。

3. 三向密集频率系统

对于三向密集频率系统，式(4.74)给出的特征值实部最大值在此再度给出：

$$\mathrm{Re}(\lambda)_{\max}=\mathrm{Re}\left(\sqrt{\frac{a_{MK}-a_{CK}\mathrm{i}}{4}}\right)-\frac{1}{4}\mathrm{tr}\boldsymbol{C}-\frac{a_{C2K}a_{CK}+a_{CMK}a_{MK}-2a_{CK}a_{\sigma MK}+2a_{MK}a_{\sigma CK}}{4\left(a_{CK}^2+a_{MK}^2\right)} \tag{7.2}$$

式(7.2)与竖向-扭转密集频率系统类似，只是 $k_{\mathrm{a}}^{13}m_{\mathrm{e}}^{31}$ 替换为 $a_{MK}=m_{\mathrm{e}}^{31}k_{\mathrm{a}}^{13}+m_{\mathrm{e}}^{32}k_{\mathrm{a}}^{23}$。相应地，$C_{\mathrm{L}}'\cos\alpha_{\mathrm{e}}$ 准则替换为 $C_{\mathrm{L}}'\cos\alpha_{\mathrm{e}}-C_{\mathrm{D}}'\sin\alpha_{\mathrm{e}}$ 准则。因此，对于三向密集频率系统，双摆防舞器、偏心重锤的防舞效果分析也是类似的，即双摆防舞器防舞效果比较稳定，偏心重锤的效果不稳定，只是判断条件更为复杂，涉及 C_{L}' 与 C_{D}'，具体分析不再赘述。

综合以上分析可知，对于分离频率系统，双摆防舞器与偏心重锤效果不明显。对于竖向-扭转密集频率系统、三向密集频率系统，双摆防舞器的作用在于将系统整体质心位置移动到一个对稳定性影响最小的位置，将系统稳定性恢复到接近无偏心的状态，从而抑制舞动；而偏心重锤的作用在于将系统整体质心位置移动到一个对稳定性影响最大的位置，从而可能显著地促进或抑制舞动，这由风向角、气动力系数共同决定。因此，理论上双摆防舞器能够发挥比较稳定的防舞效果，而偏心重锤可能会出现促进舞动的负面作用。

7.2.3　结果验证

下面以 4.4.1 节的 D 形覆冰八分裂导线节段模型为例进行双摆防舞器的防舞效果展示。设定零风速下竖向频率、水平频率、扭转频率分别为 0.57Hz、1Hz、0.2Hz。假设导线截面在覆冰状态下的偏心率(即 $L_{\mathrm{e}}/R_{\mathrm{g}}$，见式(3.12))为 0.02、偏心角(偏心角定义见图 3.6 或图 7.12)为 180°，而安装双摆防舞器后的整体偏心率为 0.05、偏心角为–90°。设定风攻角为 90°，在 90°风攻角下，$C_{\mathrm{M}}'<0$，$k_{\mathrm{a}}^{33}>0$，在正的扭转向气动刚度作用下，非耦合扭转频率 f_θ' 会随着风速的增大而增大，从而接近乃至超过竖向频率，其间会出现竖向-扭转密集频率的情况。

图 7.15 给出了安装双摆防舞器前后导线系统各模态分支的 $\mathrm{Re}(\lambda)_{\max}$ 数值随风速变化的曲线。其中，在 19m/s 风速处发生竖向、扭转向非耦合频率重合。由图可知，对于原覆冰导线，在超过 15.2m/s 风速时会发生舞动，这是由于气动刚度作用下竖向频率与扭转频率接近，使系统具有更高的舞动风险。而安装双摆防舞器后，$\mathrm{Re}(\lambda)_{\max}$ 曲线显著下降，在所计算的风速范围内均不发生舞动。在本算例中，安装双摆防舞器前后，运动方程的区别仅仅在于偏心率、偏心角的数值。因

此，是双摆防舞器引入的惯性耦合作用发挥了抑制舞动的作用。

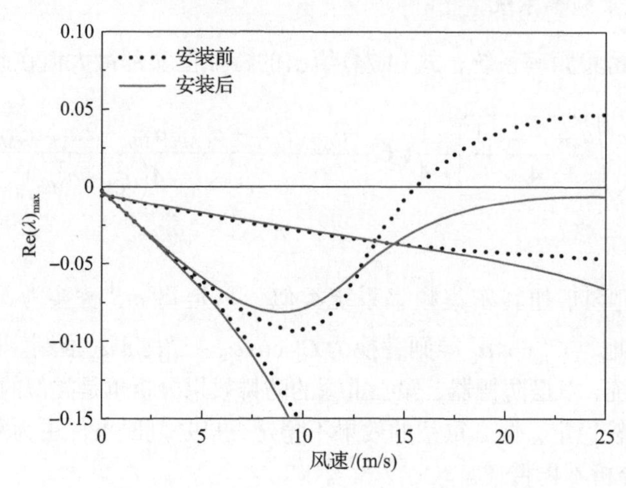

图 7.15　安装双摆防舞器前后覆冰导线系统 Re(λ) 随风速的变化

采用 Newmark-β 法计算该三自由度导线结构竖向位移响应，结果如图 7.16 所示。在 19m/s 风速下，未受控结构的竖向位移逐渐发散，而安装双摆防舞器的结构并不发生舞动。可见双摆防舞器使得系统特征值实部由正变为负，从而使结构从原先的气动不稳定状态转变为气动稳定状态，有效抑制了舞动。

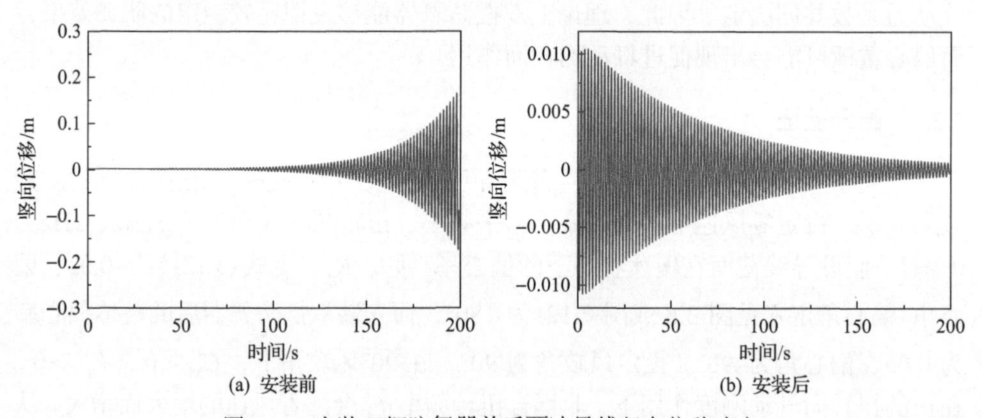

图 7.16　安装双摆防舞器前后覆冰导线竖向位移响应

7.3　线夹回转式间隔棒

线夹回转式间隔棒属于气动型防舞装置，即通过改变覆冰导线气动特性来抑制舞动。线夹回转式间隔棒的工作原理是通过取消导线整体间隔棒的部分或全部线夹来释放间隔棒对子导线的扭转向约束，子导线可以在覆冰的偏心作用下发生转动，使导线的覆冰形状更为均匀，更加接近圆形覆冰，从而减小舞动的可能性。虽然理想状态下子导线的不断扭转可使覆冰趋于圆形，但实际上覆冰依然可能形成非圆形截面。在可扭转的状态下，各子导线可能具有不同的覆冰形状和不同的迎风角。当导线发生舞动时，可绕自身轴线扭转的子导线具有不同的气动力特性，可能对舞动造成一些潜在影响。

本节介绍子导线可扭转的覆冰八分裂导线节段模型多风攻角下多竖扭频率比状态的测振风洞试验；为便于比较，同步开展各子导线不可扭转覆冰八分裂导线舞动风洞试验，以此验证线夹回转式间隔棒的防舞效果，并提出回转线夹的优化布置方案；另外，也展示了安装线夹回转式间隔棒的分裂导线舞动非线性有限元仿真计算结果。

7.3.1　子导线可扭转节段模型的风洞舞动试验

1. 试验模型与工况设置

所制作节段模型的覆冰断面、风攻角定义以及气动力参数定义均与已做 D 形覆冰八分裂气动力特性风洞试验相同[27]，D 形覆冰八分裂导线各子导线气动三分力系数见图 4.5。

为分析子导线扭转自由度对导线舞动特性的影响，设计并制作了可释放子导线扭转自由度的 D 型覆冰八分裂导线节段模型，可扭转的子导线模型设计图如图 7.17 所示。对节段模型每根子导线的两端进行机械轴承加工，使得每根子导线可以通过顶丝的松紧实现其绕导线形心 360°的自由旋转，以此来模拟新型回转式间隔棒的可扭转线夹作用。松开顶丝后各子导线可以在较小阻尼和摩擦力下旋转。

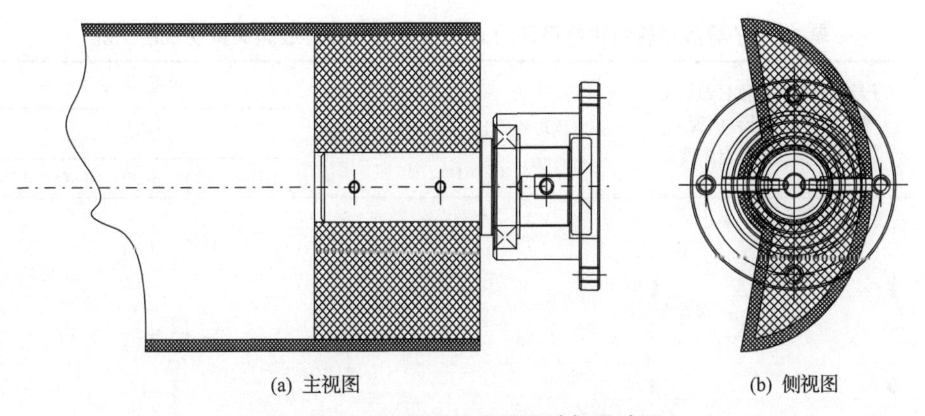

(a) 主视图　　(b) 侧视图

图 7.17　可扭转子导线模型端部设计图

由于 D 形导线覆冰较重，常规状态积冰后导线张力比 η 基本大于 0.4，又因为高阶模态对应的起舞风速往往高于低阶模态，故着重针对张力比 η 较大($\eta > 0.4$)情况下的低阶(1～3 阶)模态频率比展开风洞试验研究。本试验将节段模型的三向自振频率比设定为：竖向相对于水平自振频率的比值接近 1，竖向相对于扭转自振频率的比值在 0.75～1.15 均匀变化。

导线模型长度定为 2.48m，且通过控制各部件质量将导线模型系统质量控制为 40.92kg，4 根竖向弹簧刚度均为 148N/m、4 根水平弹簧刚度均为 15N/m。本试验各工况的系统参数和动力特性见表 7.1。实测表明，在风洞实验室允许的小幅扰动下，所测得的导线动力特性不会因子导线扭转自由度释放与否发生明显变化，故不再列出两种子导线扭转自由度是否释放对应的测试结果。

表 7.1　子导线扭转自由度可调的 D 形覆冰八分裂导线模型系统参数和动力特性

弹簧间距/m	竖向频率 f_z/Hz	扭转频率 f_θ/Hz	水平频率 f_y/Hz	竖向阻尼比/10^{-2}	扭转阻尼比/10^{-2}	水平阻尼比/10^{-2}
0.74	0.61	0.55		0.24	0.89	0.47
0.86	0.61	0.63		0.31	0.72	0.47
0.92	0.61	0.68	0.57	0.30	0.60	0.47
0.98	0.61	0.72		0.24	0.57	0.47
1.08	0.61	0.78		0.25	0.63	0.47

子导线扭转自由度的释放形式选定为 5～8 号子导线全部释放和 1/3/5/7 号子导线间隔释放两种，不统一对迎风侧或背风侧子导线做扭转自由度释放是因为发生舞动的风攻角多变，实际应用中也较难实现随风攻角变动而更改新型回转式间隔棒线夹的握持形式。为进行比较，子导线全固定的工况也进行了风洞舞动试验。最终确定风洞试验工况如表 7.2 所示。

表 7.2　子导线扭转自由度可调的 D 形覆冰八分裂导线风洞舞动试验工况

子导线扭转自由度释放情况： ◗表示约束扭转自由度 表示释放扭转自由度	风攻角/(°)	Den Hartog 系数	风速/(m/s)				
			f_z/f_θ				
			1.10	0.97	0.90	0.84	0.78
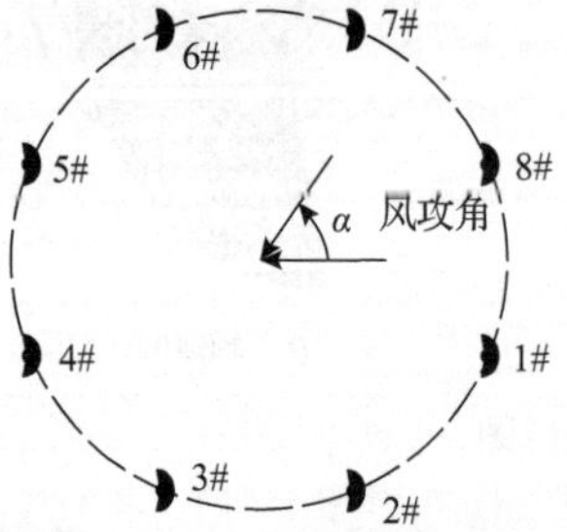 6# 7# 5# 8# α 风攻角 4# 1# 3# 2#	75	–2.42	3～7	3～7	3～7	3～7	3～7
	85	4.84	3～7	3～7	3～7	3～7	3～7
	165	–0.50	3～6	3～6	3～6	3～6	3～6

续表

子导线扭转自由度释放情况：◗表示约束扭转自由度；表示释放扭转自由度	风攻角/(°)	Den Hartog 系数	风速/(m/s)				
			f_z/f_θ				
			1.10	0.97	0.90	0.84	0.78
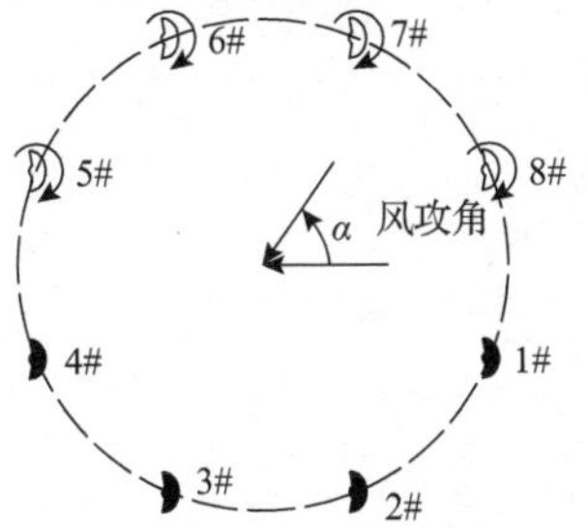 6# 7# 5# 8# α 风攻角 4# 1# 3# 2#	75	–2.42	3～7	3～7	3～7	3～7	3～7
	85	4.84	3～7	3～7	3～7	3～7	3～7
	165	–0.50	3～6	3～6	3～6	3～6	3～6
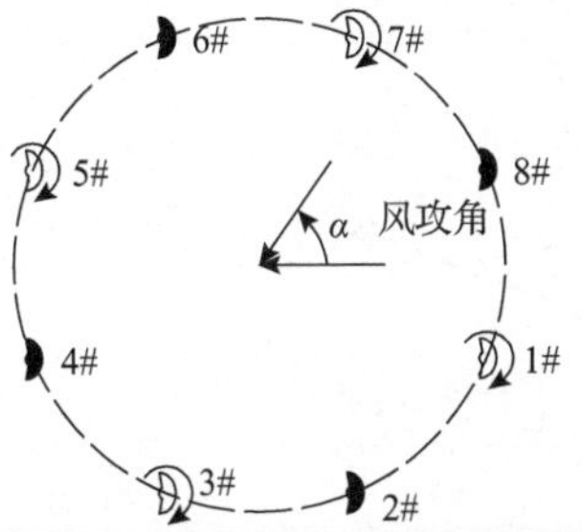 6# 7# 5# 8# α 风攻角 4# 1# 3# 2#	75	–2.42	3～7	3～7	3～7	3～7	3～7
	85	4.84	3～7	3～7	3～7	3～7	3～7
	165	–0.50	3～6	3～6	3～6	3～6	3～6

2. 试验结果

1) 75°风攻角

75°风攻角下导线以竖向运动为主，故主要研究其竖向运动。根据试验的导线竖向运动时程结果可识别出气动阻尼。图 7.18 给出了 75°风攻角子导线扭转自由度不同释放形式、不同 f_z/f_θ 条件下 D 形覆冰八分裂导线竖向气动阻尼比随风速变化的结果。由图 7.18(a)可以看出，约束全部子导线扭转自由度之后，当 $f_z/f_\theta \geqslant 1$ 时竖向气动阻尼比绝对值 $\left|\xi_{z,\text{气动}}\right|$ 随风速增大先增大后减小，并小于结构阻尼比；当 $f_z/f_\theta < 1$ 时 $\left|\xi_{z,\text{气动}}\right|$ 随风速提高而显著增大。由图 7.18(b)和图 7.18(c)可以看出，无论是释放 5～8 号子导线扭转自由度还是释放 1/3/5/7 号子导线扭转自由度，有些 f_z/f_θ 条件下的导线竖向气动阻尼比随风速提高出现了由负转正的情况；个别 f_z/f_θ 条件下竖向气动负阻尼比绝对值 $\left|\xi_{z,\text{气动}}\right|$ 随风速提高仍显著增大，但 $\left|\xi_{z,\text{气动}}\right|$ 的增长速度亦明显慢于约束全部子导线扭转自由度的工况(简称全约束)的对应值，且起舞风速相较于全约束的工况有了明显的提高。另外，在相同的 f_z/f_θ 值下，释放 1/3/5/7 号子导线扭转自由度时的 $\left|\xi_{z,\text{气动}}\right|$ 要明显大于释放 5～8 号子导线扭转自由度或全约束时对应的值，即释放 1/3/5/7 号子导线扭转自由度的形式具有相对较好的

舞动抑制效果。

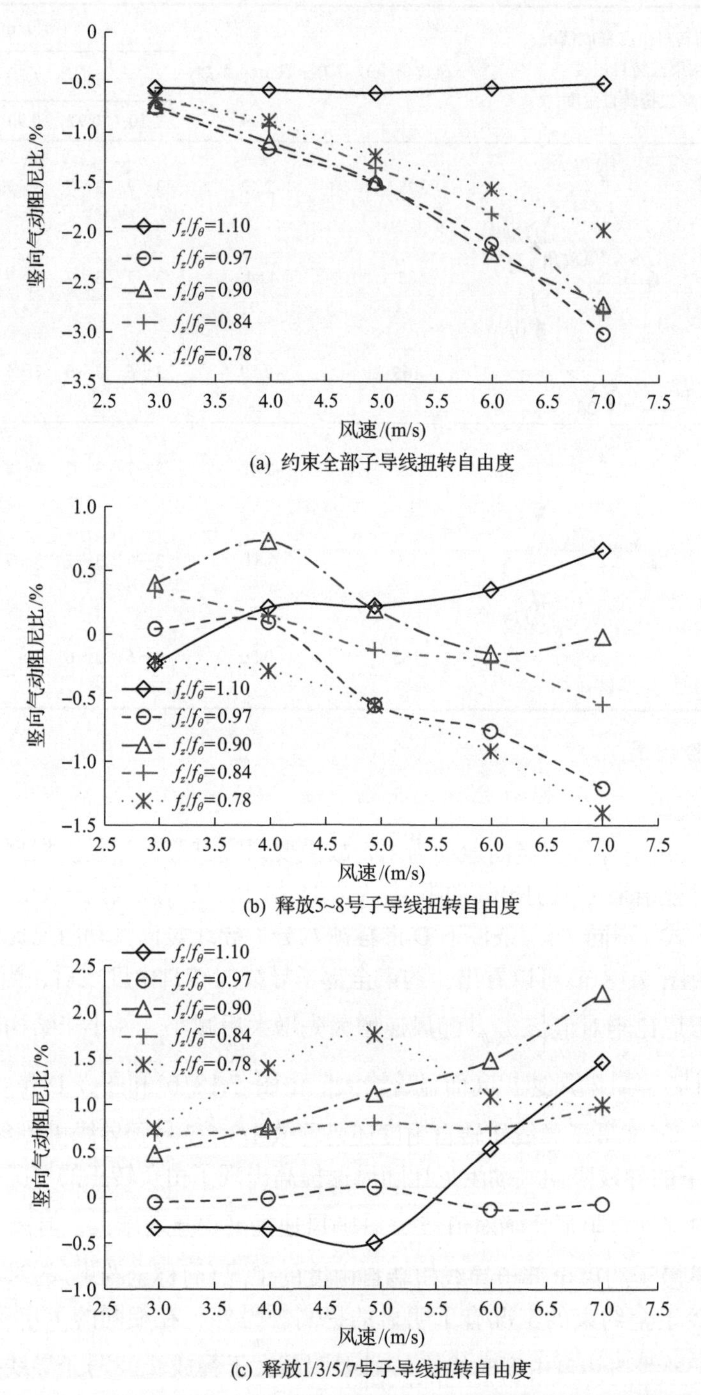

(a) 约束全部子导线扭转自由度

(b) 释放5~8号子导线扭转自由度

(c) 释放1/3/5/7号子导线扭转自由度

图 7.18　75°风攻角下不同 f_z/f_θ 的 D 形覆冰八分裂导线竖向气动阻尼比

2) 165°风攻角

165°风攻角下导线以竖向运动为主，故主要研究其竖向运动。图 7.19 给出了 165°风攻角子导线扭转自由度的不同释放形式、不同 f_z/f_θ 条件下 D 形覆冰八分裂导线竖向气动阻尼比随风速变化的结果。由图 7.19(a)可以看出，约束全部子导线扭转自由度之后，当 $f_z/f_\theta<1$ 时竖向气动负阻尼比随风速增大逐渐由负转正；当 $f_z/f_\theta \geqslant 1$ 时竖向气动负阻尼比绝对值随风速提高而显著增大。由图 7.19(b)和图 7.19(c)可以看出，无论是释放 5～8 号子导线扭转自由度还是释放 1/3/5/7 号子导线扭转自由度，与 75°风攻角类似，多数不同 f_z/f_θ 工况下的导线竖向气动阻尼比随风速提高出现了由负转正的情况。特别是释放了 1/3/5/7 号子导线扭转自由度后，导线的竖向气动阻尼比均变为正值，并且当风速提高至 6m/s 之后，多条竖向气动阻尼比随风速变化的曲线出现了突增拐点。这与所观察到的释放了扭转自由度的子导线开始突破摩擦限制、发生扭转相吻合。

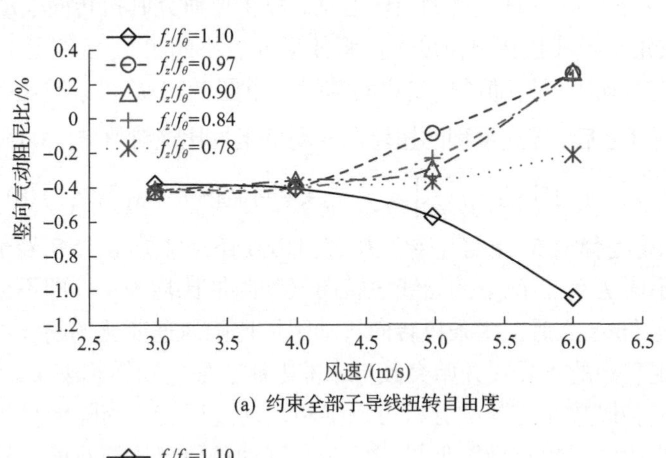

(a) 约束全部子导线扭转自由度

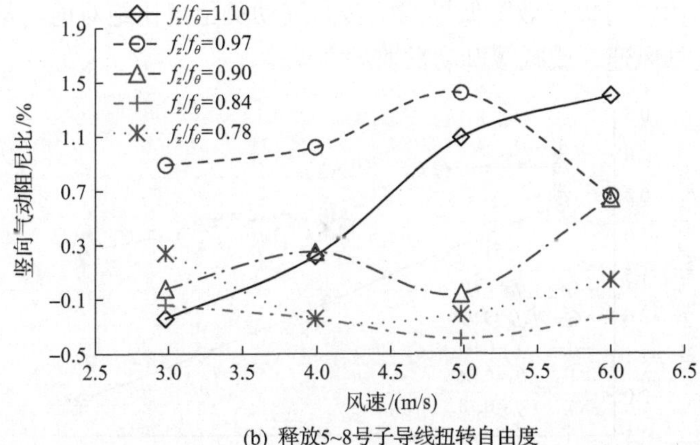

(b) 释放5~8号子导线扭转自由度

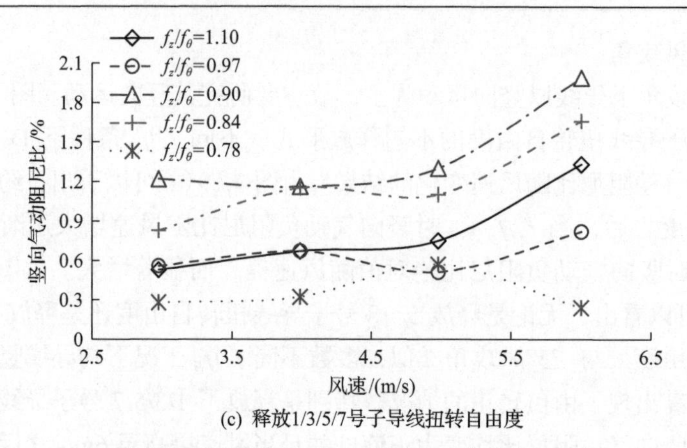

(c) 释放1/3/5/7号子导线扭转自由度

图 7.19　165°风攻角下不同 f_z/f_θ 的 D 形覆冰八分裂导线竖向气动阻尼比

3) 85°风攻角

85°风攻角下导线具有显著的扭转运动，故主要研究其扭转向运动。图 7.20 给出了 85°风攻角子导线扭转自由度不同释放形式、不同 f_z/f_θ 条件下 D 形覆冰八分裂导线扭转向气动阻尼比随风速变化的结果。由图 7.20(a)可以看出，约束全部子导线扭转自由度之后，导线模型的扭转向气动负阻尼比绝对值 $\left|\xi_{\theta,气动}\right|$ 随风速增大而增大，并且 $f_z/f_\theta \geqslant 1$ 对应的 $\left|\xi_{\theta,气动}\right|$ 较 $f_z/f_\theta < 1$ 明显偏大。由图 7.20(b)和图 7.20(c)可以看出，无论是释放 5～8 号子导线扭转自由度还是释放 1/3/5/7 号子导线扭转自由度，所有不同 f_z/f_θ 工况下的导线扭转向气动阻尼比均为正，即不会发生舞动。在风速提高至 6m/s 之后，多条扭转向气动阻尼比随风速变化的曲线出现了突增拐点，这与所观察到的子导线开始突破自摩擦限制、发生扭转相吻合。

综合上述各风攻角工况的分析可以推断，通过回转式间隔棒释放一定数量的子导线扭转自由度可以有效降低导线扭转向气动负阻尼比绝对值，从而抑制舞动发生、提高起舞风速，或减缓舞动发散过程。

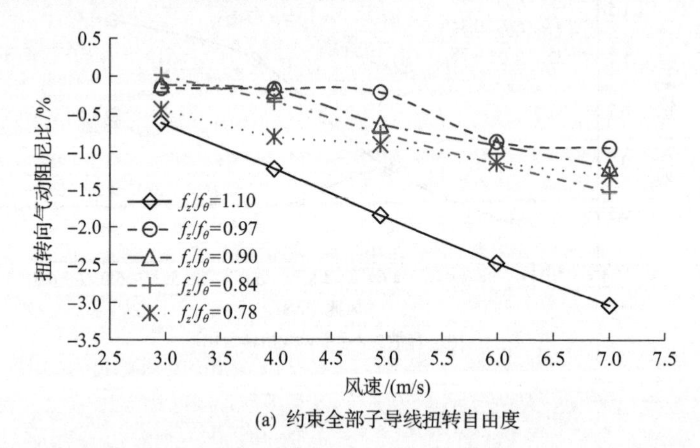

(a) 约束全部子导线扭转自由度

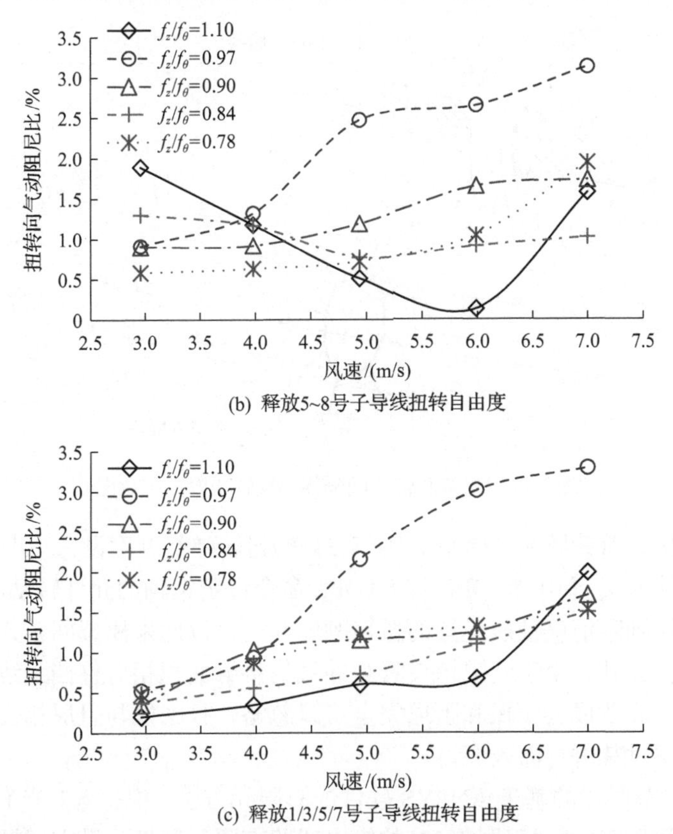

(b) 释放5~8号子导线扭转自由度

(c) 释放1/3/5/7号子导线扭转自由度

图 7.20　85°风攻角下不同 f_z/f_θ 的 D 形覆冰八分裂导线扭转向气动阻尼比

7.3.2　回转式间隔棒防舞数值仿真

在防舞数值仿真中，需要将回转式间隔棒模拟出如图 7.21 所示的连接状态，即子导线可以在线夹中绕其自身轴心旋转。

在 ANSYS 软件中要模拟这种连接可以通过 CONTA173 接触单元、MPC184 销轴连接单元和 COMBIN7 弹簧单元三种方式中的一种来实现。其中，CONTA173 接触单元需要引入实体单元，这使得每个间隔棒与子导线的连接处增加至少 500 个左右的单元，如此庞大的单元数量不利于舞动时程的求解计算。MPC184 销轴连接单元和 COMBIN7 弹簧单元均具有销轴柔性、摩擦、阻尼和一些控制功能，单元的局部坐标系均固定在单元上，可以随销轴的运动而转动，适用于大变形分析。考虑到 COMBIN7 弹簧单元只需在每个间隔棒和子导线的连接处增加一个节点，还可以设置销轴的转角限值，这里选用 COMBIN7 弹簧单元来模拟回转式间隔棒。

用 COMBIN7 弹簧单元模拟的销轴三向平动弹簧刚度均设为 10^{15}N/m，以保

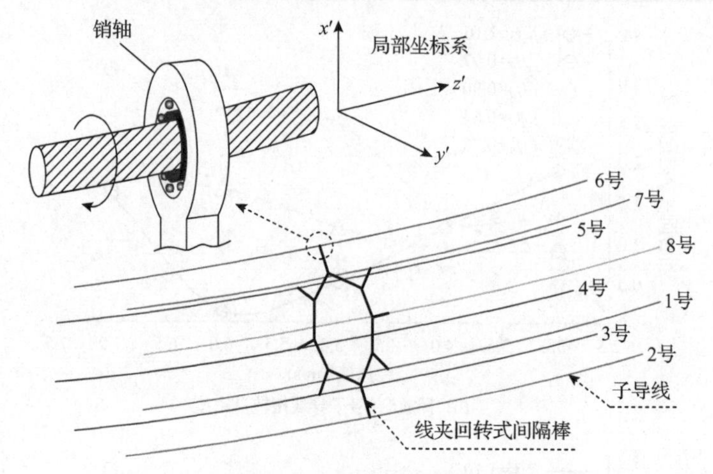

图 7.21　线夹回转式间隔棒 ANSYS 模拟示意图

证其刚性连接，而其局部坐标系下(图 7.21)的扭转弹簧刚度设为 10^{10}N·m/rad，同样保证其刚性连接。利用 STOPU 和 STOPL 命令设定销轴的允许转动限值为±90°，即一旦转动达到限值就被所设置的扭转刚度锁定，以此来模拟回转式间隔棒的真实工作状态。此外，由于间隔棒夹具与导线的接触面积相对整档距线路的体量而言非常小，由此造成的摩擦和阻尼完全可以忽略，且摩擦与阻尼相关系数不是研究重点，故不对其进行深入探讨。

采用 6.2 节所述的基于 ANSYS 软件的有限元方法，根据 6.2 节工程算例建立带有回转式间隔棒(类似于图 7.22)的输电线路有限元模型。设定回转线夹的允许转动限值为±90°，即一旦达到转动限值就被锁定，以此来模拟回转式间隔棒的真实工作状态。安装回转式间隔棒前后的线路动力特性并不会发生明显改变。

图 7.22　回转式间隔棒线夹细节图

同6.2节所述线路参数，选用舞动危害较大的75°和165°两个典型风攻角进行新型回转式间隔棒防舞效果的有限元模拟。图7.23～图7.26给出了两个典型风攻角下安装新型回转式间隔棒前后的导线运动时程，需要说明的是：①本节关于安装新型回转式间隔棒的算例均采用前述效果较好的1/3/5/7号子导线安装方案；②由于现有的技术手段较难精确获得指定风攻角下各子导线随初凝角变化的气动力参数，故本节进行舞动模拟时各子导线气动力参数取值仍以图4.5的气动三分力系数为准。

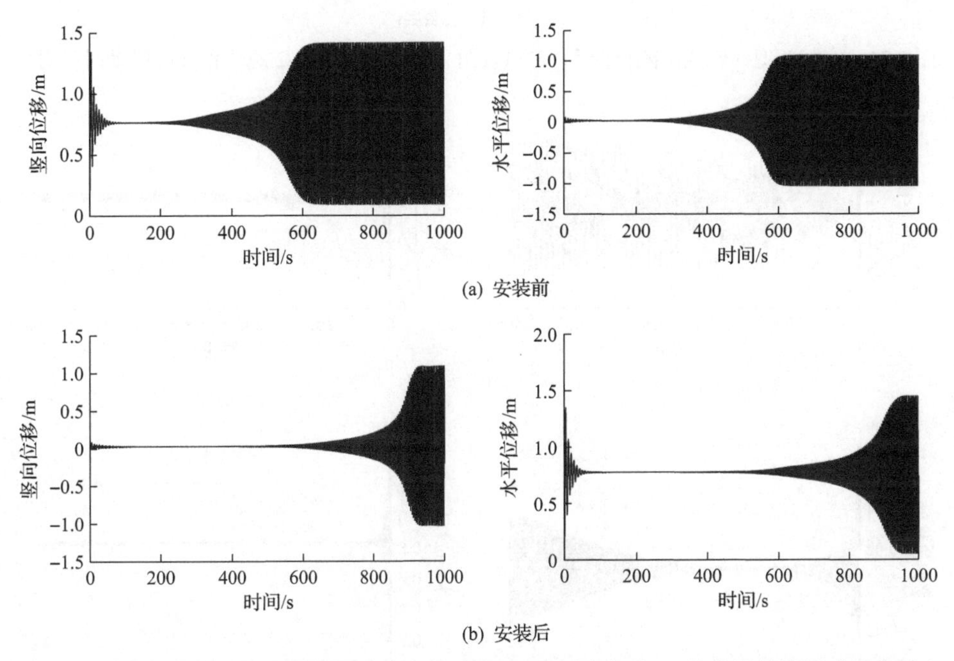

(a) 安装前

(b) 安装后

图7.23 安装新型回转式间隔棒前后75°风攻角、7m/s风速下1/4跨位置导线运动时程对比

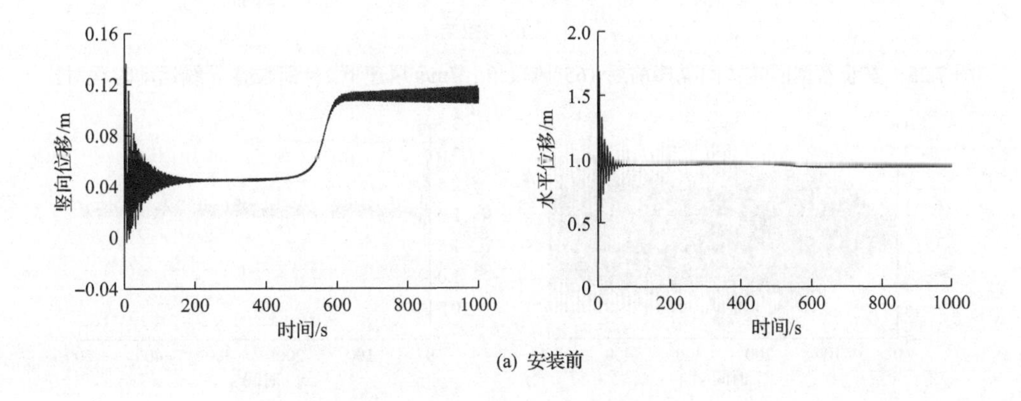

(a) 安装前

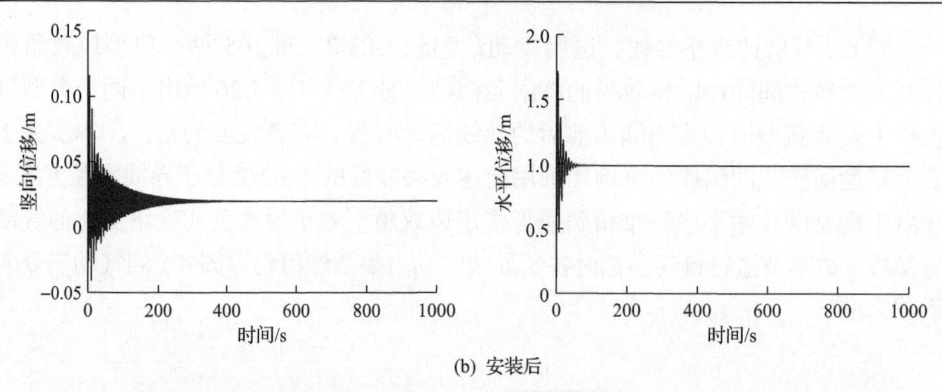

(b) 安装后

图 7.24　安装新型回转式间隔棒前后 75°风攻角、7m/s 风速下 1/2 跨位置导线运动时程对比

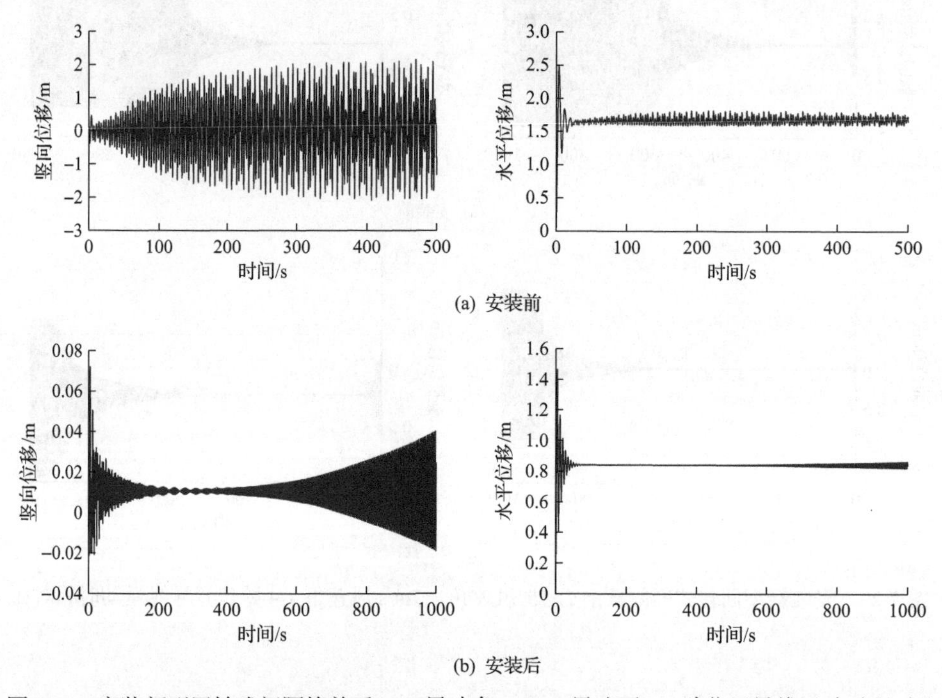

(a) 安装前

(b) 安装后

图 7.25　安装新型回转式间隔棒前后 165°风攻角、7m/s 风速下 1/4 跨位置导线运动时程对比

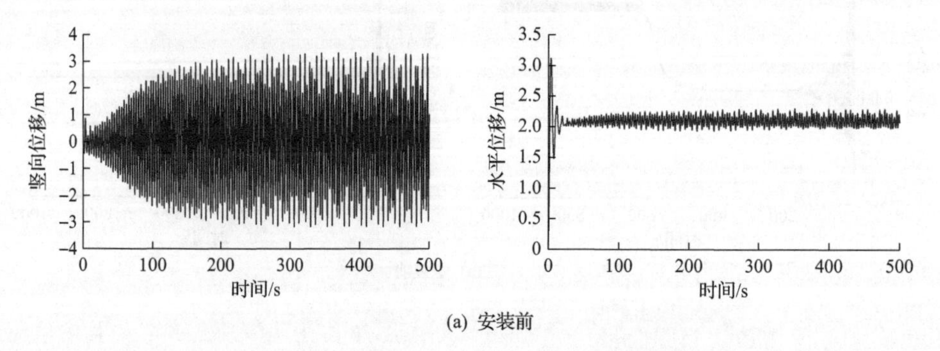

(a) 安装前

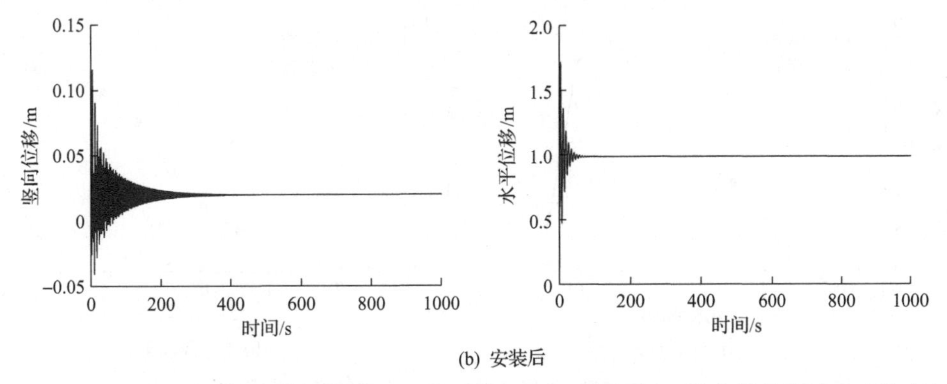

(b) 安装后

图 7.26　安装新型回转式间隔棒前后 165°风攻角、7m/s 风速下 1/2 跨位置导线运动时程对比

可以发现，安装新型回转式间隔棒后，原先的舞动现象有不同程度的减弱：①75°风攻角下，虽然最终形成的舞动极限环较为接近，但是在安装新型回转式间隔棒后舞动极限环的形成时间较之前延迟了约 200s，这在一定程度上降低了舞动发散至极限幅值的概率；②165°风攻角下，导线舞动形态由之前对线路安全影响较大的单半波竖向舞动变换为对线路安全影响较小的双半波竖向舞动，且运动幅值较安装回转式间隔棒前有大幅减小，在计算设定的 1000s 内并未形成舞动极限环。

图 7.27 给出了 165°风攻角、7m/s 风速下 1/4 跨和 1/2 跨位置 1 号子导线在图 7.21 所示销轴处的转角位移时程，图 7.28 则给出了相同线路参数的整档导线在 75°和 165°风攻角下不同风速所对应的舞动仿真模拟幅值(计算时长由形成稳定舞动极限环的时间决定)。

观察图 7.27 和图 7.28，结合前述风洞试验结果推断，回转式间隔棒可以通过改变子导线气动力参数，并且结合子导线自身转动消耗能量，从而在不改变线路结构的前提下达到较好的舞动防治效果。若在线夹中引入轴承装置，并加设防冻保护套件保证其转轴在冰雪条件下可正常回转，那么这种改良的回转式间隔棒将

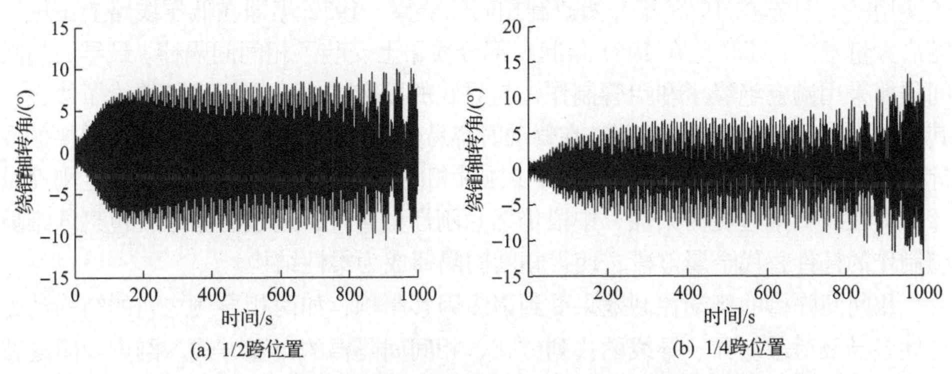

(a) 1/2跨位置　　　　(b) 1/4跨位置

图 7.27　安装回转式间隔棒后 165°风攻角、7m/s 风速下 1 号子导线在图 7.21 所示销轴处的转角位移时程

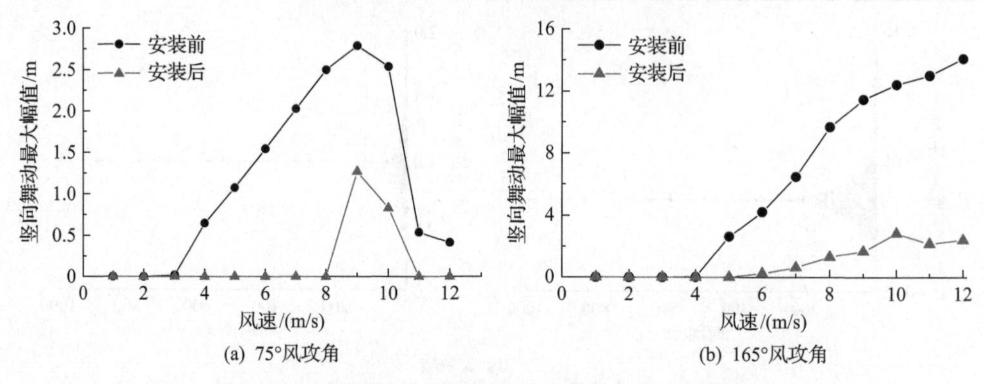

图 7.28　安装回转式间隔棒前后导线舞动模拟幅值对比

有可能作为优质的舞动防治装置被广泛推广应用。

7.4　相间间隔棒

相间间隔棒是在相间或回路之间使用的一种具有绝缘性能和机械强度的间隔棒，它将各导线连接起来，使各导线的运动相互制约，以达到抑制舞动的目的。除此之外，相间间隔棒又可防止导线脱冰跳跃和覆冰下垂引起的相间闪络，是一种有效的防舞办法。

相间间隔棒既可用于单导线，也可用于分裂导线。与分裂导线中用于连接子导线的间隔棒相比，相间间隔棒由于要握住两根间隔较大的导线或多根子导线，需要具备必要的机械强度。作用于相间间隔棒上的荷载有：①舞动、冰雪跳跃等引起的冲击力；②相间间隔棒两端所连接导线的悬垂度之差、风压和覆冰不平衡在相间间隔棒上引起的荷载。

早在 20 世纪 70 年代，相间间隔棒便在 115kV、230kV 和 500kV 线路上得到了使用[53]。日本在 1968 年开始研制相间间隔棒，1972 年即在低压线路上试用，随后大量推广；苏联也在 1981 年起在部分线路上安装了相间间隔棒。最早的相间间隔棒采用陶瓷绝缘子和铝管制作，与导线的固定方式采用标准的绝缘子线夹，其重量大、呈刚性，难以安装，在舞动时容易受压发生破坏。此后相间间隔棒的设计不断改进：聚合物代替陶瓷，降低了刚性相间间隔棒的质量；间隔采用半刚性设计，即在线夹附近更为柔性，中段仍然为刚性金属杆；通过树脂橡胶包裹纤维玻璃制作的杆件替代金属节段，使得相间间隔棒成为柔性结构。

相间间隔棒的舞动控制效果受到诸多因素影响，如两相导线之间的结构动力特性差异及荷载差异、导线的排列方式、相间间隔棒的布置方式、刚度及阻尼特性等。如 7.1 节所述，许多学者已对相间间隔棒的防舞效果开展了研究。近些年来，阻尼单元被引入了相间间隔棒中以增强控制效果[45]，即黏弹性相间间隔棒。

Lou 等[46]采用多尺度法对黏弹性相间间隔棒的防舞效果进行了研究，分析了频率比、张力比、质量比、风速差异等因素对控制效果的影响。如图 7.29 所示，以某 300m 档距的两相导线为例分析各因素的影响。图 7.30 给出了舞动幅值随等效刚度比、导线质量比、阻尼器的阻尼比、导线频率比等因素变化的结果。结果表明，舞动幅值对导线频率比、等效刚度比较为敏感，频率比偏离 1 时控制效果较好，而等效刚度比较小的间隔棒具有更优的控制效果。

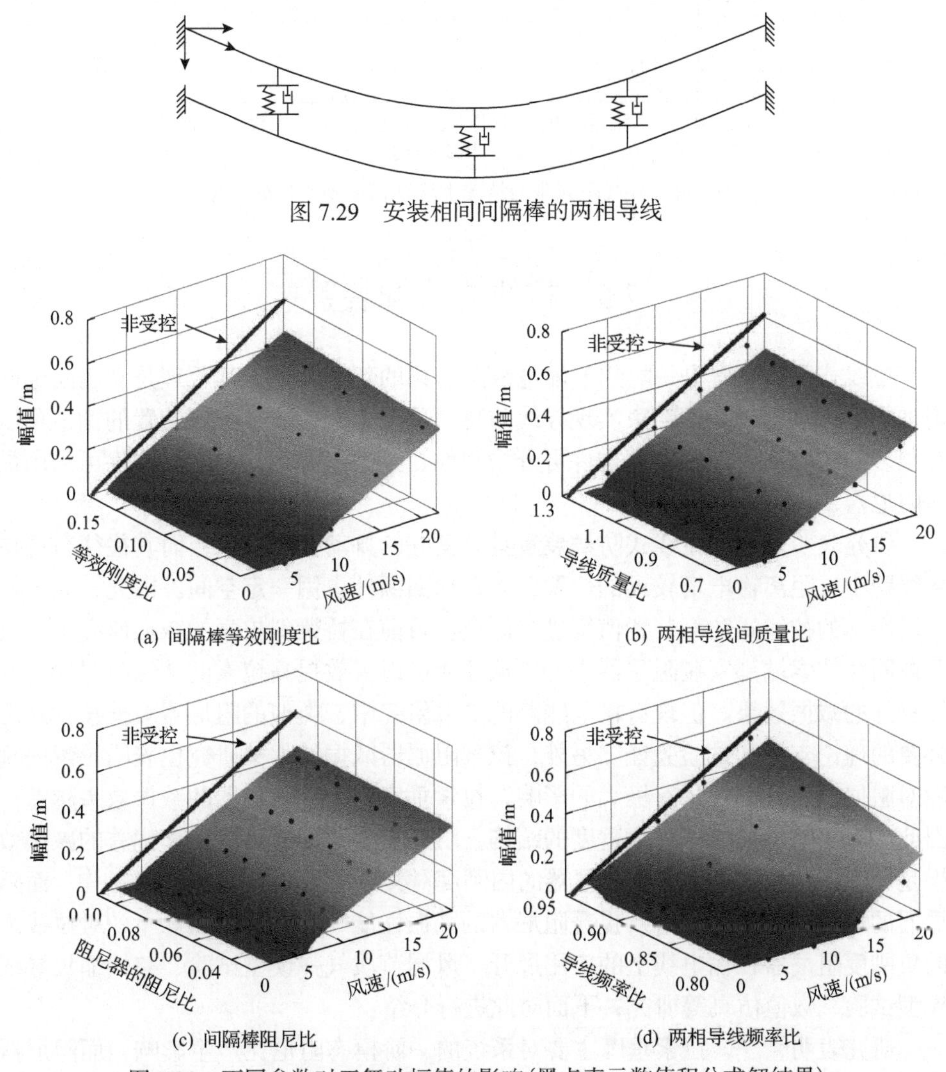

图 7.29　安装相间间隔棒的两相导线

图 7.30　不同参数对于舞动幅值的影响(黑点表示数值积分求解结果)

图 7.31 表明，随着张力的下降，频率比远离 1，受控结构的舞动幅值逐渐下降，表明黏弹性相间间隔棒的控制效果增强。

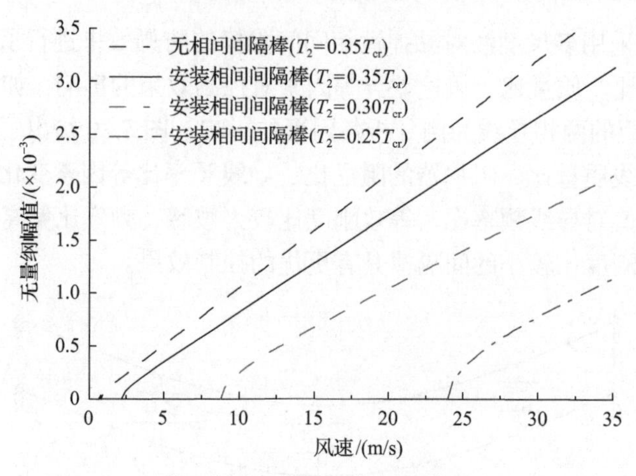

图 7.31　导线不同张力情况下舞动幅值随风速的变化

7.5　拉线式防舞装置

拉线式防舞装置是一类用于输电线路防舞的新型装置，其原理是利用固定面附加阻尼、刚度或运动约束实现导线防舞。理论上，拉线式防舞装置的构造可以有很多类型，装置内的刚度构件可分为刚性、柔性、混合式，阻尼构件可采用黏滞阻尼器、黏弹性材料等。

研究表明[47-50]，拉线式防舞装置具有良好的舞动控制效果，而其往往布置在导线跨中或距离输电塔较远的位置，需在地面额外占用一定空间。因此，靠近输电塔端部的拉线式防舞装置值得进行研究。目前在桥梁斜拉索的减振研究中，已经证明在拉索端部安装阻尼器进行减振耗能可以有效提高拉索的结构阻尼比，发挥良好的减振效果。但现有输电线路的防舞研究中，类似的阻尼器减振技术缺乏必要的理论支撑和试验验证。另外，拉索阻尼器减振的相关研究也表明拉索的垂度对阻尼器的减振效果有极大的影响，拉索垂度越大，阻尼器的减振效果越差。因此，对于输电线路这种大垂度的结构，阻尼器是否同样可以发挥优秀的减振效果是一个未知数。理论上，阻尼器的内刚度对其减振效果具有不利影响[54]，而阻尼器的负刚度特性可以有效提升阻尼器的减振性能[55,56]。楼文娟等[57-59]对拉线式的负刚度阻尼器在输电线上的应用展开了风洞节段气弹模型试验、整档缩尺导线模型试验、数值仿真等研究，下面对此进行介绍。

研究表明[57,60]，拉索垂度主要对系统的一阶模态阻尼比产生影响，而阻尼器对拉索高阶模态的控制效果比一阶模态好，因此主要关注一阶模态的控制效果。如图 7.32 所示，对于缩尺整档导线模型展开试验，在导线靠近端部位置安装阻尼器，通过自由振动试验测得导线一阶模态阻尼比，试验结果如图 7.33 所示。试验结果表明，在 1/10 档距位置处，黏滞阻尼器提升模态阻尼的效果已经相当明显。因此，在靠近导线端部位置安装阻尼器是可行的。另外，与黏滞阻尼器相比，负刚度阻尼器能够显著提升导线的一阶模态阻尼。

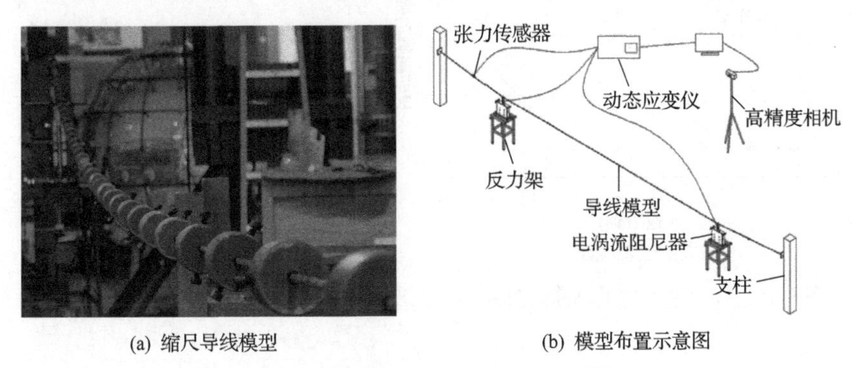

(a) 缩尺导线模型 (b) 模型布置示意图

图 7.32 整档导线缩尺模型试验[58]

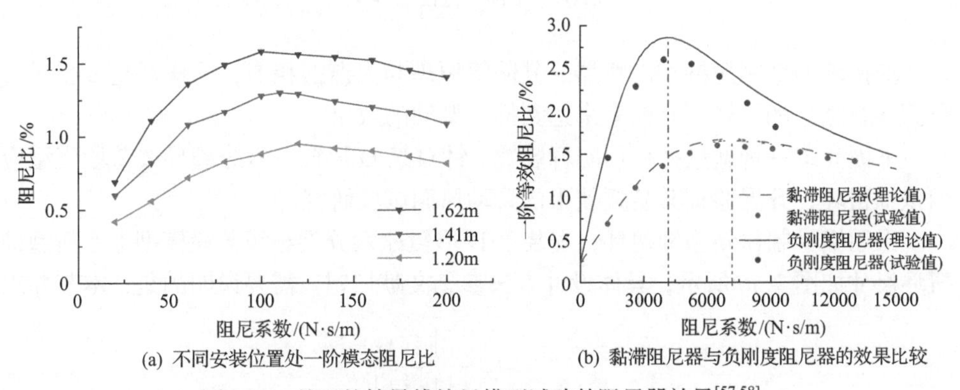

(a) 不同安装位置处一阶模态阻尼比 (b) 黏滞阻尼器与负刚度阻尼器的效果比较

图 7.33 基于整档导线缩尺模型试验的阻尼器效果[57,58]

以某 D 形覆冰八分裂导线模型为例，建立 ANSYS 有限元模型，如图 7.34 所示。对导线-阻尼器系统进行不同风速下的舞动仿真计算，结果如图 7.35 所示。结果表明，黏滞阻尼器、负刚度阻尼器均能提高舞动临界风速，降低舞动幅值，而负刚度阻尼器的控制效果优于黏滞阻尼器。

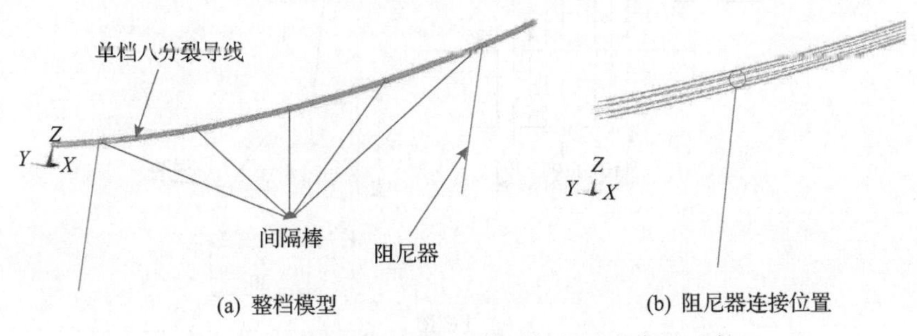

(a) 整档模型 (b) 阻尼器连接位置

图 7.34 整档导线有限元模型与阻尼比位置示意

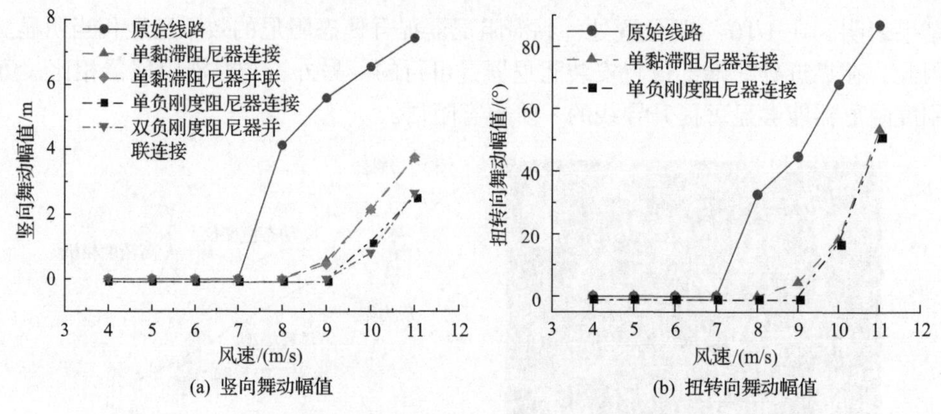

(a) 竖向舞动幅值　(b) 扭转向舞动幅值

图 7.35　165°风攻角下黏滞阻尼器与负刚度阻尼器的舞动幅值控制效果对比[59]

7.6 抑 扭 环

抑扭环即抑制扭振型防舞器，其防舞原理与失谐摆相似，同样都是试图通过分离导线竖向和扭转固有频率来达到抑制舞动的效果。

下面介绍一种新型抑扭环防舞装置。针对某 D 形覆冰六分裂导线节段模型应用该抑扭环，开展验证其防舞效果的舞动风洞试验研究。

采用铝材制作新型抑扭环，安装于 D 形覆冰六分裂导线节段模型上。新型抑扭环尺寸如图 7.36 所示，具体设计方法参见文献[27]。需要说明的是，本节并未

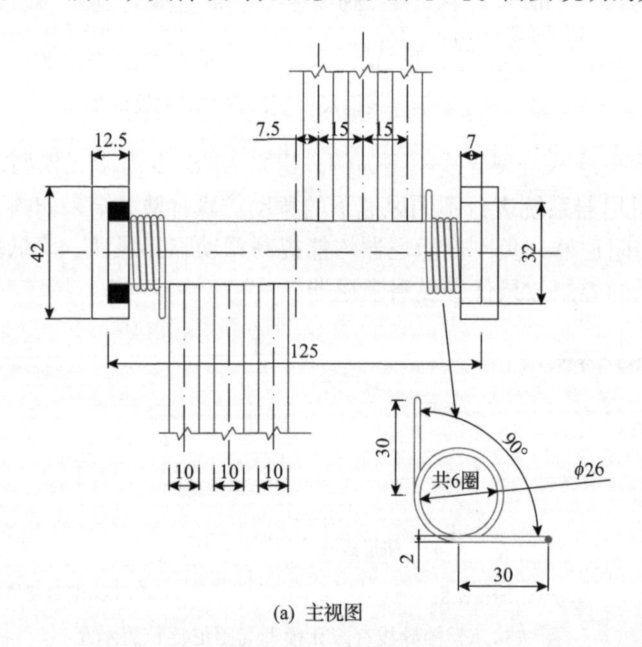

(a) 主视图

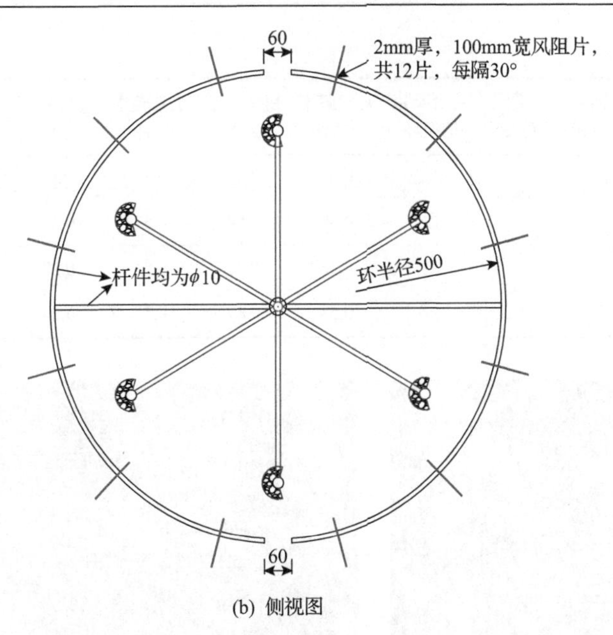

(b) 侧视图

图 7.36　风洞试验用抑扭环尺寸图(单位：mm)

对新型抑扭环的结构阻尼进行测试和优选，因为本节旨在确认新型抑扭环是否具有良好的防舞效果。

风洞试验发现，该 D 形覆冰六分裂导线在 170°风攻角发生竖向主导舞动，在 85°风攻角发生扭转向显著的舞动[27]，故针对 85°、170°风攻角开展安装新型抑扭环的防舞效果风洞试验研究。试验工况列于表 7.3，各工况的系统参数和动力特性见表 7.4，安装新型抑扭环的防舞风洞试验图如图 7.37 所示。

表 7.3　D 形覆冰六分裂导线安装新型抑扭环防舞风洞试验工况

流场	风攻角/(°)	Den Hartog 系数	是否安装抑扭环	竖向频率/扭转频率			试验设计风速/(m/s)
均匀流场	85	2.46	是	1.34	1.05	0.67	3～7
			否	1.35	1.00	0.65	3～7
	170	–0.55	是	1.34	1.05	0.67	3～6
			否	1.35	1.00	0.65	3～6

表 7.4　D 形覆冰六分裂导线安装新型抑扭环后系统参数和动力特性

竖向弹簧刚度/(N/m)	水平弹簧刚度/(N/m)	弹簧间距/m	是否安装抑扭环	竖向频率 f_z/Hz	扭转频率 f_θ/Hz	水平频率 f_y/Hz	竖向阻尼 $/10^{-2}$	扭转阻尼 $/10^{-2}$	水平阻尼 $/10^{-2}$
400	40	0.34	是	0.55	0.41	0.54	0.29	2.36	0.40
			否	0.58	0.43	0.57	0.15	1.18	0.25

续表

竖向弹簧刚度/(N/m)	水平弹簧刚度/(N/m)	弹簧间距/m	是否安装抑扭环	竖向频率 f_z/Hz	扭转频率 f_θ/Hz	水平频率 f_y/Hz	竖向阻尼 /10^{-2}	扭转阻尼 /10^{-2}	水平阻尼 /10^{-2}
400	40	0.64	是	0.56	0.53	0.54	0.37	2.82	0.40
			否	0.58	0.58	0.57	0.41	1.25	0.25
		0.94	是	0.56	0.83	0.54	0.27	1.65	0.40
			否	0.58	0.89	0.57	0.14	0.48	0.25

(a) 来流方向视图

(b) 风洞试验用新型抑扭环

图 7.37　安装新型抑扭环的防舞风洞试验图

将各试验工况下安装新型抑扭环前后通过气弹模型舞动风洞试验识别出的分裂导线节段模型气动阻尼比列于表 7.5，85°风攻角下仅列出其扭转向气动阻尼比，而 170°风攻角下仅列出其竖向气动阻尼比。

表 7.5　安装新型抑扭环前后 D 形覆冰六分裂导线气弹模型试验气动阻尼比

$\frac{f_z}{f_\theta}$	风速/(m/s)	85°风攻角试验结果扭转向气动阻尼比/%		$\frac{f_z}{f_\theta}$	风速/(m/s)	170°风攻角试验结果竖向气动阻尼比/%	
		安装抑扭环	未安装抑扭环			安装抑扭环	未安装抑扭环
1.34	2.65	–0.683(不舞动)	–0.721(不舞动)	1.34	2.45	0.412(不舞动)	–0.313
	4.08	–1.978(不舞动)	–2.582		3.99	0.130(不舞动)	–0.467
	5.01	–2.784	–3.151		4.99	–0.183(不舞动)	–0.605
	6.03	–3.315	–3.987		6.10	–0.382	–0.960
1.05	2.65	–0.728(不舞动)	–1.742	1.05	2.48	0.231(不舞动)	–0.572
	4.08	–1.182(不舞动)	–1.825		3.99	0.018(不舞动)	–1.150
	5.01	–0.987(不舞动)	–1.937		4.99	–0.281(不舞动)	–1.875
	6.03	–1.345(不舞动)	–2.024		6.10	–0.713	–2.701
	6.98	–1.871(不舞动)	–2.289				

续表

$\frac{f_z}{f_\theta}$	风速/(m/s)	85°风攻角试验结果扭转向气动阻尼比/%		$\frac{f_z}{f_\theta}$	风速/(m/s)	170°风攻角试验结果竖向气动阻尼比/%	
		安装抑扭环	未安装抑扭环			安装抑扭环	未安装抑扭环
0.67	2.65	–0.581(不舞动)	–0.526	0.67	2.45	0.318(不舞动)	–0.297
	4.08	–0.718(不舞动)	–0.945		3.99	0.124(不舞动)	–0.381
	5.01	–1.034(不舞动)	–1.431		4.99	–0.078(不舞动)	–0.252
	6.03	–1.313(不舞动)	–1.608		6.10	–0.055(不舞动)	–0.112(不舞动)
	6.98	–1.881	–1.793				

图 7.38 给出了各工况下导线模型安装新型抑扭环前后舞动主方向的气动阻尼比结果。对比可以发现，安装新型抑扭环后导线模型的起舞风速有了显著的提高，且舞动主方向上的气动负阻尼比绝对值也有了明显的降低甚至气动阻尼比出现了由负转正的情形。

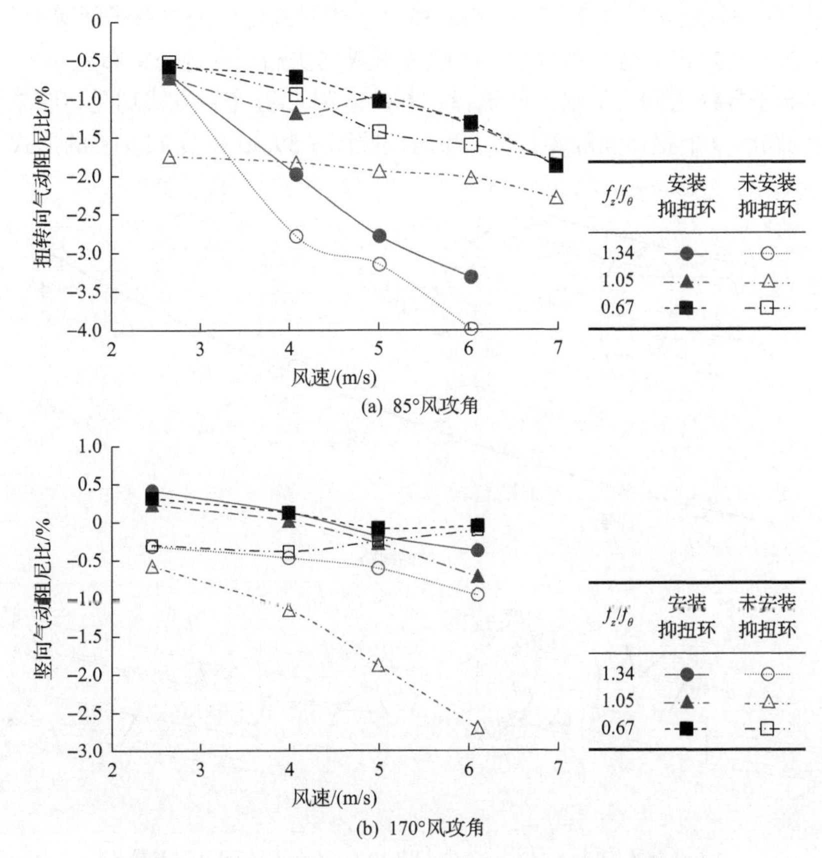

(a) 85°风攻角

(b) 170°风攻角

图 7.38　安装新型抑扭环前后导线舞动主方向气动阻尼比

7.7　失谐子间隔棒

失谐子间隔棒防舞方法，是指将分裂导线原有的整体间隔棒拆分为多个双分裂间隔棒，并基于频率失谐效果合理布置双分裂间隔棒。本节以 D 形覆冰八分裂导线为例，就失谐子间隔棒提出多种布置方案，基于 ANSYS 软件开展八种失谐子间隔棒布置方案的舞动非线性有限元数值仿真，并分析各方案的舞动控制效果。

选用 6.2 节所述档距为 500m 的覆冰八分裂导线进行失谐子间隔棒的布置，布置方案如图 7.39 所示。需要说明的六点是：①原始线路间隔棒按照图 7.39(a)简化布置，失谐子间隔棒物理参数与整体间隔棒保持一致；②图 7.39(e)～(i)中虚线绘制的整体间隔棒均只起到示意和定位的作用；③A-Ⅰ和 B-Ⅰ布置方式均是在两根整体间隔棒形成的次档距内等间距布置 1-2、2-3、3-4、4-5、5-6、6-7、7-8 和 8-1 子导线之间的失谐子间隔棒；④A-Ⅱ和 B-Ⅱ布置方式均是在两根整体间隔棒形成的次档距内等间距布置 1-2、3-4、5-6 和 7-8 子导线之间的失谐子间隔棒；⑤A-Ⅲ和 B-Ⅲ布置方式均是在两根整体间隔棒形成的次档距内等间距布置 1-5、2-6、3-7 和 4-8 子导线之间的失谐子间隔棒；⑥C-Ⅰ和 C-Ⅱ布置方式均是将图 7.39(a)中原始线路的 9 个整体间隔棒打散，改为按照图 7.39(h)和图 7.39(i)的形式布置。

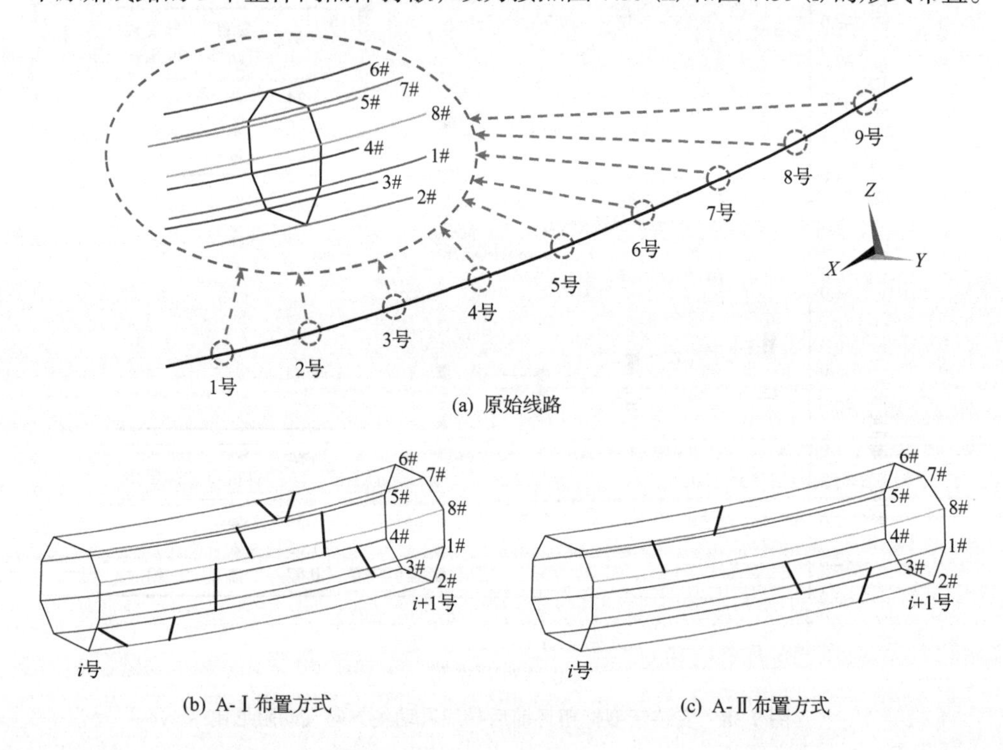

(a) 原始线路

(b) A-Ⅰ布置方式

(c) A-Ⅱ布置方式

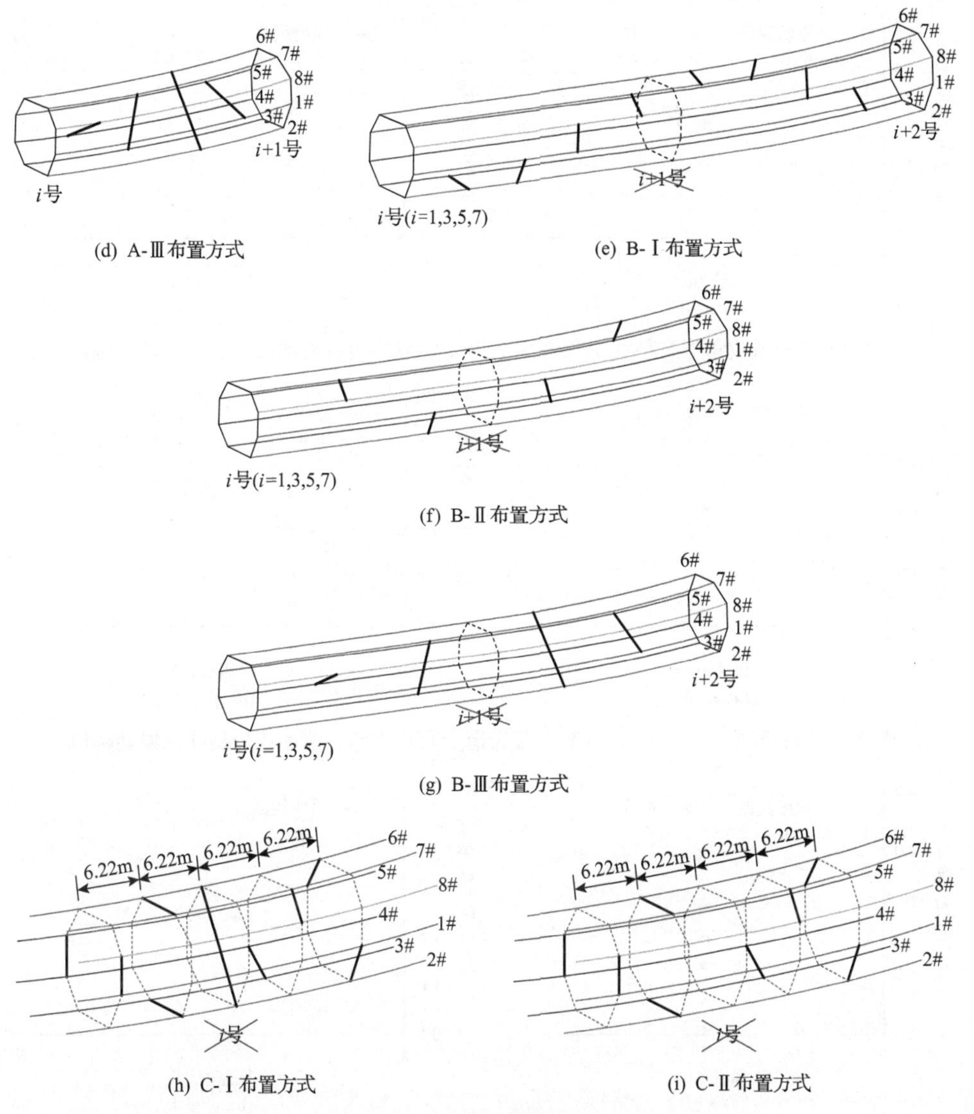

(d) A-Ⅲ布置方式

(e) B-Ⅰ布置方式

(f) B-Ⅱ布置方式

(g) B-Ⅲ布置方式

(h) C-Ⅰ布置方式

(i) C-Ⅱ布置方式

图 7.39　失谐子间隔棒布置方案

选取在 7m/s 风速附近易发生双半波竖向舞动的 75°风攻角，在张力比 η 为 0.3 和 0.4 的情况下，采用基于 ANSYS 软件的有限元方法开展上述八种失谐子间隔棒布置方式下的变风速舞动非线性数值仿真计算。结果如图 7.40～图 7.42 所示。

对于竖向舞动，图 7.39 所示的 A 类和 B 类失谐子间隔棒布置方案均未能起到较好的抑舞效果，而图 7.39 所示的 C 类失谐子间隔棒布置方案却可以将竖向舞动最大幅值降低 10%～30%。另外，本节舞动数值计算结果中均未观察到明显的次档距振荡现象。

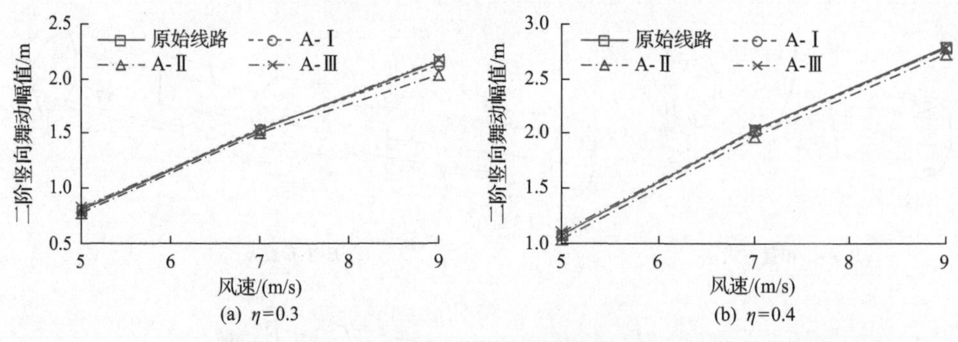

图 7.40　75°风攻角下三种 A 方案布置失谐子间隔棒前后覆冰八分裂导线舞动幅值

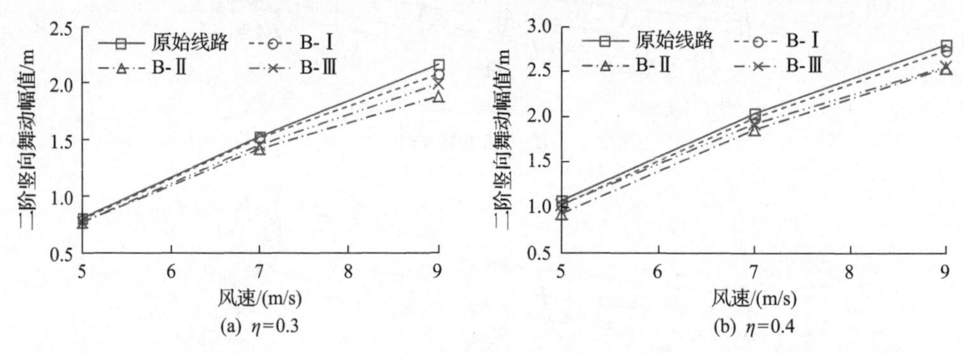

图 7.41　75°风攻角下三种 B 方案布置失谐子间隔棒前后覆冰八分裂导线舞动幅值

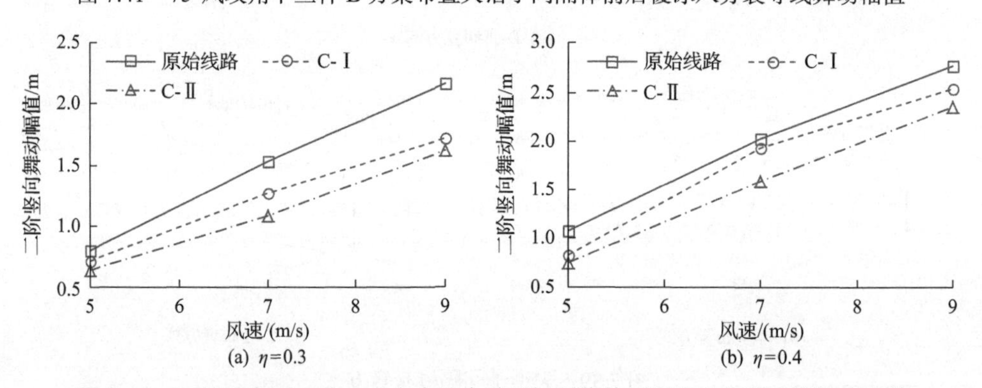

图 7.42　75°风攻角下两种 C 方案布置失谐子间隔棒前后覆冰八分裂导线舞动幅值

由于舞动机理复杂，失谐子间隔棒的防舞理论与设计方法不够清晰，其舞动控制效果仍需进一步检验。

总体来说，舞动研究者已经研发了众多种类的防舞装置，其中具有良好效果的，如相间间隔棒、双摆防舞器、失谐摆等，已经在输电线路上广泛使用。然而，综合考虑各种因素，如防舞效果、安装成本、维护便利性、空间限制等，会发现每种装置都有其优势和局限性。因此，仍存在迫切的需求去研发更加有效、低成本、便利的防舞装置。

而对于防舞效果本身，这一问题尚未得到完善的解决。虽然工程实践中已经采用了多种类型的防舞装置，但在实际的环境条件下，输电线路的舞动现象依然时有发生。环境与结构参数的复杂多样性使得舞动的准确模拟存在困难，这导致防舞效果的检验存疑，进一步影响了防舞装置参数的设计。未来，我们期望能够更加深入地理解舞动及其控制机理，从而设计出更有针对性的防舞装置，同时也要发展更加准确、合理的模拟方法，对防舞效果进行有效的检验，并对工程中过于简化的设计方法加以改进和完善。

参考文献

[1] 郭应龙, 李国兴, 尤传永. 输电线路舞动[M]. 北京: 中国电力出版社, 2003.

[2] 万启发. 输电线路舞动防治技术[M]. 北京: 中国电力出版社. 2016.

[3] 国家电网公司. 架空输电线路防舞设计规范: Q/GDW 1829—2012[S]. 北京: 国家电网公司, 2013.

[4] 河南省市场监督管理局. 架空输电线路防舞动技术规范: DB41/T1821—2019[S]. 郑州: 河南省市场监督管理局, 2019.

[5] 楼文娟, 孙珍茂, 吕翼. 扰流防舞器与气动力阻尼片的防舞效果[J]. 电网技术, 2010, (2): 200-204.

[6] 楼文娟, 孙珍茂, 许福友, 等. 输电导线扰流防舞器气动力特性风洞试验研究[J]. 浙江大学学报(工学版), 2011, 45(1): 93-98.

[7] 金成生. 线夹回转式防舞动间隔棒在特高压输电线路中的应用研究[J]. 上海电力, 2010, (3): 205-209.

[8] 朱宽军, 刘彬, 刘超群, 等.特高压输电线路防舞动研究[J]. 中国电机工程学报, 2008, (34): 12-20.

[9] 朱宽军, 刘超群, 任西春, 等. 特高压输电线路防舞动研究[J]. 高电压技术, 2007, 33(11): 12-20.

[10] 王钢. 大跨越工程设计重点问题探讨[J]. 南方电网技术研究, 2006, 2(2): 42-46.

[11] 松宮央登, 西原崇, 八木知己. ルーズスペーサのルーズ把持配置のギャロッピング抑制効果への影響[C]. 日本風工学会年次研究発表会, 柏崎, 2017: 173-174.

[12] Matsumiya H, Ichikawa H, Aso T, et al. Field observation of wet snow accretion and galloping on a single conductor transmission line[C]. Proceedings of International workshop on Atmospheric Icing of Structures, Reykjavik, 2019.

[13] 王晓涵, 王如伟, 王茂成, 等. 220kV 同塔双回双分裂导线防覆冰舞动的研究与设计[J]. 高压电器, 2011, 47(11): 20-26.

[14] 葛江锋. 分裂导线线夹回转式间隔棒防舞效果的数值仿真研究[D]. 北京: 华北电力大学, 2015.

[15] Lou W J, Huang C R, Huang M F, et al. An aerodynamic anti-galloping technique of iced 8-bundled conductors in ultra-high-voltage transmission lines[J]. Journal of Wind Engineering and Industrial Aerodynamics, 2019, 193: 103972.

[16] 徐克举，芮晓明. 输电线路舞动分析及应用失谐摆的防舞探讨[C]. 云南电力技术论坛，昆明, 2012: 44.

[17] 李海花，杨立秋，高玉竹. 失谐摆在导线上安装位置的确定[J]. 装备制造技术, 2007, (12): 27-28.

[18] 胡德山，苑舜，陶文秋. 阻尼失谐摆防舞器的研究[J]. 东北电力技术, 2009, (3): 13-16.

[19] Keutgen R, Lilien J L. A new damper to solve galloping on bundled lines. Theoretical background, laboratory and field results[J]. IEEE Transactions on Power Delivery, 1998, 13(1): 260-265.

[20] Havard D G, Pohlman J C. Five years' field trials of detuning pendulums for galloping control[J]. IEEE Transactions on Power Apparatus and Systems, 1984, 103(2): 318-327.

[21] 尤传永. 导线舞动稳定性机理及其在输电线路上的应用[J]. 电力设备, 2004, 5(6): 13-17.

[22] 杨晓辉，陆小刚，严波，等. 六分裂导线试验线路双摆防舞器防舞效果数值模拟研究[J]. 计算力学学报, 2013, 30(S1): 105-109.

[23] 陆小刚. 真型试验线路六分裂导线防舞数值模拟研究[D]. 重庆：重庆大学, 2014.

[24] 卢明良，尤传永，李保山. 整体式偏心重锤防舞器的防舞机理与设计方法[J]. 电力建设, 1992, (3): 1-4.

[25] 卢明良，尤传永. 架空输电线路分裂导线舞动的非线性分析[J]. 电力建设，1994，(S1): 26-31.

[26] 尤传永，卢明良. 扭转抑制型防舞器浅析[J]. 电力技术, 1991, 3: 16-20.

[27] 余江. 超特高压输电线路覆冰舞动机理及其防治技术研究[D]. 杭州：浙江大学, 2018.

[28] Den Hartog J P. Transmission line vibration due to sleet[J]. Transactions of the American Institute of Electrical Engineers, 1932, 51(4): 1074-1076.

[29] Nigol O, Buchan P G. Conductor galloping, part Ⅱ: Torsional mechanism[J]. IEEE Transactions on Power Apparatus and Systems, 1981, PAS-100(2): 708-720.

[30] 严波，胡景，周松，等. 随机风场中覆冰四分裂导线防舞研究[J]. 振动与冲击, 2011, 30(7): 52-58.

[31] Lu M L, Popplewell N, Shah A H, et al. Hybrid nutation damper for controlling galloping power lines[J]. IEEE Transactions on Power Delivery, 2007, 22(1): 450-456.

[32] Qin Z H, Chen Y S, Zhan X P, et al. Research on the galloping and anti-galloping of the transmission line[J]. International Journal of Bifurcation and Chaos, 2012, 22(2): 12500382.

[33] Xu Z, Xu L, Xu F. Study on the iced quad-bundle transmission lines incorporated with viscoelastic antigalloping devices[J]. Journal of Dynamic Systems Measurement and Control,

2015, 137(6): 0610096.

[34] Nguyen C H, Macdonald J H G. Galloping analysis of a stay cable with an attached viscous damper considering complex modes[J]. Journal of Engineering Mechanics, 2018, 144: 040171752.

[35] 梁洪超. 覆冰导线全攻角舞动特性及基于阻尼减振技术的防舞研究[D]. 杭州: 浙江大学, 2019.

[36] 楼文娟, 梁洪超, 温作鹏. 覆冰多分裂导线三种 TMD 防舞效果对比研究[J]. 振动与冲击, 2020, (14): 36-42.

[37] Guo H L, Liu B, Yu Y Y, et al. Galloping suppression of a suspended cable with wind loading by a nonlinear energy sink[J]. Archive of Applied Mechanics, 2017, 87(6): 1007-1018.

[38] 赵彬, 程永锋, 王景朝, 等. 阻尼间隔棒及双摆防舞器对特高压架空输电导线覆冰舞动特性的影响[J]. 高电压技术, 2016, 42(12): 3837-3843.

[39] 赵彬. 特高压导线覆冰舞动机理与新型防舞器的应用基础研究[D]. 北京: 中国电力科学研究院, 2017.

[40] Si J J, Rui X M, Liu B, et al. Study on a new combined anti-galloping device for UHV overhead transmission lines[J]. IEEE Transactions on Power Delivery, 2019, 34(6): 2070-2078.

[41] Fu G J, Wang L M, Guan Z C, et al. Simulations of the controlling effect of interphase spacers on conductor galloping[J]. IEEE Transactions on Dielectrics and Electrical Insulation, 2012, 19(4): 1325-1334.

[42] Fan Z, Hao S, Zhou K, et al. Effect of interphase composite spacer on transmission line galloping control[C]. Second International Conference on Digital Manufacturing & Automation, Zhangjiajie, 2011: 485-488.

[43] 严波, 崔伟, 何小宝, 等. 三相导线三角形排布线路相间间隔棒防舞研究[J]. 振动与冲击, 2016, 35(1): 106-111.

[44] van Dyke P, Laneville A. Galloping of a single conductor covered with a D-section on a high-voltage overhead test line[J]. Journal of Wind Engineering and Industrial Aerodynamics, 2008, 96(6-7): 1141-1151.

[45] 张谦, 刘小兵. 新型减振防舞阻尼弹簧相间间隔棒[J]. 电工技术, 2017, (5): 124-125.

[46] Lou W J, Huang C R, Huang M F, et al. Galloping suppression of iced transmission lines by viscoelastic-damping interphase spacers[J]. Journal of Engineering Mechanics, 2020, 146(12): 04020135.

[47] 卢明, 任永辉, 向玲, 等. 500 kV 水平布置输电线路相地间隔棒防舞仿真分析[J]. 高电压技术, 2017, 43(7): 2349-2354.

[48] 向玲, 唐亮, 卢明, 等. 三相特高压输电线路相地间隔棒防舞仿真分析[J]. 中国工程机械学报, 2017, 15(4): 298-304.

[49] 邵颖彪, 卢明, 魏建林, 等. 特高压输电线路新型防舞装置及其有效性分析[J]. 电瓷避雷

器. 2018, (1): 177-182.

[50] 向玲, 周晨光, 唐亮. 不同档距四分裂线路的防舞仿真分析[J]. 中国工程机械学报, 2019, 17(2): 127-133.

[51] Chadha J, Jaster W. Influence of turbulence on the galloping instability of iced conductors[J]. IEEE Transactions on Power Apparatus and Systems, 1975, 94(5): 1489-1499.

[52] 姜雄, 楼文娟. 三自由度体系覆冰导线舞动激发机理分析的矩阵摄动法[J]. 振动工程学报, 2016, 29(6): 1070-1078.

[53] Edwards A T, Ko R G. Interphase spacers for controlling galloping of overhead conductors[C]. IEEE Symposium on Mechanical Oscillations of Overhead Conductors, Vancouver, 1979.

[54] 杨超, 陈政清, 华旭刚, 等.超长拉索多模态控制的黏滞阻尼器参数优化研究[J]. 振动工程学报, 2021, 34(6): 1124-1132.

[55] 陈政清, 李寿英, 邓羊晨, 等.桥梁长索结构风致振动研究新进展[J]. 湖南大学学报(自然科学版), 2022, 49(5): 1-8.

[56] 陈水生, 孙炳楠, 胡隽. 粘弹性阻尼器对斜拉桥拉索的振动控制研究[J]. 土木工程学报, 2002, 35(6): 59-65.

[57] 黄赐荣, 楼文娟, 徐海巍, 等. 输电线路防舞阻尼器系统参数分析及设计研究[J]. 工程力学, 2022, 39(12): 87-97.

[58] 楼文娟, 黄赐荣, 陈思然. 输电线路防舞电涡流阻尼器参数优化试验研究[J]. 振动与冲击, 2022, 41(14): 15-23.

[59] 黄赐荣. 输电线路负刚度阻尼器防舞及舞动幅值近似解析解研究[D]. 杭州: 浙江大学, 2022.

[60] Fujino Y, Hoang N. Design formulas for damping of a stay cable with a damper[J]. Journal of Structural Engineering, 2008, 134(2): 269-278.

附　　录

记$\Delta\bar{\omega}_{3i}'^2 = \bar{\omega}_3'^2 - \bar{\omega}_i^2$ $(i = 1, 2)$。

竖向特征值二阶摄动解式(4.8)中虚部相关系数为

$$\frac{a_0}{\mathrm{i}} = -\frac{c_{11}^2}{8\bar{\omega}_1} + \frac{c_{31}k_a^{13}\left[\left(\bar{\omega}_1^2 + \bar{\omega}_3'^2\right)c_{11} - 2c_{33}\bar{\omega}_1^2\right]}{4\bar{\omega}_1\left(\Delta\bar{\omega}_{31}'^2\right)^2} + \frac{k_a^{23}\bar{\omega}_1\left(c_{12}c_{31} + c_{21}c_{32}\right)}{2\left(\bar{\omega}_1^2 - \bar{\omega}_2^2\right)\Delta\bar{\omega}_{31}'^2}$$

$$-\frac{c_{12}c_{21}\bar{\omega}_1}{2\left(\bar{\omega}_1^2 - \bar{\omega}_2^2\right)} + \frac{c_{13}c_{31}\bar{\omega}_1}{2\Delta\bar{\omega}_{31}'^2} - \frac{c_{31}^2\left(k_a^{13}\right)^2\left(3\bar{\omega}_1^2 + \bar{\omega}_3'^2\right)}{8\bar{\omega}_1\left(\Delta\bar{\omega}_{31}'^2\right)^3} - \frac{c_{31}c_{32}k_a^{13}k_a^{23}\bar{\omega}_1}{2\left(\bar{\omega}_1^2 - \bar{\omega}_2^2\right)\left(\Delta\bar{\omega}_{31}'^2\right)^2}$$

$$\frac{a_3}{\mathrm{i}} = -\frac{\bar{\omega}_1^3}{2\Delta\bar{\omega}_{31}'^2} + \frac{\left(k_a^{13}\right)^2\bar{\omega}_1\left(\bar{\omega}_1^2 + 3\bar{\omega}_3'^2\right)}{8\left(\Delta\bar{\omega}_{31}'^2\right)^3}$$

$$\frac{a_4}{\mathrm{i}} = \frac{k_a^{13}k_a^{23}\bar{\omega}_1^3}{2\left(\bar{\omega}_1^2 - \bar{\omega}_2^2\right)\left(\Delta\bar{\omega}_{31}'^2\right)^2}$$

水平向特征值实部式(4.12)中相关系数为

$$a_1' = -\frac{k_a^{23}\bar{\omega}_2^2\left(c_{12}\bar{\omega}_2^2 - c_{12}\bar{\omega}_3'^2 + c_{32}k_a^{13}\right)}{2\left(\bar{\omega}_1^2 - \bar{\omega}_2^2\right)\left(\Delta\bar{\omega}_{32}'^2\right)^2}$$

$$a_2' = \frac{k_a^{23}\left(c_{33}\bar{\omega}_2^2 - c_{22}\bar{\omega}_3'^2\right)}{2\left(\Delta\bar{\omega}_{32}'^2\right)^2} + \frac{c_{32}\left(\bar{\omega}_2^2 + \bar{\omega}_3'^2\right)}{2\left(\Delta\bar{\omega}_{32}'^2\right)^3}\left(k_a^{23}\right)^2$$

$$-\frac{c_{31}k_a^{13}k_a^{23}\bar{\omega}_2^2}{2\left(\bar{\omega}_1^2 - \bar{\omega}_2^2\right)\left(\Delta\bar{\omega}_{32}'^2\right)^2} + \frac{c_{21}k_a^{13}\bar{\omega}_2^2}{2\left(\bar{\omega}_1^2 - \bar{\omega}_2^2\right)\Delta\bar{\omega}_{32}'^2} - \frac{\left(c_{23} + c_{32}\right)\bar{\omega}_2^2}{2\Delta\bar{\omega}_{32}'^2}$$